21世纪高等职业教育数学

# 新编线性代数与概率统计

主编　刘书田
编著　何自金　李文辉　杨丽丽

北京大学出版社
PEKING UNIVERSITY PRESS

**图书在版编目(CIP)数据**

新编线性代数与概率统计/刘书田主编. —北京：北京大学出版社，2009.2

(21世纪高等职业教育数学规划教材)

ISBN 978-7-301-14386-5

Ⅰ. 新…　Ⅱ. 刘…　Ⅲ. ①线性代数-高等学校：技术学校-教材 ②概率论-高等学校：技术学校-教材 ③ 数理统计-高等学校：技术学校-教材　Ⅳ. O151.2　O21

中国版本图书馆CIP数据核字(2008)第167208号

**书　　名：新编线性代数与概率统计**

著作责任者：刘书田 主编　何自金 李文辉 杨丽丽 编著

责 任 编 辑：刘　勇

标 准 书 号：ISBN 978-7-301-14386-5/O·0764

出 版 发 行：北京大学出版社

地　　址：北京市海淀区成府路205号　100871

网　　址：http://www.pup.cn

新 浪 微 博：@北京大学出版社

电 子 信 箱：zpup@pup.cn

电　　话：邮购部62752015　发行部62750672　编辑部62752021

出版部62754962

印 刷 者：河北滦县鑫华书刊印刷厂

经 销 者：新华书店

787mm×960mm　16开本　12.25印张　260千字

2009年2月第1版　2023年6月第6次印刷

定　　价：34.00元

---

## 内 容 简 介

本书是高等职业教育数学基础课线性代数、概率统计的教材. 全书共分七章，第一、二、三章是线性代数基本内容，包括行列式、矩阵、线性方程组；第四、五、六、七章是概率统计基本内容，包括随机事件及其概率、随机变量及其分布、随机变量的数字特征、统计推断. 本书每节有“学习本节要达到的目标”，节后配有适量的 A、B 两组习题；每章后配有总习题，供教师和学生选用；书后附有习题参考答案，对较难的习题有习题解答供读者参考.

本书注重基础知识的讲述和基本能力训练，本着重素质、重能力、重应用和求创新的总体思路，根据目前高等职业教育数学课的教学实际，并参照授课学时精选内容编写而成. 本书叙述由浅入深、通俗易懂，概念清晰，难点分散，例题典型又贴近实际，注意归纳数学思想方法、解题思路与解题程序，便于教师教学与学生自学.

本书可作为高职高专工科类、经济管理类各专业大学生线性代数、概率统计的教材，也可作为文科相关专业大学生的数学教材或教学参考书.

# 前　言

党的二十大报告对实施科教兴国战略、强化现代化建设人才支撑作出重大部署，明确指出："教育、科技、人才是全面建设社会主义现代化国家的基础性、战略性支撑". 青年强，则国家强. 广大教师深受鼓舞，更要勇担"为党育人，为国育才，全面提高人才自主培养质量"的重任，迎来一个大有可为的新时代.

当前，我国高等职业教育蓬勃发展，教学改革不断深入，高等职业院校数学基础课的教学理念、教学内容以及教材建设也孕育在这种变革之中.目前高职院校正在酝酿或进行的教学内容和授课学时的调整是教学改革中的一部分，这势必要求教材内容也应反映相应的改革精神.为了适应高职数学基础课教学内容和课程体系改革的总目标，培养具有创新能力的高素质应用型人才，我们应北京大学出版社的邀请，经统一策划、集体讨论，分工编写了这套《21 世纪高等职业教育数学规划教材》.这套教材共分三册，其中包括《新编高等数学》《新编微积分》、《新编线性代数与概率统计》.

本套教材本着重基础知识、重基本训练、重素质、重能力、重应用、求创新的总体思路，在认真总结高职数学基础课教学改革的经验基础上，由长期在教学第一线具有丰富教学经验的资深教师编写.

本书是《新编线性代数与概率统计》分册，它具有以下特点：

1. 以高职高专学生的基础知识状况、教学课时相应调整、与后继课程相衔接为依据，调整结构体系，精选教材内容；注意与生产、管理的实际需求相适应，力求实现基础性、科学性、系统性的和谐与统一.

2. 按照认知规律，以几何直观、经济解释或典型例题作为引入数学概念的切入点；对重要内容的讲解简洁、透彻，特别是对线性方程组解的结构的讲述颇具新意，便于学生理解与掌握.

3. 内容叙述由浅入深、通俗易懂、难点分散，注意归纳数学思维方法及解题程序.

4. 强调基础训练和基本能力的培养.紧密结合数学概念、定理和运算法则配置适量的例题，按节配置 A,B 两组习题，每章配有总习题，书末附有习题答案和较详细的提示，便于读者参考.

本书的上述特点便于任课教师根据教学课时选择和安排教学内容，同时也便于学生自学.

本书由刘书田、何自金、李文辉、杨丽丽执笔编写，并由主编刘书田对全书进行了统稿，经修改后定稿.参加本书编写工作的还有冯翠莲、肖淑芹、张新，冯翠莲审阅了全部书稿.

本套教材在编写过程中得到了北京工业大学实验学院、北京交通职业技术学院、首都经济贸易大学密云分校有关领导的大力支持，同时也得到了北京大学出版社的积极支持和帮助，在此一并表示衷心的感谢.

限于编者水平，不足之处恳请读者批评指正.

编者

2023 年 6 月

# 目 录

# 第一章 行列式

本章讲述行列式的概念、性质和计算方法，以及求解线性方程组的克拉默法则.

## §1.1 行列式的概念

**【学习本节要达到的目标】**

1. 掌握计算二阶行列式、三阶行列式的对角线法则.
2. 知道 $n$ 阶行列式的定义.

### 一、二阶、三阶行列式

由 $2\times2$ 个数 $a_{ij}(i,j=1,2)$ 排成两行两列的记号 $\begin{vmatrix} a_{11} & a_{12} \\ a_{21} & a_{22} \end{vmatrix}$ 称为**二阶行列式**，并规定

$$\begin{vmatrix} a_{11} & a_{12} \\ a_{21} & a_{22} \end{vmatrix} = a_{11}a_{22} - a_{12}a_{21}.$$

上式右端表明，二阶行列式表示由两项组成的**代数和**，其中每个数 $a_{ij}$ 称为二阶行列式的**元素**. 元素 $a_{ij}$ 的第一个下标 $i$ 表示它所在的行，第二个下标 $j$ 表示它所在的列.

行列式通常记为 $D$.

若把 $a_{11}$，$a_{22}$ 称为二阶行列式主对角线元素，$a_{12}$，$a_{21}$ 称为二阶行列式副对角线元素，则二阶行列式等于主对角线元素的乘积与副对角线元素的乘积之差. 按这种规定计算二阶行列式，称为**对角线法则**.

**例 1** 计算下列行列式：

(1) $D=\begin{vmatrix} -3 & 5 \\ -2 & 5 \end{vmatrix}$；　　(2) $D=\begin{vmatrix} \cos^2\alpha & \sin^2\alpha \\ \sin^2\alpha & \cos^2\alpha \end{vmatrix}$.

**解** 依对角线法则计算.

(1) $D=-3\times5-5\times(-2)=-5$.

(2) $D=\cos^2\alpha\cdot\cos^2\alpha-\sin^2\alpha\cdot\sin^2\alpha=\cos^4\alpha-\sin^4\alpha$

$=(\cos^2\alpha+\sin^2\alpha)\cdot(\cos^2\alpha-\sin^2\alpha)$

$=\cos^2\alpha-\sin^2\alpha=\cos2\alpha.$

由 $3\times3$ 个数 $a_{ij}(i,j=1,2,3)$ 排成三行三列的记号 $\begin{vmatrix} a_{11} & a_{12} & a_{13} \\ a_{21} & a_{22} & a_{23} \\ a_{31} & a_{32} & a_{33} \end{vmatrix}$ 称为**三阶行列式**，并规定

$$\begin{vmatrix} a_{11} & a_{12} & a_{13} \\ a_{21} & a_{22} & a_{23} \\ a_{31} & a_{32} & a_{33} \end{vmatrix}=a_{11}a_{22}a_{33}+a_{12}a_{23}a_{31}+a_{13}a_{21}a_{32}-a_{11}a_{23}a_{32}-a_{12}a_{21}a_{33}-a_{13}a_{22}a_{31}.$$

即三阶行列式表示由上述六项组成的**代数和**，其中每一项是取自不同行不同列的三个元素的乘积.

三阶行列式的计算方法可用下图所示的记忆法，凡是实线上三个元素相乘所得到的项取正号，凡是虚线上三个元素相乘所得到的项取负号. 按这种规定计算三阶行列式，也称为**对角线法则**.

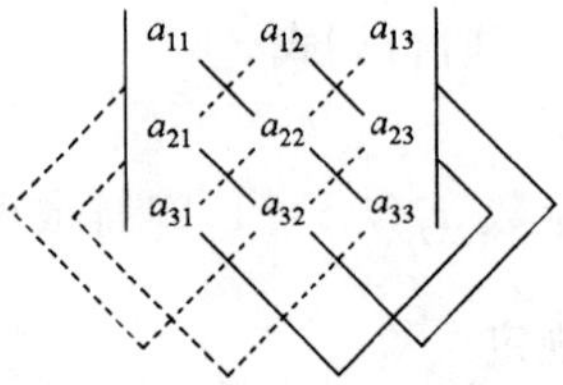


**例 2**　计算下列三阶行列式：

(1) $D=\begin{vmatrix} 2 & -1 & -2 \\ 3 & 4 & 1 \\ 2 & -6 & 5 \end{vmatrix}$；　(2) $D=\begin{vmatrix} 3 & -2 & 1 \\ -2 & -1 & 0 \\ 3 & 1 & -2 \end{vmatrix}$.

**解**　依对角线法则计算.

(1) $D=2\times4\times5+(-1)\times1\times2+(-2)\times3\times(-6)$

$-2\times1\times(-6)-(-1)\times3\times5-(-2)\times4\times2$

$=40-2+36+12+15+16=117.$

(2) $D=3\times(-1)\times(-2)+(-2)\times0\times3+1\times(-2)\times1$

$-3\times0\times1-(-2)\times(-2)\times(-2)-1\times(-1)\times3$

$=15.$

**说明**　对角线法则只适用于二、三阶行列式.

**例 3**　证明：

$$\begin{vmatrix} a_{11} & a_{12} & a_{13} \\ a_{21} & a_{22} & a_{23} \\ a_{31} & a_{32} & a_{33} \end{vmatrix} = a_{11}\begin{vmatrix} a_{22} & a_{23} \\ a_{32} & a_{33} \end{vmatrix} - a_{12}\begin{vmatrix} a_{21} & a_{23} \\ a_{31} & a_{33} \end{vmatrix} + a_{13}\begin{vmatrix} a_{21} & a_{22} \\ a_{31} & a_{32} \end{vmatrix}. \tag{1}$$

**证** 根据二阶、三阶行列式的对角线法则，有

$$\begin{aligned} 左 &= \begin{vmatrix} a_{11} & a_{12} & a_{13} \\ a_{21} & a_{22} & a_{23} \\ a_{31} & a_{32} & a_{33} \end{vmatrix} \\ &= a_{11}a_{22}a_{33} + a_{12}a_{23}a_{31} + a_{13}a_{21}a_{32} - a_{11}a_{23}a_{32} - a_{12}a_{21}a_{33} - a_{13}a_{22}a_{31}; \\ 右 &= a_{11}\begin{vmatrix} a_{22} & a_{23} \\ a_{32} & a_{33} \end{vmatrix} - a_{12}\begin{vmatrix} a_{21} & a_{23} \\ a_{31} & a_{33} \end{vmatrix} + a_{13}\begin{vmatrix} a_{21} & a_{22} \\ a_{31} & a_{32} \end{vmatrix} \\ &= a_{11}(a_{22}a_{33} - a_{23}a_{32}) - a_{12}(a_{21}a_{33} - a_{23}a_{31}) + a_{13}(a_{21}a_{32} - a_{22}a_{31}) \\ &= a_{11}a_{22}a_{33} + a_{12}a_{23}a_{31} + a_{13}a_{21}a_{32} - a_{11}a_{23}a_{32} - a_{12}a_{21}a_{33} - a_{13}a_{22}a_{31} \\ &= 左. \end{aligned}$$

所以，原式得证.

上例说明：一个三阶行列式可以用三个二阶行列式来表示. 我们进一步来分析这个表示式.

对(1)式，记左端的三阶行列式为 $D$，记右端的三个二阶行列式依次为 $M_{11}, M_{12}, M_{13}$，即

$$M_{11} = \begin{vmatrix} a_{22} & a_{23} \\ a_{32} & a_{33} \end{vmatrix}, \quad M_{12} = \begin{vmatrix} a_{21} & a_{23} \\ a_{31} & a_{33} \end{vmatrix}, \quad M_{13} = \begin{vmatrix} a_{21} & a_{22} \\ a_{31} & a_{32} \end{vmatrix},$$

其中，$M_{11}$ 是划去 $D$ 中元素 $a_{11}$ 所在的第 1 行和第 1 列的元素，由余下的元素按原来的顺序排成的二阶行列式；$M_{12}, M_{13}$ 也是类似得到的. $M_{11}, M_{12}, M_{13}$ 分别称为元素 $a_{11}, a_{12}, a_{13}$ 的**余子式**.

若记

$$A_{11} = (-1)^{1+1}\begin{vmatrix} a_{22} & a_{23} \\ a_{32} & a_{33} \end{vmatrix}, \quad A_{12} = (-1)^{1+2}\begin{vmatrix} a_{21} & a_{23} \\ a_{31} & a_{33} \end{vmatrix}, \quad A_{13} = (-1)^{1+3}\begin{vmatrix} a_{21} & a_{22} \\ a_{31} & a_{32} \end{vmatrix},$$

则 $A_{11}, A_{12}, A_{13}$ 分别称为 $a_{11}, a_{12}, a_{13}$ 的**代数余子式**. 由此，(1)式可写为

$$D = a_{11}A_{11} + a_{12}A_{12} + a_{13}A_{13}. \tag{2}$$

即三阶行列式的值 $D$ 表示为其第一行的**三个元素与其对应的代数余子式的乘积之和**. (2)式称为三阶行列式按第 1 行的展开式.

## 二、$n$ 阶行列式

为了给出 $n$ 阶行列式的定义，我们先说明**两点**.

首先，对三阶行列式所讲述的关于第 1 行元素的余子式和代数余子式的概念，可以推广

至任意阶行列式，且某一元素的余子式总比原行列式降低一阶.

其次，一个三阶行列式可以用三个二阶行列式来表示，所以可以用二阶行列式来定义三阶行列式. 用同样方法，可以用三阶行列式来定义四阶行列式，……，以此类推，假定已有了 $n-1$ 阶行列式的定义. 一般地，可以用 $n$ 个 $n-1$ 阶行列式来定义 $n$ 阶行列式.

下面给出 **$n$ 阶行列式的定义**.

由 $n\times n$ 个数 $a_{ij}(i,j=1,2,\cdots,n)$ 排成 $n$ 行 $n$ 列的记号

$$D=\begin{vmatrix} a_{11} & a_{12} & \cdots & a_{1n} \\ a_{21} & a_{22} & \cdots & a_{2n} \\ \vdots & \vdots & & \vdots \\ a_{n1} & a_{n2} & \cdots & a_{nn} \end{vmatrix}$$

称为 **$n$ 阶行列式**. 它表示一个**代数和**，其值规定为**第一行的元素与其对应的代数余子式的乘积之和**，即

$$D=a_{11}A_{11}+a_{12}A_{12}+\cdots+a_{1n}A_{1n}.$$

这里

$$A_{1j}=(-1)^{1+j}M_{1j},\quad M_{1j}=\begin{vmatrix} a_{21} & \cdots & a_{2,j-1} & a_{2,j+1} & \cdots & a_{2n} \\ a_{31} & \cdots & a_{3,j-1} & a_{3,j+1} & \cdots & a_{3n} \\ \vdots & & \vdots & \vdots & & \vdots \\ a_{n1} & \cdots & a_{n,j-1} & a_{n,j+1} & \cdots & a_{nn} \end{vmatrix}\quad (j=1,2,\cdots,n),$$

$M_{1j}$ 为元素 $a_{1j}$ 的**余子式**，即为划掉 $D$ 的第 1 行第 $j$ 列后所得的 $n-1$ 阶行列式，$A_{1j}$ 为 $a_{1j}$ 的**代数余子式**.

由 $n$ 阶行列式的定义看出，$n$ 阶行列式是由行列式不同行、不同列的元素的乘积构成的和式. 这种定义方法称为归纳定义，通常，把上述定义简称为按行列式的第 1 行展开.

当 $n=1$ 时，$|a_{11}|$ 称为一阶行列式，$|a_{11}|=a_{11}$①.

**例 4** 计算四阶行列式 $D=\begin{vmatrix} 2 & 0 & 0 & 4 \\ 7 & 1 & 0 & 5 \\ 2 & 6 & 1 & 0 \\ 8 & 4 & 3 & 5 \end{vmatrix}$.

**解** 因为 $a_{12}=a_{13}=0$，所以由 $n$ 阶行列式的定义

$$\begin{aligned} D &= a_{11}A_{11}+a_{14}A_{14} \\ &= 2\times(-1)^{1+1}\begin{vmatrix} 1 & 0 & 5 \\ 6 & 1 & 0 \\ 4 & 3 & 5 \end{vmatrix}+4\times(-1)^{1+4}\begin{vmatrix} 7 & 1 & 0 \\ 2 & 6 & 1 \\ 8 & 4 & 3 \end{vmatrix} \end{aligned}$$

① 一阶行列式要与实数 $x$ 的绝对值区分开，必要时要用文字说明.

$$
\begin{aligned}
&= 2\left[1\times(-1)^{1+1}\begin{vmatrix}1 & 0\\ 3 & 5\end{vmatrix}+5\times(-1)^{1+3}\begin{vmatrix}6 & 1\\ 4 & 3\end{vmatrix}\right]\\
&\quad -4\left[7\times(-1)^{1+1}\begin{vmatrix}6 & 1\\ 4 & 3\end{vmatrix}+1\times(-1)^{1+2}\begin{vmatrix}2 & 1\\ 8 & 3\end{vmatrix}\right]\\
&= 2[5+5(18-4)]-4[7(18-4)-(6-8)]=-250.
\end{aligned}
$$

**例 5** 计算行列式

$$
D=\begin{vmatrix}a_{11} & 0 & \cdots & 0\\ a_{21} & a_{22} & \cdots & 0\\ \vdots & \vdots & & \vdots\\ a_{n1} & a_{n2} & \cdots & a_{nn}\end{vmatrix}.
$$

**解** 由 $n$ 阶行列式的定义，将 $D$ 依次按第一行展开，得

$$
D=a_{11}\begin{vmatrix}a_{22} & 0 & \cdots & 0\\ a_{32} & a_{33} & \cdots & 0\\ \vdots & \vdots & & \vdots\\ a_{n2} & a_{n3} & \cdots & a_{nn}\end{vmatrix}=a_{11}a_{22}\begin{vmatrix}a_{33} & 0 & \cdots & 0\\ a_{43} & a_{44} & \cdots & 0\\ \vdots & \vdots & & \vdots\\ a_{n3} & a_{n4} & \cdots & a_{nn}\end{vmatrix}
$$

$$
=\cdots=a_{11}a_{22}\cdots a_{nn}.
$$

上述行列式 $D$ 称为**下三角形行列式**，其值等于主对角线元素的乘积.

同理可得

$$
\begin{vmatrix}a_{11} & 0 & \cdots & 0\\ 0 & a_{22} & \cdots & 0\\ \vdots & \vdots & & \vdots\\ 0 & \cdots & 0 & a_{nn}\end{vmatrix}=a_{11}a_{22}\cdots a_{nn}.
$$

上述行列式称为**对角形行列式**.

## 习 题 1.1

### A 组

1. 用对角线法则计算下列行列式：

(1) $\begin{vmatrix}1 & -1\\ 2 & 3\end{vmatrix}$；　(2) $\begin{vmatrix}13 & 3\\ -4 & -2\end{vmatrix}$；　(3) $\begin{vmatrix}\log_b a & 1\\ 1 & \log_a b\end{vmatrix}$；

(4) $\begin{vmatrix}1 & 1 & 1\\ 2 & -1 & 1\\ 4 & 5 & -1\end{vmatrix}$；　(5) $\begin{vmatrix}0 & 1 & 1\\ 6 & -1 & 1\\ 1 & 5 & -1\end{vmatrix}$；　(6) $\begin{vmatrix}1 & 0 & 1\\ 2 & 6 & 1\\ 4 & 1 & -1\end{vmatrix}$.

2. 计算下列行列式：

(1) $\begin{vmatrix} 1 & 0 & 0 \\ 0 & 2 & 0 \\ 2 & 4 & 5 \end{vmatrix}$； (2) $\begin{vmatrix} 0 & 0 & \lambda \\ 0 & \lambda & 0 \\ \lambda & 0 & 0 \end{vmatrix}$；

(3) $\begin{vmatrix} a & 0 & 0 & 1 \\ 0 & 0 & -a & 2 \\ 3 & a & 0 & -1 \\ 1 & 2 & -1 & 0 \end{vmatrix}$； (4) $\begin{vmatrix} 0 & 0 & 0 & 0 & 4 \\ 1 & 0 & 0 & 0 & 9 \\ 7 & 1 & 0 & 0 & 7 \\ 1 & 3 & 4 & 0 & 6 \\ 1 & 2 & 3 & 4 & 5 \end{vmatrix}$.

3. 解方程

$$\begin{vmatrix} 1 & 0 & 0 & 0 \\ 1 & -x & 0 & 0 \\ 1 & 0 & 1-x & 0 \\ 1 & 0 & 0 & 1-x \end{vmatrix} = 0.$$

4. 填空题：

(1) $\begin{vmatrix} k & 3 & 4 \\ -1 & k & 0 \\ 0 & k & 1 \end{vmatrix} = -1$，则 $k=$__________；

(2) $\begin{vmatrix} \lambda & -3 & 0 \\ 0 & \lambda-1 & 3 \\ 0 & 0 & -1 \end{vmatrix} = 0$，则 $\lambda=$__________；

(3) $\begin{vmatrix} x & 2 & 3 \\ 3 & x & 1 \\ 2 & 1 & x \end{vmatrix} =$__________.

5. 单项选择题：

(1) 在行列式 $\begin{vmatrix} 0 & 1 \\ 2 & 4 \end{vmatrix}$ 中，$M_{12}=$(　　)；

(A) 4　　(B) 0　　(C) 2　　(D) 1

(2) 在行列式 $\begin{vmatrix} 1 & 0 & 1 \\ 2 & 1 & 1 \\ 1 & 2 & 3 \end{vmatrix}$ 中，$A_{11}=$(　　).

(A) 5　　(B) 3　　(C) 1　　(D) 6

## B 组

1. 计算下列行列式：

(1) $\begin{vmatrix} x_1 & 0 & 0 & 0 \\ a_1 & 0 & 0 & x_2 \\ a_2 & 0 & x_3 & 0 \\ a_3 & x_4 & 0 & 0 \end{vmatrix}$；　　(2) $\begin{vmatrix} 0 & 1 & 0 & -2 \\ 3 & 1 & -2 & 7 \\ 1 & 3 & -1 & -3 \\ -4 & -1 & 5 & 1 \end{vmatrix}$.

2. 证明：

$$\begin{vmatrix} a_{11} & a_{12} & 0 & 0 \\ a_{21} & a_{22} & 0 & 0 \\ c_{11} & c_{12} & b_{11} & b_{12} \\ c_{21} & c_{22} & b_{21} & b_{22} \end{vmatrix} = \begin{vmatrix} a_{11} & a_{12} \\ a_{21} & a_{22} \end{vmatrix} \times \begin{vmatrix} b_{11} & b_{12} \\ b_{21} & b_{22} \end{vmatrix}.$$

# §1.2 行列式的性质

**【学习本节要达到的目标】**

1. 掌握行列式的性质.
2. 对简单的行列式，能利用行列式的性质将其化为三角形行列式计算.
3. 能将行列式按某一行(列)展开，并结合行列式的性质计算行列式.

为了进一步讨论行列式，简化行列式的计算，下面介绍**行列式的性质**.

先说明行列式转置概念. 将一个行列式 $D$ 的行与列依次互换得到的行列式称为行列式 $D$ 的**转置行列式**，记为 $D^{\mathrm{T}}$. 如，若三阶行列式

$$D = \begin{vmatrix} a_{11} & a_{12} & a_{13} \\ a_{21} & a_{22} & a_{23} \\ a_{31} & a_{32} & a_{33} \end{vmatrix}, \quad \text{则} \quad D^{\mathrm{T}} = \begin{vmatrix} a_{11} & a_{21} & a_{31} \\ a_{12} & a_{22} & a_{32} \\ a_{13} & a_{23} & a_{33} \end{vmatrix}.$$

**性质 1** 行列式 $D$ 与它的转置行列式 $D^{\mathrm{T}}$ 的值相等，即 $D=D^{\mathrm{T}}$.

该性质说明，对行列式的“行”成立的性质，对其“列”也成立.

例如，三阶行列式 $D=\begin{vmatrix} 1 & 2 & 3 \\ -1 & 3 & 4 \\ 2 & 5 & 2 \end{vmatrix}=-27$，容易验证

$$D^{\mathrm{T}} = \begin{vmatrix} 1 & -1 & 2 \\ 2 & 3 & 5 \\ 3 & 4 & 2 \end{vmatrix} = -27.$$

又如,由§1.1中下三角形行列式的值,易得**上三角形行列式**的值,即

$$\begin{vmatrix} a_{11} & a_{12} & \cdots & a_{1n} \\ 0 & a_{22} & \cdots & a_{2n} \\ \vdots & \vdots & & \vdots \\ 0 & 0 & \cdots & a_{nn} \end{vmatrix} = a_{11}a_{12}\cdots a_{nn}.$$

**性质 2** 交换行列式的两行(列),行列式改变符号.

以下我们把交换行列式的第 $i$ 行(列)与第 $j$ 行(列)记做 $r_i \leftrightarrow r_j(c_i \leftrightarrow c_j)$.

例如,已知 $D=\begin{vmatrix} 2 & -4 & 1 \\ 1 & -5 & 2 \\ 1 & -1 & -1 \end{vmatrix}=6$,容易验证

$$D=\begin{vmatrix} 2 & -4 & 1 \\ 1 & -5 & 2 \\ 1 & -1 & -1 \end{vmatrix} \xrightarrow{r_1 \leftrightarrow r_3} \begin{vmatrix} 1 & -1 & -1 \\ 1 & -5 & 2 \\ 2 & -4 & 1 \end{vmatrix} = -6.$$

**推论** 行列式有两行(列)的对应元素相同,则行列式等于零.

事实上,若行列式 $D$ 有两行的对应元素相同,交换该两行后,仍为 $D$. 按性质 2,应有 $D=-D$,由此,$D=0$.

例如,对于任意的 $a,b,c$,都有

$$\begin{vmatrix} 1 & 2 & 3 \\ a & b & c \\ 1 & 2 & 3 \end{vmatrix} = 0.$$

**性质 3** 把行列式的某一行(列)的每个元素同乘以数 $k$,等于数 $k$ 乘该行列式.

例如

$$\begin{vmatrix} a_{11} & a_{12} & a_{13} \\ ka_{21} & ka_{22} & ka_{23} \\ a_{31} & a_{32} & a_{33} \end{vmatrix} = k\begin{vmatrix} a_{11} & a_{12} & a_{13} \\ a_{21} & a_{22} & a_{23} \\ a_{31} & a_{32} & a_{33} \end{vmatrix}.$$

性质 3 也可表述为,行列式中某一行(列)所有元素的公因子可以提到行列式记号的外面. 以下,第 $i$ 行(列)提公因子 $k$ 记做 $kr_i(kc_i)$.

**推论 1** 若行列式中有一行(列)元素全为零,则此行列式为零.

**推论 2** 若行列式中有两行(列)的对应元素成比例,则此行列式为零.

例如,下述行列式 $D$ 的第 1 行与第 3 行对应元素成比例,则由性质 3 及性质 2 的推论,有

$$D=\begin{vmatrix} 1 & 2 & 3 \\ -1 & 3 & 4 \\ 2 & 4 & 6 \end{vmatrix} = 2\begin{vmatrix} 1 & 2 & 3 \\ -1 & 3 & 4 \\ 1 & 2 & 3 \end{vmatrix} = 2\times 0 = 0.$$

**性质 4** 若行列式的某一行(列)的每一个元素都是两个数的和,则此行列式等于把这两个数各取一个数作成相应的行(列),其余的行(列)不变的两个行列式的和.

例如

$$\begin{vmatrix} a_{11} & a_{12} & a_{13} \\ b_{21}+c_{21} & b_{22}+c_{22} & b_{23}+c_{23} \\ a_{31} & a_{32} & a_{33} \end{vmatrix} = \begin{vmatrix} a_{11} & a_{12} & a_{13} \\ b_{21} & b_{22} & b_{23} \\ a_{31} & a_{32} & a_{33} \end{vmatrix} + \begin{vmatrix} a_{11} & a_{12} & a_{13} \\ c_{21} & c_{22} & c_{23} \\ a_{31} & a_{32} & a_{33} \end{vmatrix}.$$

**例 1** 计算行列式

$$D = \begin{vmatrix} 798 & 4 & -1 \\ 401 & 2 & 3 \\ 202 & 1 & -2 \end{vmatrix}.$$

**解** 利用性质 4,有

$$D = \begin{vmatrix} 800-2 & 4 & -1 \\ 400+1 & 2 & 3 \\ 200+2 & 1 & -2 \end{vmatrix} = \begin{vmatrix} 800 & 4 & -1 \\ 400 & 2 & 3 \\ 200 & 1 & -2 \end{vmatrix} + \begin{vmatrix} -2 & 4 & -1 \\ 1 & 2 & 3 \\ 2 & 1 & -2 \end{vmatrix} = 0+49=49.$$

**例 2** 证明:

$$\begin{vmatrix} a_1 & b_1 & a_1x+b_1y+c_1 \\ a_2 & b_2 & a_2x+b_2y+c_2 \\ a_3 & b_3 & a_3x+b_3y+c_3 \end{vmatrix} = \begin{vmatrix} a_1 & b_1 & c_1 \\ a_2 & b_2 & c_2 \\ a_3 & b_3 & c_3 \end{vmatrix}.$$

**证** 利用行列式的性质,

$$\text{左} = \begin{vmatrix} a_1 & b_1 & a_1x+b_1y+c_1 \\ a_2 & b_2 & a_2x+b_2y+c_2 \\ a_3 & b_3 & a_3x+b_3y+c_3 \end{vmatrix} = \begin{vmatrix} a_1 & b_1 & a_1x \\ a_2 & b_2 & a_2x \\ a_3 & b_3 & a_3x \end{vmatrix} + \begin{vmatrix} a_1 & b_1 & b_1y+c_1 \\ a_2 & b_2 & b_2y+c_2 \\ a_3 & b_3 & b_3y+c_3 \end{vmatrix}$$

$$= 0 + \begin{vmatrix} a_1 & b_1 & b_1y \\ a_2 & b_2 & b_2y \\ a_3 & b_3 & b_3y \end{vmatrix} + \begin{vmatrix} a_1 & b_1 & c_1 \\ a_2 & b_2 & c_2 \\ a_3 & b_3 & c_3 \end{vmatrix} = 0 + \begin{vmatrix} a_1 & b_1 & c_1 \\ a_2 & b_2 & c_2 \\ a_3 & b_3 & c_3 \end{vmatrix} = \begin{vmatrix} a_1 & b_1 & c_1 \\ a_2 & b_2 & c_2 \\ a_3 & b_3 & c_3 \end{vmatrix} = \text{右}.$$

所以原式得证.

**性质 5** 将行列式的某一行(列)的每一个元素同乘以数 $k$,加到另一行(列)的对应元素上,行列式的值不变.

以下,我们把行列式的第 $i$ 行(列)乘数 $k$ 加到第 $j$ 行(列)上记为 $kr_i+r_j(kc_i+c_j)$.

**例 3** 计算行列式

$$D = \begin{vmatrix} 1 & -2 & 5 \\ -2 & 3 & -8 \\ 3 & 1 & -2 \end{vmatrix}.$$

**解** 计算行列式最基本的方法之一,就是将其化为上三角形行列式.用性质 5 将 $D$ 化为上三角形行列式.

$$D=\begin{vmatrix}1&-2&5\\-2&3&-8\\3&1&-2\end{vmatrix}\xlongequal[-3r_1+r_3]{2r_1+r_2}\begin{vmatrix}1&-2&5\\0&-1&2\\0&7&-17\end{vmatrix}$$

$$\xlongequal{7r_2+r_3}\begin{vmatrix}1&-2&5\\0&-1&2\\0&0&-3\end{vmatrix}=1\times(-1)\times(-3)=3.$$

**例 4** 计算行列式

$$D=\begin{vmatrix}b&a&a&a\\a&b&a&a\\a&a&b&a\\a&a&a&b\end{vmatrix}.$$

**解** 这是一个每一行(每一列)的元素之和都相等的行列式.用行列式的性质将 $D$ 化为上三角形行列式.

$$\begin{vmatrix}b&a&a&a\\a&b&a&a\\a&a&b&a\\a&a&a&b\end{vmatrix}\xlongequal[\substack{r_3+r_1\\r_4+r_1}]{r_2+r_1}\begin{vmatrix}b+3a&b+3a&b+3a&b+3a\\a&b&a&a\\a&a&b&a\\a&a&a&b\end{vmatrix}$$

$$=(b+3a)\begin{vmatrix}1&1&1&1\\a&b&a&a\\a&a&b&a\\a&a&a&b\end{vmatrix}\xlongequal[\substack{-ar_1+r_3\\-ar_1+r_4}]{-ar_1+r_2}\begin{vmatrix}1&1&1&1\\0&b-a&0&0\\0&0&b-a&0\\0&0&0&b-a\end{vmatrix}(b+3a)$$

$$=(b+3a)(b-a)^3.$$

在§1.1中,我们讲述了行列式 $D$ 第一行元素的余子式和代数余子式.现将其推广.在 $n$ 阶行列式 $D$ 中,划去元素 $a_{ij}(i,j=1,2,\cdots,n)$所在的第 $i$ 行和第 $j$ 列的元素,由余下的元素按原来的顺序排成的 $n-1$ 阶行列式,称为元素 $a_{ij}$ 的**余子式**,记为 $M_{ij}$.若记

$$A_{ij}=(-1)^{i+j}M_{ij},$$

则称 $A_{ij}$ 为元素 $a_{ij}$ 的**代数余子式**.

**性质 6** $n$ 阶行列式

$$D=\begin{vmatrix}a_{11}&a_{12}&\cdots&a_{1n}\\a_{21}&a_{22}&\cdots&a_{2n}\\\vdots&\vdots&&\vdots\\a_{n1}&a_{n2}&\cdots&a_{nn}\end{vmatrix}$$

的值等于它的任一行(列)的元素与其对应的代数余子式的乘积之和,即

$$D=a_{i1}A_{i1}+a_{i2}A_{i2}+\cdots+a_{in}A_{in}=\sum_{j=1}^{n}a_{ij}A_{ij}\quad(i=1,2,\cdots,n),$$

或

$$D=a_{1j}A_{1j}+a_{2j}A_{2j}+\cdots+a_{nj}A_{nj}=\sum_{i=1}^{n}a_{ij}A_{ij}\quad(j=1,2,\cdots,n).$$

**例 5** 计算行列式

$$D=\begin{vmatrix}1&2&3\\3&2&1\\2&1&3\end{vmatrix}.$$

**解** 用性质 6,按第 2 列展开. 由于 $a_{12}=2,a_{22}=2,a_{32}=1$,

$$A_{12}=(-1)^{1+2}\begin{vmatrix}3&1\\2&3\end{vmatrix}=-7,$$

$$A_{22}=(-1)^{2+2}\begin{vmatrix}1&3\\2&3\end{vmatrix}=-3,$$

$$A_{32}=(-1)^{3+2}\begin{vmatrix}1&3\\3&1\end{vmatrix}=8,$$

所以

$$\begin{aligned}D&=a_{12}A_{12}+a_{22}A_{22}+a_{32}A_{32}\\&=2\times(-7)+2\times(-3)+1\times 8=-12.\end{aligned}$$

应用性质 6 计算行列式时,可把行列式化为若干个低一阶的行列式来计算. 特别是,若利用行列式的性质,先把行列式的某一行(列)化为只有一个非零元素,再按此行(列)展开,变为低一阶的行列式,如此继续下去,直到化为三阶或二阶行列式.

**例 6** 计算行列式

$$D=\begin{vmatrix}1&2&3&4\\1&0&1&2\\3&-1&-1&0\\1&2&0&-5\end{vmatrix}.$$

**解** 先使第 2 行只含非零元素 1,然后再用性质 6.

$$D=\begin{vmatrix}1&2&3&4\\1&0&1&2\\3&-1&-1&0\\1&2&0&-5\end{vmatrix}\xlongequal[-2\times c_1+c_4]{-1\times c_1+c_3}\begin{vmatrix}1&2&2&2\\1&0&0&0\\3&-1&-4&-6\\1&2&-1&-7\end{vmatrix}$$

$$=1\times(-1)^{2+1}\begin{vmatrix}2&2&2\\-1&-4&-6\\2&-1&-7\end{vmatrix}=-2\begin{vmatrix}1&1&1\\-1&-4&-6\\2&-1&-7\end{vmatrix}$$

$$\xlongequal[-2\times r_1+r_3]{1\times r_1+r_2} -2\begin{vmatrix}1&1&1\\0&-3&-5\\0&-3&-9\end{vmatrix}=-2\times(-3)\times1\times(-1)^{1+1}\begin{vmatrix}-3&-5\\1&3\end{vmatrix}$$

$$=6\times(-9+5)=-24.$$

## 习 题 1.2

### A 组

1. 填空题：

(1) 行列式与其转置行列式的值__________；

(2) 若行列式有两行(列)的对应元素成比例，则行列式的值等于__________；

(3) 把行列式某一行(列)的所有元素同乘以数 $k$ 后加到另一行(列)对应位置的元素上去，行列式的值__________；

(4) 设 $\begin{vmatrix}x&3&1\\y&0&1\\z&2&1\end{vmatrix}=1$，则 $\begin{vmatrix}x-3&y-3&z-3\\5&2&4\\1&1&1\end{vmatrix}=$__________；

(5) 设 $\begin{vmatrix}a_1&a_2&a_3\\b_1&b_2&b_3\\c_1&c_2&c_3\end{vmatrix}=5$，则 $\begin{vmatrix}3a_1&b_1-c_1&2c_1\\3a_2&b_2-c_2&2c_2\\3a_3&b_3-c_3&2c_3\end{vmatrix}=$__________.

2. 单项选择题：

(1) 行列式 $\begin{vmatrix}0&0&0\\1&2&1\\2&1&2\end{vmatrix}$ 的值是(　　).

(A) 0　　(B) 4　　(C) $-2$　　(D) $-1$

(2) 如果 $D=\begin{vmatrix}a_{11}&a_{12}&a_{13}\\a_{21}&a_{22}&a_{23}\\a_{31}&a_{32}&a_{33}\end{vmatrix}\neq0$，则 $M=\begin{vmatrix}3a_{11}&4a_{21}-a_{31}&-a_{31}\\3a_{12}&4a_{22}-a_{32}&-a_{32}\\3a_{13}&4a_{23}-a_{33}&-a_{33}\end{vmatrix}=$(　　).

(A) $-3D$　　(B) $-4D$　　(C) $-12D$　　(D) $-4D^{\mathrm{T}}$

3. 计算下列行列式：

(1) $\begin{vmatrix}3&1&309\\-1&-4&-103\\2&5&206\end{vmatrix}$；　　(2) $\begin{vmatrix}527&135&328\\27&35&28\\5&1&3\end{vmatrix}$；

(3) $\begin{vmatrix} 2 & 1 & -4 & -3 \\ 3 & -9 & -6 & 2 \\ 0 & 2 & 0 & 1 \\ 1 & 4 & -2 & 5 \end{vmatrix}$；　　(4) $\begin{vmatrix} 3 & 5 & -1 & 4 \\ 1 & 4 & 6 & 7 \\ -15 & -25 & 5 & -20 \\ 2 & -3 & 8 & -7 \end{vmatrix}$.

4. 用化成三角形行列式的方法计算下列行列式：

(1) $\begin{vmatrix} 1 & 3 & -2 \\ -2 & 1 & 3 \\ 3 & 2 & 5 \end{vmatrix}$；　　(2) $\begin{vmatrix} 2 & -1 & -7 \\ -1 & -4 & -6 \\ 1 & 1 & 1 \end{vmatrix}$；

(3) $\begin{vmatrix} 1 & -2 & 5 & 0 \\ -2 & 3 & -8 & -1 \\ 3 & 1 & -2 & 4 \\ 1 & 4 & 2 & -5 \end{vmatrix}$；　　(4) $\begin{vmatrix} 0 & -1 & -1 & 2 \\ 1 & -1 & 0 & 2 \\ -1 & 2 & -1 & 0 \\ 2 & 1 & 1 & 0 \end{vmatrix}$.

5. 将行列式按行(列)展开计算下列行列式：

(1) $\begin{vmatrix} a & b \\ c & d \end{vmatrix}$；　　(2) $\begin{vmatrix} 2 & -3 & 3 \\ 1 & 2 & 7 \\ 4 & 0 & -5 \end{vmatrix}$；

(3) $\begin{vmatrix} 2 & -5 & 1 & 2 \\ -3 & 7 & -1 & 4 \\ 5 & -9 & 2 & 7 \\ 4 & -6 & 1 & 2 \end{vmatrix}$；　　(4) $\begin{vmatrix} 1 & -1 & 1 & -2 \\ 2 & 0 & -1 & 4 \\ 3 & 2 & 1 & 0 \\ -1 & 2 & -1 & 2 \end{vmatrix}$.

6. 计算下列行列式：

(1) $\begin{vmatrix} 1+\cos\varphi & 1+\sin\varphi & 1 \\ 1-\sin\varphi & 1+\cos\varphi & 1 \\ 1 & 1 & 1 \end{vmatrix}$；　　(2) $\begin{vmatrix} 1 & 2 & 3 & 4 \\ 2 & 3 & 4 & 1 \\ 3 & 4 & 1 & 2 \\ 4 & 1 & 2 & 3 \end{vmatrix}$.

7. 证明：

$$\begin{vmatrix} a_1+b_1x & a_1-b_1x & c_1 \\ a_2+b_2x & a_2-b_2x & c_2 \\ a_3+b_3x & a_3-b_3x & c_3 \end{vmatrix} = -2x\begin{vmatrix} a_1 & b_1 & c_1 \\ a_2 & b_2 & c_2 \\ a_3 & b_3 & c_3 \end{vmatrix}.$$

## B　组

1. 计算下列行列式：

(1) $\begin{vmatrix} \frac{1}{2} & \frac{1}{2} & \frac{1}{2} & \frac{1}{2} \\ \frac{1}{3} & -\frac{1}{3} & \frac{1}{3} & \frac{1}{3} \\ 6 & 6 & -6 & 6 \\ 3 & 3 & 3 & -3 \end{vmatrix}$； (2) $\begin{vmatrix} 1 & 0 & 0 & -1 & 2 \\ 0 & 1 & 0 & 2 & -1 \\ -1 & 0 & 1 & 2 & 3 \\ 1 & 2 & 1 & 4 & 0 \\ 0 & 1 & 2 & 0 & 1 \end{vmatrix}$；

(3) $\begin{vmatrix} a & b & c & d \\ a & a+b & a+b+c & a+b+c+d \\ a & 2a+b & 3a+2b+c & 4a+3b+2c+d \\ a & 3a+b & 6a+3b+c & 10a+6b+3c+d \end{vmatrix}$.

2. 解方程

$$\begin{vmatrix} 1 & 2 & 3 & \cdots & n \\ 1 & x+1 & 3 & \cdots & n \\ 1 & 2 & x+1 & \cdots & n \\ \vdots & \vdots & \vdots & & \vdots \\ 1 & 2 & 3 & \cdots & x+1 \end{vmatrix} = 0.$$

## §1.3 克拉默法则

**【学习本节要达到的目标】**

掌握克拉默(Cramer)法则.

含有 $n$ 个未知量 $n$ 个方程的线性方程组的一般形式是

$$\begin{cases} a_{11}x_1 + a_{12}x_2 + \cdots + a_{1n}x_n = b_1, \\ a_{21}x_1 + a_{22}x_2 + \cdots + a_{2n}x_n = b_2, \\ \cdots\cdots\cdots\cdots\cdots\cdots\cdots\cdots \\ a_{n1}x_1 + a_{n2}x_2 + \cdots + a_{nn}x_n = b_n. \end{cases} \tag{1}$$

本节讨论用行列式求解这种方程组的方法.

线性方程组(1)中，$x_1,x_2,\cdots,x_n$ 是未知量，$b_1,b_2,\cdots,b_n$ 是常数项，$a_{ij}\,(i,j=1,2,\cdots,n)$ 是线性方程组的系数. 由系数构成的行列式记为

$$D = \begin{vmatrix} a_{11} & a_{12} & \cdots & a_{1n} \\ a_{21} & a_{22} & \cdots & a_{2n} \\ \vdots & \vdots & & \vdots \\ a_{n1} & a_{n2} & \cdots & a_{nn} \end{vmatrix},$$

称为线性方程组(1)的**系数行列式**.

将系数行列式 $D$ 中第 $j$ 列的元素依次改换为常数项 $b_1,b_2,\cdots,b_n$,其余各列元素不变,得到的行列式记为 $D_j$,即

$$D_j=\begin{vmatrix} a_{11} & \cdots & a_{1,j-1} & b_1 & a_{1,j+1} & \cdots & a_{2n} \\ a_{21} & \cdots & a_{2,j-1} & b_2 & a_{2,j+1} & \cdots & a_{3n} \\ \vdots & & \vdots & \vdots & \vdots & & \vdots \\ a_{n1} & \cdots & a_{n,j-1} & b_n & a_{n,j+1} & \cdots & a_{nn} \end{vmatrix} \quad (j=1,2,\cdots,n).$$

关于线性方程组(1)的解有下述**克拉默法则**:

当线性方程组(1)的系数行列式 $D\neq 0$ 时,该方程组有唯一解,其解为

$$x_1=\frac{D_1}{D},\ x_2=\frac{D_2}{D},\ \cdots,\ x_n=\frac{D_n}{D}.$$

简记为

$$x_j=\frac{D_j}{D} \quad (j=1,2,\cdots,n).$$

**克拉默法则**的条件是方程组(1)的系数行列式 $D\neq 0$,结论有**三点**:

(1) 方程组有解,即解的存在性;

(2) 解是唯一的,即解的唯一性;

(3) 解的表达式,即 $x_j=\dfrac{D_j}{D}$ $(j=1,2,\cdots,n)$.

**例 1** 用克拉默法则解线性方程组

$$\begin{cases} x_1+x_2-2x_3=-3, \\ 5x_1-2x_2+7x_3=22, \\ 2x_1-5x_2+4x_3=4. \end{cases}$$

**解** 由于方程组的系数行列式

$$D=\begin{vmatrix} 1 & 1 & -2 \\ 5 & -2 & 7 \\ 2 & -5 & 4 \end{vmatrix}=63\neq 0,$$

所以由克拉默法则知,方程组有唯一解.又由于

$$D_1=\begin{vmatrix} -3 & 1 & -2 \\ 22 & -2 & 7 \\ 4 & -5 & 4 \end{vmatrix}=63,\quad D_2=\begin{vmatrix} 1 & -3 & -2 \\ 5 & 22 & 7 \\ 2 & 4 & 4 \end{vmatrix}=126,$$

$$D_3=\begin{vmatrix} 1 & 1 & -3 \\ 5 & -2 & 22 \\ 2 & -5 & 4 \end{vmatrix}=189,$$

故方程组的解是

$$x_1 = \frac{D_1}{D} = \frac{63}{63} = 1,\quad x_2 = \frac{D_2}{D} = \frac{126}{63} = 2,\quad x_3 = \frac{D_3}{D} = \frac{189}{63} = 3.$$

**例 2** 已知线性方程组

$$\begin{cases} \lambda x_1 + x_2 + x_3 = 1, \\ x_1 + \lambda x_2 + x_3 = 2, \\ x_1 + x_2 + \lambda x_3 = 3 \end{cases}$$

有唯一解,求 $\lambda$.

**解** 因为线性方程组有唯一解,所以系数行列式 $D\neq 0$. 又

$$D = \begin{vmatrix} \lambda & 1 & 1 \\ 1 & \lambda & 1 \\ 1 & 1 & \lambda \end{vmatrix} = (\lambda+2)(\lambda-1)^2,$$

故 $\lambda\neq 1$ 且 $\lambda\neq -2$.

## 习 题 1.3

### A 组

1. 用克拉默法则解下列线性方程组:

(1) $\begin{cases} 5x_1-3x_2=13, \\ 3x_1+4x_2=2; \end{cases}$ (2) $\begin{cases} x_1+x_2+x_3=0, \\ 2x_1-x_2+x_3=6, \\ 4x_1+5x_2-x_3=1; \end{cases}$ (3) $\begin{cases} x_1-3x_2+x_3=-2, \\ 2x_1+x_2-x_3=6, \\ x_1+2x_2+2x_3=2; \end{cases}$

(4) $\begin{cases} x_1+3x_2+2x_3=17, \\ 2x_1-4x_2-x_3=9, \\ 3x_1-2x_2=25; \end{cases}$ (5) $\begin{cases} bx-ay+2ab=0, \\ -2cy+3bz-bc=0, \\ cx+az=0 \end{cases}$ (其中 $abc\neq 0$).

2. 问 $\lambda$ 取何值时,线性方程组

$$\begin{cases} x_1+x_2-x_3=1, \\ 2x_1+3x_2+\lambda x_3=3, \\ x_1+\lambda x_2+3x_3=2 \end{cases}$$

有唯一解?

### B 组

1. 用克拉默法则解下列线性方程组:

(1) $\begin{cases}2x_1+2x_2-x_3+x_4=4,\\4x_1+3x_2-x_3+2x_4=6,\\8x_1+5x_2-3x_3+4x_4=12,\\3x_1+3x_2-2x_3+2x_4=6;\end{cases}$　(2) $\begin{cases}x_1+x_2+x_3-x_4=-1,\\x_2+x_3-x_4=0,\\x_1+3x_2-2x_4=-4,\\2x_1-3x_2+x_3+x_4=2.\end{cases}$

2. 问 $\lambda$ 取何值时，线性方程组

$$\begin{cases}(\lambda-6)x+2y-2z=1,\\2x-(3-\lambda)y-4z=2,\\-2x-4y+(\lambda-3)z=3\end{cases}$$

有唯一解？

## 总习题一

1. 填空题：

(1) $\begin{vmatrix}a&2&2\\2&a&2\\2&2&a\end{vmatrix}=0$，则 $a=$________；

(2) $\begin{vmatrix}0&0&1&0\\0&2&0&3\\3&0&5&0\\7&6&10&4\end{vmatrix}=$________；

(3) $\begin{vmatrix}10&8&5&1\\9&6&2&0\\7&3&0&0\\4&0&0&0\end{vmatrix}=$________.

2. 单项选择题：

(1) 若行列式 $\begin{vmatrix}2&-1&0\\1&x&-2\\3&-1&2\end{vmatrix}=0$，则 $x=$(　　).

(A) $-2$　(B) 2　(C) $-1$　(D) 1

(2) 行列式 $\begin{vmatrix}0&a&0&0\\b&c&0&0\\0&0&d&e\\0&0&0&f\end{vmatrix}$ 的值为(　　).

(A) $abcdef$　(B) $-abdf$　(C) $abdf$　(D) $cdf$

(3) 若行列式 $\begin{vmatrix} a_{11} & a_{12} & a_{13} \\ a_{21} & a_{22} & a_{23} \\ a_{31} & a_{32} & a_{33} \end{vmatrix}=d$，则 $\begin{vmatrix} 3a_{31} & 3a_{32} & 3a_{33} \\ 2a_{21} & 2a_{22} & 2a_{23} \\ -a_{11} & -a_{12} & -a_{13} \end{vmatrix}=$(　　).

(A) $-6d$　　(B) $6d$　　(C) $4d$　　(D) $-4d$

3. 计算下列行列式：

(1) $\begin{vmatrix} 1 & 0 & -1 & -1 \\ 1 & 1 & 3 & 1 \\ -1 & 0 & -2 & 5 \\ 0 & 5 & 4 & 1 \end{vmatrix}$；　　(2) $\begin{vmatrix} -ab & ac & ae \\ bd & -cd & de \\ bf & cf & ef \end{vmatrix}$；

(3) $\begin{vmatrix} 0 & 2 & 2 & 2 \\ 2 & 0 & 2 & 2 \\ 2 & 2 & 0 & 2 \\ 2 & 2 & 2 & 0 \end{vmatrix}$；　　(4) $\begin{vmatrix} x & a & \cdots & a \\ a & x & \cdots & a \\ \vdots & \vdots & & \vdots \\ a & a & \cdots & x \end{vmatrix}$ ($n$ 阶).

4. 用克拉默法则解下列线性方程组：

(1) $\begin{cases} 2x+5y=1, \\ 3x+7y=2; \end{cases}$　　(2) $\begin{cases} x_1-2x_2+3x_3-4x_4=4, \\ x_2-x_3+x_4=-3, \\ x_1+3x_2+x_4=1, \\ -7x_2+3x_3+x_4=-3. \end{cases}$

5. 设二次函数 $f(x)=ax^2+bx+c$，且 $f(1)=1$，$f(-1)=9$，$f(2)=0$，试求 $a,b,c$ 的值.

6. 问 $\lambda$ 取何值时，线性方程组

$$\begin{cases} \lambda x_1+x_2+5x_3=1, \\ x_1+\lambda x_2+x_3=1, \\ x_1+x_2+\lambda x_3=4 \end{cases}$$

有唯一解?

# 第二章 矩 阵

矩阵是线性代数中的一个重要概念，它广泛地应用于自然科学、工程技术、现代经济管理等各个领域. 本章主要介绍矩阵的概念及其运算、矩阵的初等行变换及逆矩阵.

## §2.1 矩阵的概念

**【学习本节要达到的目标】**

1. 理解矩阵概念.
2. 了解常见矩阵的类型.

在日常工作中，我们经常用表格表示一些数据及其关系. 请看下面的两个例子.

**例 1** 某工厂下属三个车间都生产甲、乙、丙、丁 4 种产品，2008 年第一季度的产量如下表(单位：万件)：

| 车间 \ 产量 \ 产品 | 甲 | 乙 | 丙 | 丁 |
|---|---|---|---|---|
| 1 | 3 | 12 | 8 | 16 |
| 2 | 5 | 14 | 7 | 12 |
| 3 | 6 | 10 | 6 | 13 |

若把表中的数据不改变在表中的位置，并且用方括号(或圆括号)括起，则得到一个 3 行 4 列的矩形数表

$$\begin{bmatrix} 3 & 12 & 8 & 16 \\ 5 & 14 & 7 & 12 \\ 6 & 10 & 6 & 13 \end{bmatrix},$$

该表描述 3 个车间 2008 年第一季度生产不同产品的万件数. 例如，表中

的第 2 行第 3 列的数 7，表示第 2 车间生产丙种产品的万件数.

**例 2**　某班四名同学三门课程的考试成绩分别列在下表：

| 课程/成绩/姓名 | 语文 | 数学 | 英语 |
|---|---|---|---|
| 张三 | 82 | 86 | 88 |
| 李四 | 96 | 90 | 86 |
| 王五 | 78 | 92 | 84 |
| 赵六 | 85 | 82 | 93 |

此四名同学的成绩可以用矩形数表表示为

$$\begin{bmatrix} 82 & 86 & 88 \\ 96 & 90 & 86 \\ 78 & 92 & 84 \\ 85 & 82 & 93 \end{bmatrix},$$

该表中的第 3 行第 2 列的 92 表示王五的数学成绩.

**定义**　由 $m \times n$ 个数 $a_{ij}(i=1,2,\cdots,m;j=1,2,\cdots,n)$ 排成 $m$ 行 $n$ 列的矩形数表

$$\begin{bmatrix} a_{11} & a_{12} & \cdots & a_{1n} \\ a_{21} & a_{22} & \cdots & a_{2n} \\ \vdots & \vdots & & \vdots \\ a_{m1} & a_{m2} & \cdots & a_{mn} \end{bmatrix},$$

称为 $m \times n$ **矩阵**，其中的每一个数 $a_{ij}$ 称为**矩阵的元素**. 元素 $a_{ij}$ 的第一个下标 $i$ 表示该元素所在的行，第二个下标 $j$ 表示该元素所在的列.

通常用大写黑体字母 $\boldsymbol{A},\boldsymbol{B},\cdots$ 表示矩阵，矩阵也可用其元素表示为 $(a_{ij}),(b_{ij}),\cdots$. 也可以记为 $\boldsymbol{A}_{m\times n}$ 或 $(a_{ij})_{m\times n}$，用以表明矩阵的行数与列数.

如上述例 1 所得的矩形数表就是一个 $3\times 4$ 矩阵，可记为 $\boldsymbol{A}_{3\times 4}$ 或 $(a_{ij})_{3\times 4}$，即

$$\boldsymbol{A}_{3\times 4} = \begin{bmatrix} 3 & 12 & 8 & 16 \\ 5 & 14 & 7 & 12 \\ 6 & 10 & 6 & 13 \end{bmatrix}.$$

若矩阵 $\boldsymbol{A}=(a_{ij})_{m\times n}$ 与矩阵 $\boldsymbol{B}=(b_{ij})_{m\times n}$ 的行数与列数分别对应相等，且其对应元素相等，即

$$a_{ij} = b_{ij} \quad (i = 1,2,\cdots,m;j = 1,2,\cdots,n),$$

则称**矩阵 $\boldsymbol{A}$ 和矩阵 $\boldsymbol{B}$ 相等**，记为 $\boldsymbol{A}=\boldsymbol{B}$.

例如

$$A=\begin{bmatrix}1&2&2\\0&3&5\end{bmatrix},\quad B=\begin{bmatrix}a&b&c\\d&e&f\end{bmatrix}.$$

它们都是 $2\times3$ 矩阵. 仅当 $a=1,b=2,c=2,d=0,e=3,f=5$ 时, 矩阵 $\boldsymbol{A}$ 和矩阵 $\boldsymbol{B}$ 才是相等的, 即 $\boldsymbol{A}=\boldsymbol{B}$.

对于矩阵 $\boldsymbol{A}=(a_{ij})_{m\times n}$:

当 $m=1$ 时, 表示只有一行的矩阵, 称为**行矩阵**, 记为

$$\boldsymbol{A}_{1\times n}=[a_{11}\quad a_{12}\quad \cdots \quad a_{1n}];$$

当 $n=1$ 时, 表示只有一列的矩阵, 称为**列矩阵**, 记为

$$\boldsymbol{A}_{m\times 1}=\begin{bmatrix}a_{11}\\a_{21}\\\vdots\\a_{m1}\end{bmatrix}.$$

所有元素都为零的矩阵, 称为**零矩阵**, 记作 $\boldsymbol{O}_{m\times n}$ 或 $\boldsymbol{O}$. 例如

$$\boldsymbol{O}_{2\times3}=\begin{bmatrix}0&0&0\\0&0&0\end{bmatrix}.$$

当矩阵 $\boldsymbol{A}_{m\times n}$ 的行数和列数相等时, 即 $m=n$ 时, 称矩阵 $\boldsymbol{A}_{m\times n}$ 为 $n$ **阶矩阵**或 $n$ **阶方阵**, 记为 $\boldsymbol{A}_n$, 即

$$\boldsymbol{A}_n=\begin{bmatrix}a_{11}&a_{12}&\cdots&a_{1n}\\a_{21}&a_{22}&\cdots&a_{2n}\\\vdots&\vdots&&\vdots\\a_{n1}&a_{n2}&\cdots&a_{nn}\end{bmatrix}.$$

对于 $n$ 阶方阵, 当 $n=1$ 时, 即一阶方阵就是表示一个数 $a_{11}$.

在 $n$ 阶方阵中, 从左上角到右下角的 $n$ 个元素 $a_{11},a_{22},\cdots,a_{nn}$ 称为 $n$ 阶方阵的**主对角线元素**.

主对角线元素一侧的元素全为 0 的 $n$ 阶方阵称为**三角矩阵**. 下述矩阵分别为**上三角矩阵**和**下三角矩阵**:

$$\begin{bmatrix}a_{11}&a_{12}&\cdots&a_{1n}\\0&a_{22}&\cdots&a_{2n}\\\vdots&\vdots&&\vdots\\0&0&\cdots&a_{nn}\end{bmatrix},\quad \begin{bmatrix}a_{11}&0&\cdots&0\\a_{21}&a_{22}&\cdots&0\\\vdots&\vdots&&\vdots\\a_{n1}&a_{n2}&\cdots&a_{nn}\end{bmatrix}.$$

除了主对角线元素外, 其余元素都为 0 的 $n$ 阶方阵称为**对角矩阵**, 即

$$\begin{bmatrix} a_{11} & 0 & \cdots & 0 \\ 0 & a_{22} & \cdots & 0 \\ \vdots & \vdots & & \vdots \\ 0 & 0 & \cdots & a_{nn} \end{bmatrix}.$$

主对角线元素全为 1,其余元素都为 0 的 $n$ 阶方阵称为**单位矩阵**,记为 $\boldsymbol{E}_n$ 或 $\boldsymbol{E}$,即

$$\boldsymbol{E}_n = \begin{bmatrix} 1 & 0 & \cdots & 0 \\ 0 & 1 & \cdots & 0 \\ \vdots & \vdots & & \vdots \\ 0 & 0 & \cdots & 1 \end{bmatrix}.$$

## 习 题 2.1

### A 组

1. 回答下列问题:

(1) 零矩阵是否一定是方阵?　　(2) 矩阵满足什么条件才能成为单位矩阵?

2. 下列矩阵哪些是零矩阵、单位矩阵、行矩阵、列矩阵、方阵:

(1) $\begin{bmatrix} 1 \\ 2 \\ 3 \end{bmatrix}$;　(2) $\begin{bmatrix} 0 & 0 & 0 \end{bmatrix}$;　(3) $\begin{bmatrix} 0 & 1 & 0 \\ 0 & 0 & 1 \end{bmatrix}$;　(4) $\begin{bmatrix} 1 & 0 \\ 0 & 1 \end{bmatrix}$;

(5) $\begin{bmatrix} 1 & 0 & 0 \\ 0 & 1 & 1 \\ 0 & 0 & 1 \end{bmatrix}$;　(6) $\begin{bmatrix} 1 & 0 & 0 & 0 \\ 0 & 1 & 0 & 0 \\ 0 & 0 & 1 & 0 \\ 0 & 0 & 0 & 0 \end{bmatrix}$.

3. 写出一个三阶单位矩阵.

### B 组

1. 写出矩阵 $\boldsymbol{A}=(a_{ij})_{3\times 4}$,使其满足 $a_{ij}=i+j(i=1,2,3;j=1,2,3,4)$.

2. 已知矩阵 $\boldsymbol{A}=\begin{bmatrix} a+2b & 3a-c \\ b-3d & a-b \end{bmatrix}$,若 $\boldsymbol{A}=\boldsymbol{E}$,求 $a,b,c,d$ 的值.

## §2.2 矩阵的运算

**【学习本节要达到的目标】**

1. 掌握矩阵加法、数乘矩阵、矩阵乘法、矩阵转置的运算.

2. 理解并掌握以下重要结论：$\boldsymbol{AB}\neq\boldsymbol{BA}$；$(\boldsymbol{AB})^{\mathrm{T}}=\boldsymbol{B}^{\mathrm{T}}\boldsymbol{A}^{\mathrm{T}}$.

## 一、矩阵加法

**定义1(矩阵加法)** 设 $\boldsymbol{A},\boldsymbol{B}$ 都为 $m\times n$ 矩阵，即

$$\boldsymbol{A}=\begin{bmatrix} a_{11} & a_{12} & \cdots & a_{1n} \\ a_{21} & a_{22} & \cdots & a_{2n} \\ \vdots & \vdots & & \vdots \\ a_{m1} & a_{m2} & \cdots & a_{mn} \end{bmatrix},\quad \boldsymbol{B}=\begin{bmatrix} b_{11} & b_{12} & \cdots & b_{1n} \\ b_{21} & b_{22} & \cdots & b_{2n} \\ \vdots & \vdots & & \vdots \\ b_{m1} & b_{m2} & \cdots & b_{mn} \end{bmatrix}.$$

将它们的对应元素相加，所得到的 $m\times n$ 矩阵称为**矩阵 $\boldsymbol{A}$ 与矩阵 $\boldsymbol{B}$ 的和**，记为 $\boldsymbol{A}+\boldsymbol{B}$，即

$$\boldsymbol{A}+\boldsymbol{B}=\begin{bmatrix} a_{11}+b_{11} & a_{12}+b_{12} & \cdots & a_{1n}+b_{1n} \\ a_{21}+b_{21} & a_{22}+b_{22} & \cdots & a_{2n}+b_{2n} \\ \vdots & \vdots & & \vdots \\ a_{m1}+b_{m1} & a_{m2}+b_{m2} & \cdots & a_{mn}+b_{mn} \end{bmatrix}.$$

简记为

$$\boldsymbol{A}+\boldsymbol{B}=(a_{ij})_{m\times n}+(b_{ij})_{m\times n}=(a_{ij}+b_{ij})_{m\times n}.$$

**例1** 已知

$$\boldsymbol{A}=\begin{bmatrix} 2 & 1 & 3 \\ -4 & 2 & 0 \end{bmatrix},\quad \boldsymbol{B}=\begin{bmatrix} 1 & -3 & 5 \\ 2 & 6 & 1 \end{bmatrix},$$

求 $\boldsymbol{A}+\boldsymbol{B}$.

**解** 根据矩阵加法的定义，

$$\boldsymbol{A}+\boldsymbol{B}=\begin{bmatrix} 2+1 & 1+(-3) & 3+5 \\ -4+2 & 2+6 & 0+1 \end{bmatrix}=\begin{bmatrix} 3 & -2 & 8 \\ -2 & 8 & 1 \end{bmatrix}.$$

**说明** 只有行数和列数都相同的矩阵才能相加.

设 $\boldsymbol{A},\boldsymbol{B},\boldsymbol{C}$ 和 $\boldsymbol{O}$ 是有相同行数、相同列数的矩阵，容易验证，矩阵的加法满足下列**运算规律**：

(1) **交换律** $\boldsymbol{A}+\boldsymbol{B}=\boldsymbol{B}+\boldsymbol{A}$；

(2) **结合律** $(\boldsymbol{A}+\boldsymbol{B})+\boldsymbol{C}=\boldsymbol{A}+(\boldsymbol{B}+\boldsymbol{C})$；

(3) $\boldsymbol{A}+\boldsymbol{O}=\boldsymbol{A}$.

**例2** 设 $\boldsymbol{A}=\begin{bmatrix} 1 & 3 \\ 5 & 9 \end{bmatrix}$，求 $\boldsymbol{A}+\boldsymbol{O}$.

**解** 根据矩阵加法的定义，

$$\boldsymbol{A}+\boldsymbol{O}=\begin{bmatrix} 1+0 & 3+0 \\ 5+0 & 9+0 \end{bmatrix}=\begin{bmatrix} 1 & 3 \\ 5 & 9 \end{bmatrix}.$$

对于矩阵 $\boldsymbol{A}=(a_{ij})_{m\times n}$，我们称矩阵 $(-a_{ij})_{m\times n}$ 为**矩阵 $\boldsymbol{A}$ 的负矩阵**，记为 $-\boldsymbol{A}$. 即若

$$A=\begin{bmatrix} a_{11} & a_{12} & \cdots & a_{1n} \\ a_{21} & a_{22} & \cdots & a_{2n} \\ \vdots & \vdots & & \vdots \\ a_{m1} & a_{m2} & \cdots & a_{mn} \end{bmatrix},$$

则

$$-A=\begin{bmatrix} -a_{11} & -a_{12} & \cdots & -a_{1n} \\ -a_{21} & -a_{22} & \cdots & -a_{2n} \\ \vdots & \vdots & & \vdots \\ -a_{m1} & -a_{m2} & \cdots & -a_{mn} \end{bmatrix}$$

称为**矩阵 $A$ 的负矩阵**.

利用矩阵的加法和负矩阵,我们可以定义矩阵的**减法**.

设 $A=(a_{ij})_{m\times n}$,$B=(b_{ij})_{m\times n}$,矩阵 $A$ 与矩阵 $B$ 相减定义为 $A$ 与 $-B$ 相加,记为 $A-B$,即

$$\begin{aligned} A-B=A+(-B) &= (a_{ij})_{m\times n}+(-b_{ij})_{m\times n} \\ &= (a_{ij}-b_{ij})_{m\times n}. \end{aligned}$$

显然,有

$$A+(-A)=O.$$

**例 3** 已知 $A=\begin{bmatrix} 2 & 0 & 1 \\ 3 & -1 & 2 \end{bmatrix}$, $B=\begin{bmatrix} 1 & -1 & 2 \\ 2 & 1 & 3 \end{bmatrix}$, 求 $A-B$.

**解** 根据矩阵减法的定义,

$$A-B=\begin{bmatrix} 2-1 & 0-(-1) & 1-2 \\ 3-2 & -1-1 & 2-3 \end{bmatrix}=\begin{bmatrix} 1 & 1 & -1 \\ 1 & -2 & -1 \end{bmatrix}.$$

**例 4** 设矩阵 $A=\begin{bmatrix} 2 & 5 \\ 4 & -2 \end{bmatrix}$,$B=\begin{bmatrix} 6 & 8 \\ -5 & 3 \end{bmatrix}$,求满足矩阵方程 $A+X=B$ 的矩阵 $X$.

**解** 由 $A+X=B$ 得 $X=B-A$,所以

$$X=\begin{bmatrix} 6-2 & 8-5 \\ -5-4 & 3-(-2) \end{bmatrix}=\begin{bmatrix} 4 & 3 \\ -9 & 5 \end{bmatrix}.$$

## 二、数乘矩阵

**定义 2(数乘矩阵)** 设矩阵 $A=(a_{ij})_{m\times n}$,$k$ 为一个数,用数 $k$ 乘矩阵 $A$ 中每一个元素所得到的矩阵 $(ka_{ij})_{m\times n}$ 称为**数 $k$ 与矩阵 $A$ 的数乘矩阵**,记为 $kA$,即

$$kA=\begin{bmatrix} ka_{11} & ka_{12} & \cdots & ka_{1n} \\ ka_{21} & ka_{22} & \cdots & ka_{2n} \\ \vdots & \vdots & & \vdots \\ ka_{m1} & ka_{m2} & \cdots & ka_{mn} \end{bmatrix}.$$

**例 5** 已知矩阵 $\boldsymbol{A}=\begin{bmatrix}2 & 1 & 3\\4 & 3 & -5\end{bmatrix}$，求 $\frac{1}{2}\boldsymbol{A}$，$3\boldsymbol{A}$.

**解** 根据数乘矩阵的定义，

$$\frac{1}{2}\boldsymbol{A}=\begin{bmatrix}\frac{1}{2}\times 2 & \frac{1}{2}\times 1 & \frac{1}{2}\times 3\\ \frac{1}{2}\times 4 & \frac{1}{2}\times 3 & \frac{1}{2}\times(-5)\end{bmatrix}=\begin{bmatrix}1 & \frac{1}{2} & \frac{3}{2}\\ 2 & \frac{3}{2} & -\frac{5}{2}\end{bmatrix},$$

$$3\boldsymbol{A}=\begin{bmatrix}3\times 2 & 3\times 1 & 3\times 3\\ 3\times 4 & 3\times 3 & 3\times(-5)\end{bmatrix}=\begin{bmatrix}6 & 3 & 9\\ 12 & 9 & -15\end{bmatrix}.$$

设 $k$ 和 $l$ 是两个常数，$\boldsymbol{A}$ 和 $\boldsymbol{B}$ 均是 $m\times n$ 矩阵，容易验证，数乘矩阵满足下列**运算规律**：

(1) $k(\boldsymbol{A}+\boldsymbol{B})=k\boldsymbol{A}+k\boldsymbol{B}$；

(2) $(k+l)\boldsymbol{A}=k\boldsymbol{A}+l\boldsymbol{A}$；

(3) $k(l\boldsymbol{A})=(kl)\boldsymbol{A}$；

(4) $1\boldsymbol{A}=\boldsymbol{A}$，$0\boldsymbol{A}=\boldsymbol{O}$.

**例 6** 已知矩阵 $\boldsymbol{A}=\begin{bmatrix}2 & 1\\0 & 5\end{bmatrix}$，$\boldsymbol{B}=\begin{bmatrix}-4 & 3\\2 & 1\end{bmatrix}$. 若矩阵 $\boldsymbol{X}$ 满足 $2\boldsymbol{X}-\boldsymbol{A}=\boldsymbol{B}$，求 $\boldsymbol{X}$.

**解** 由关系式 $2\boldsymbol{X}-\boldsymbol{A}=\boldsymbol{B}$ 得到

$$\boldsymbol{X}=\frac{1}{2}(\boldsymbol{A}+\boldsymbol{B})=\frac{1}{2}\begin{bmatrix}2+(-4) & 1+3\\ 0+2 & 5+1\end{bmatrix}=\begin{bmatrix}-1 & 2\\ 1 & 3\end{bmatrix}.$$

## 三、矩阵乘法

先通过一个例题来看矩阵与矩阵相乘是怎样规定的.

**例 7** 已知两个矩阵

$$\boldsymbol{A}=(a_{ij})_{4\times 2}=\begin{bmatrix}-1 & 3\\ 4 & 1\\ -3 & 5\\ 2 & -4\end{bmatrix},\quad \boldsymbol{B}=(b_{ij})_{2\times 3}=\begin{bmatrix}2 & 0 & -1\\ 3 & -4 & 1\end{bmatrix}.$$

矩阵 $\boldsymbol{A}$ 与 $\boldsymbol{B}$ 相乘记为 $\boldsymbol{AB}$，这种记法，$\boldsymbol{A}$ 在左侧，$\boldsymbol{B}$ 在右侧.

首先看到，左侧矩阵 $\boldsymbol{A}$ 的列数(2 列)与右侧矩阵 $\boldsymbol{B}$ 的行数(2 行)相等，即 $\boldsymbol{A}$ 的每一行上元素的个数与 $\boldsymbol{B}$ 的每一列上元素的个数相等.

其次，由矩阵 $\boldsymbol{A}$ 与 $\boldsymbol{B}$ 的元素构成一个矩阵 $\boldsymbol{C}$，规定 $\boldsymbol{C}=(c_{ij})$ 的元素 $c_{ij}$ 是 $\boldsymbol{A}$ 的第 $i(i=1,2,3,4)$ 行与 $\boldsymbol{B}$ 的第 $j(j=1,2,3)$ 列的对应元素乘积之和. 如 $c_{32}$ 是 $\boldsymbol{A}$ 的第 3 行与 $\boldsymbol{B}$ 的第 2 列的对应元素乘积之和：

$$c_{32}=a_{31}b_{12}+a_{32}b_{22}=-3\times 0+5\times(-4)=-20.$$

由于 $\boldsymbol{A}$ 有 4 行，$\boldsymbol{B}$ 有 3 列，这样就有矩阵

$$\boldsymbol{C}=(c_{ij})_{4\times 3}=\begin{bmatrix} c_{11} & c_{12} & c_{13} \\ c_{21} & c_{22} & c_{23} \\ c_{31} & c_{32} & c_{33} \\ c_{41} & c_{42} & c_{43} \end{bmatrix}$$

$$=\begin{bmatrix} -1\times 2+3\times 3 & -1\times 0+3\times(-4) & -1\times(-1)+3\times 1 \\ 4\times 2+1\times 3 & 4\times 0+1\times(-4) & 4\times(-1)+1\times 1 \\ -3\times 2+5\times 3 & -3\times 0+5\times(-4) & -3\times(-1)+5\times 1 \\ 2\times 2+(-4)\times 3 & 2\times 0+(-4)\times(-4) & 2\times(-1)+(-4)\times 1 \end{bmatrix}$$

$$=\begin{bmatrix} 7 & -12 & 4 \\ 11 & -4 & 3 \\ 9 & -20 & 8 \\ -8 & 16 & -6 \end{bmatrix}.$$

最后还看到，矩阵 $\boldsymbol{C}$ 是 $4\times 3$ 矩阵：$\boldsymbol{C}$ 的行数等于左侧矩阵 $\boldsymbol{A}$ 的行数 4，列数等于右侧矩阵 $\boldsymbol{B}$ 的列数 3.

例 7 给出了矩阵乘法的**三要点**，将其推广为一般情况. 设矩阵 $\boldsymbol{A}_{m\times s}$ 与矩阵 $\boldsymbol{B}_{s\times n}$ 相乘：

其一，是怎样的两个矩阵可以相乘：要使 $\boldsymbol{AB}$ 有意义必须满足矩阵 $\boldsymbol{A}$ 的列数（$s$ 列）与矩阵 $\boldsymbol{B}$ 的行数（$s$ 行）相等；

其二，是两个矩阵相乘时应如何运算：$\boldsymbol{AB}=\boldsymbol{C}=(c_{ij})$，元素 $c_{ij}$ 是矩阵 $\boldsymbol{A}$ 的第 $i$ 行与矩阵 $\boldsymbol{B}$ 的第 $j$ 列对应元素乘积之和；

其三，是两个矩阵相乘应得到什么样的矩阵：$\boldsymbol{AB}$ 的结果仍是一个矩阵 $\boldsymbol{AB}=\boldsymbol{C}$，且矩阵 $\boldsymbol{C}$ 是一个 $m$ 行（$\boldsymbol{A}$ 的行数）$n$ 列（$\boldsymbol{B}$ 的列数）的矩阵.

由此，给出下述**矩阵乘法定义**.

**定义 3(矩阵乘法)** 设矩阵 $\boldsymbol{A}$ 是 $m\times s$ 矩阵，矩阵 $\boldsymbol{B}$ 是 $s\times n$ 矩阵，即

$$\boldsymbol{A}=(a_{ij})_{m\times s}=\begin{bmatrix} a_{11} & a_{12} & \cdots & a_{1s} \\ a_{21} & a_{22} & \cdots & a_{2s} \\ \vdots & \vdots & & \vdots \\ a_{m1} & a_{m2} & \cdots & a_{ms} \end{bmatrix},\quad \boldsymbol{B}=(b_{ij})_{s\times n}=\begin{bmatrix} b_{11} & b_{12} & \cdots & b_{1n} \\ b_{21} & b_{22} & \cdots & b_{2n} \\ \vdots & \vdots & & \vdots \\ b_{s1} & b_{s2} & \cdots & b_{sn} \end{bmatrix}.$$

矩阵 $\boldsymbol{A}$ 与矩阵 $\boldsymbol{B}$ 的乘积，记为 $\boldsymbol{AB}$. 若令 $\boldsymbol{AB}=\boldsymbol{C}=(c_{ij})$，则矩阵 $\boldsymbol{C}$ 是一个 $m\times n$ 矩阵，

$$\boldsymbol{C}=(c_{ij})_{m\times n}=\begin{bmatrix} c_{11} & c_{12} & \cdots & c_{1n} \\ c_{21} & c_{22} & \cdots & c_{2n} \\ \vdots & \vdots & & \vdots \\ c_{m1} & c_{m2} & \cdots & c_{mn} \end{bmatrix},$$

其中元素 $c_{ij}$ 是矩阵 $\boldsymbol{A}$ 的第 $i$ 行与矩阵 $\boldsymbol{B}$ 的第 $j$ 列对应元素乘积之和，即

$$c_{ij}=a_{i1}b_{1j}+a_{i2}b_{2j}+\cdots+a_{is}b_{sj}$$
$$=\sum_{k=1}^{s}a_{ik}b_{kj}\quad(i=1,2,\cdots,m;j=1,2,\cdots,n).$$

**例 8** 已知 $\boldsymbol{A}=\begin{bmatrix}2&1\\3&2\\1&0\end{bmatrix}$，$\boldsymbol{B}=\begin{bmatrix}1&2\\2&1\end{bmatrix}$，求 $\boldsymbol{AB}$，$\boldsymbol{BA}$，$\boldsymbol{EA}$，$\boldsymbol{AE}$，$\boldsymbol{EB}$.

**解** 由于矩阵 $\boldsymbol{A}$ 的列数与矩阵 $\boldsymbol{B}$ 的行数相同，因此，$\boldsymbol{AB}$ 可以运算.

$$\boldsymbol{AB}=\begin{bmatrix}2&1\\3&2\\1&0\end{bmatrix}\begin{bmatrix}1&2\\2&1\end{bmatrix}=\begin{bmatrix}2\times1+1\times2&2\times2+1\times1\\3\times1+2\times2&3\times2+2\times1\\1\times1+0\times2&1\times2+0\times1\end{bmatrix}=\begin{bmatrix}4&5\\7&8\\1&2\end{bmatrix}.$$

由于矩阵 $\boldsymbol{B}$ 的列数为 2，矩阵 $\boldsymbol{A}$ 的行数为 3，两者相乘无意义，所以 $\boldsymbol{BA}$ 不能作乘法运算.

由于 $\boldsymbol{A}$ 是 $3\times2$ 矩阵，要使 $\boldsymbol{EA}$ 可运算，须用 $\boldsymbol{E}_3$；要使 $\boldsymbol{AE}$ 有意义，须用 $\boldsymbol{E}_2$.

$$\boldsymbol{E}_3\boldsymbol{A}_{3\times2}=\begin{bmatrix}1&0&0\\0&1&0\\0&0&1\end{bmatrix}\begin{bmatrix}2&1\\3&2\\1&0\end{bmatrix}=\begin{bmatrix}1\times2+0\times3+0\times1&1\times1+0\times2+0\times0\\0\times2+1\times3+0\times1&0\times1+1\times2+0\times0\\0\times2+0\times3+1\times1&0\times1+0\times2+1\times0\end{bmatrix}$$
$$=\begin{bmatrix}2&1\\3&2\\1&0\end{bmatrix},$$

$$\boldsymbol{A}_{3\times2}\boldsymbol{E}_2=\begin{bmatrix}2&1\\3&2\\1&0\end{bmatrix}\begin{bmatrix}1&0\\0&1\end{bmatrix}=\begin{bmatrix}2&1\\3&2\\1&0\end{bmatrix}.$$

由于 $\boldsymbol{B}$ 是二阶方阵，要使 $\boldsymbol{EB}$ 可运算，须用 $\boldsymbol{E}_2$.

$$\boldsymbol{EB}=\begin{bmatrix}1&0\\0&1\end{bmatrix}\begin{bmatrix}1&2\\2&1\end{bmatrix}=\begin{bmatrix}1\times1+0\times2&1\times2+0\times1\\0\times1+1\times2&0\times2+1\times1\end{bmatrix}=\begin{bmatrix}1&2\\2&1\end{bmatrix}.$$

**例 9** 已知矩阵 $\boldsymbol{A}=[1\quad-2\quad1]$，$\boldsymbol{B}=\begin{bmatrix}1\\-2\\1\end{bmatrix}$，求 $\boldsymbol{AB}$，$\boldsymbol{BA}$.

**解** 可以看出，$\boldsymbol{AB}$ 可以运算，且是一阶矩阵；$\boldsymbol{BA}$ 也可运算，应是 $3\times3$ 矩阵.

$$\boldsymbol{AB}=[1\quad-2\quad1]\begin{bmatrix}1\\-2\\1\end{bmatrix}=1\times1+(-2)\times(-2)+1\times1=6,$$

$$\boldsymbol{BA}=\begin{bmatrix}1\\-2\\1\end{bmatrix}\begin{bmatrix}1 & -2 & 1\end{bmatrix}=\begin{bmatrix}1\times1 & 1\times(-2) & 1\times1\\-2\times1 & -2\times(-2) & -2\times1\\1\times1 & 1\times(-2) & 1\times1\end{bmatrix}=\begin{bmatrix}1 & -2 & 1\\-2 & 4 & -2\\1 & -2 & 1\end{bmatrix}.$$

**例 10** 已知矩阵 $\boldsymbol{A}=\begin{bmatrix}2 & 1\\3 & 2\end{bmatrix}$,$\boldsymbol{B}=\begin{bmatrix}4 & 1\\3 & 2\end{bmatrix}$,$\boldsymbol{C}=\begin{bmatrix}0 & 0\\1 & 1\end{bmatrix}$,求 $\boldsymbol{AC}$,$\boldsymbol{BC}$.

**解** 由于 $\boldsymbol{A}$,$\boldsymbol{B}$ 和 $\boldsymbol{C}$ 都是二阶矩阵,所以 $\boldsymbol{AC}$,$\boldsymbol{BC}$ 均可运算.

$$\boldsymbol{AC}=\begin{bmatrix}2 & 1\\3 & 2\end{bmatrix}\begin{bmatrix}0 & 0\\1 & 1\end{bmatrix}=\begin{bmatrix}1 & 1\\2 & 2\end{bmatrix},$$

$$\boldsymbol{BC}=\begin{bmatrix}4 & 1\\3 & 2\end{bmatrix}\begin{bmatrix}0 & 0\\1 & 1\end{bmatrix}=\begin{bmatrix}1 & 1\\2 & 2\end{bmatrix}.$$

**例 11** 已知矩阵 $\boldsymbol{A}=\begin{bmatrix}-2 & 4\\1 & -2\end{bmatrix}$,$\boldsymbol{B}=\begin{bmatrix}2 & 4\\3 & 6\end{bmatrix}$,求 $\boldsymbol{AB}$,$\boldsymbol{BA}$.

**解** 由于 $\boldsymbol{A}$,$\boldsymbol{B}$ 都是二阶矩阵,$\boldsymbol{AB}$,$\boldsymbol{BA}$ 均可作运算.

$$\boldsymbol{AB}=\begin{bmatrix}-2 & 4\\1 & -2\end{bmatrix}\begin{bmatrix}2 & 4\\3 & 6\end{bmatrix}=\begin{bmatrix}8 & 16\\-4 & -8\end{bmatrix},$$

$$\boldsymbol{BA}=\begin{bmatrix}2 & 4\\3 & 6\end{bmatrix}\begin{bmatrix}-2 & 4\\1 & -2\end{bmatrix}=\begin{bmatrix}0 & 0\\0 & 0\end{bmatrix}.$$

**例 12** 已知矩阵 $\boldsymbol{A}=\begin{bmatrix}2 & 0\\0 & 2\end{bmatrix}$,$\boldsymbol{B}=\begin{bmatrix}0 & 1\\1 & 0\end{bmatrix}$,求 $\boldsymbol{AB}$,$\boldsymbol{BA}$.

**解** 易算得

$$\boldsymbol{AB}=\begin{bmatrix}0 & 2\\2 & 0\end{bmatrix},\quad \boldsymbol{BA}=\begin{bmatrix}0 & 2\\2 & 0\end{bmatrix}.$$

通过以上例题可以看到,对于矩阵乘法,需要**注意以下几点**:

(1) 矩阵的乘法**不满足交换律**,在一般情况下,$\boldsymbol{AB}\neq\boldsymbol{BA}$. 常见的情况有:

1° $\boldsymbol{AB}$ 可运算,而 $\boldsymbol{BA}$ 不可运算,如例 8;

2° 若 $\boldsymbol{A}$ 是 $m\times n$ 矩阵,$\boldsymbol{B}$ 是 $n\times m$ 矩阵,这时,$\boldsymbol{AB}$,$\boldsymbol{BA}$ 都可运算,但 $\boldsymbol{AB}$ 是 $m$ 阶方阵,而 $\boldsymbol{BA}$ 是 $n$ 阶方阵,如例 9.

3° $\boldsymbol{A}$,$\boldsymbol{B}$ 都是 $n$ 阶方阵,自然,$\boldsymbol{AB}$,$\boldsymbol{BA}$ 均可运算且都是 $n$ 阶方阵,但也未必相等,如例 11.

矩阵的乘法不满足交换律是指一般情况,但对特殊情况,也可有 $\boldsymbol{AB}=\boldsymbol{BA}$,如例 12;若矩阵 $\boldsymbol{A}$ 与 $\boldsymbol{B}$,满足 $\boldsymbol{AB}=\boldsymbol{BA}$,则称 $\boldsymbol{A}$ 与 $\boldsymbol{B}$ 是**可交换的**.

(2) 矩阵的乘法**不满足消去律**,当 $\boldsymbol{AC}=\boldsymbol{BC}$ 时,一般不能推出 $\boldsymbol{A}=\boldsymbol{B}$. 即一般不能在等式两端消去同一个矩阵,如例 10.

(3) 两个非零矩阵的乘积可能是零矩阵,因此,当 $\boldsymbol{AB}=\boldsymbol{O}$ 时,一般不能推出 $\boldsymbol{A}=\boldsymbol{O}$ 或 $\boldsymbol{B}=\boldsymbol{O}$,如例 11.

假设以下运算均有意义,可以验证,矩阵的乘法满足以下**运算规律**:

(1) **结合律** $(\boldsymbol{AB})\boldsymbol{C}=\boldsymbol{A}(\boldsymbol{BC})$;

(2) **左分配律** $\boldsymbol{A}(\boldsymbol{B}+\boldsymbol{C})=\boldsymbol{AB}+\boldsymbol{AC}$;

**右分配律** $(\boldsymbol{B}+\boldsymbol{C})\boldsymbol{A}=\boldsymbol{BA}+\boldsymbol{CA}$;

(3) $k(\boldsymbol{AB})=(k\boldsymbol{A})\boldsymbol{B}=\boldsymbol{A}(k\boldsymbol{B})$ ($k$ 为常数);

(4) $\boldsymbol{E}_m\boldsymbol{A}_{m\times n}=\boldsymbol{A}_{m\times n}$, $\boldsymbol{A}_{m\times n}\boldsymbol{E}_n=\boldsymbol{A}_{m\times n}$.

下面定义**方阵的幂**.

设矩阵 $\boldsymbol{A}$ 为 $n$ 阶方阵,$m$ 个方阵 $\boldsymbol{A}$ 的乘积 $\underbrace{\boldsymbol{AA}\cdots\boldsymbol{A}}_{m个}$ 表示一个方阵,记为

$$\boldsymbol{A}^m=\underbrace{\boldsymbol{AA}\cdots\boldsymbol{A}}_{m个}\quad(其中\ m\ 为正整数).$$

$\boldsymbol{A}^m$ 称为**方阵 $\boldsymbol{A}$ 的 $m$ 次幂**. 规定 $\boldsymbol{A}^0=\boldsymbol{E}$.

方阵 $\boldsymbol{A}$ 的幂运算满足:

$$\boldsymbol{A}^m\boldsymbol{A}^n=\boldsymbol{A}^{m+n},\quad (\boldsymbol{A}^m)^n=\boldsymbol{A}^{mn}.$$

**说明** 由于矩阵乘法不满足交换律,所以一般$(\boldsymbol{AB})^k\neq\boldsymbol{A}^k\boldsymbol{B}^k$(见习题 2.2 中第 1 题之(6)).

## 四、矩阵转置

**定义 4(转置矩阵)** 将 $m\times n$ 矩阵 $\boldsymbol{A}$ 的行与列互换,得到 $n\times m$ 矩阵,称为**矩阵 $\boldsymbol{A}$ 的转置矩阵**,记为 $\boldsymbol{A}^{\mathrm{T}}$. 即若

$$\boldsymbol{A}=\begin{bmatrix}a_{11}&a_{12}&\cdots&a_{1n}\\a_{21}&a_{22}&\cdots&a_{2n}\\\vdots&\vdots&&\vdots\\a_{m1}&a_{m2}&\cdots&a_{mn}\end{bmatrix},$$

则

$$\boldsymbol{A}^{\mathrm{T}}=\begin{bmatrix}a_{11}&a_{21}&\cdots&a_{m1}\\a_{12}&a_{22}&\cdots&a_{m2}\\\vdots&\vdots&&\vdots\\a_{1n}&a_{2n}&\cdots&a_{mn}\end{bmatrix}.$$

例如,$\boldsymbol{A}=\begin{bmatrix}2&1&4\\1&0&3\end{bmatrix}$,则 $\boldsymbol{A}^{\mathrm{T}}=\begin{bmatrix}2&1\\1&0\\4&3\end{bmatrix}$.

矩阵转置满足以下**运算规律**:

(1) $(\boldsymbol{A}^{\mathrm{T}})^{\mathrm{T}}=\boldsymbol{A}$;

(2) $(\boldsymbol{A}+\boldsymbol{B})^{\mathrm{T}}=\boldsymbol{A}^{\mathrm{T}}+\boldsymbol{B}^{\mathrm{T}}$;

(3) $(k\boldsymbol{A})^{\mathrm{T}}=k\boldsymbol{A}^{\mathrm{T}}$（$k$ 为常数）；

(4) $(\boldsymbol{AB})^{\mathrm{T}}=\boldsymbol{B}^{\mathrm{T}}\boldsymbol{A}^{\mathrm{T}}$.

**例 13** 已知矩阵 $\boldsymbol{A}=\begin{bmatrix}1&-2&3\\1&-1&2\end{bmatrix}$，$\boldsymbol{B}=\begin{bmatrix}3&0\\2&2\\1&4\end{bmatrix}$，求 $\boldsymbol{AB}$，$(\boldsymbol{AB})^{\mathrm{T}}$，$\boldsymbol{B}^{\mathrm{T}}\boldsymbol{A}^{\mathrm{T}}$.

**解** $\boldsymbol{AB}=\begin{bmatrix}1&-2&3\\1&-1&2\end{bmatrix}\begin{bmatrix}3&0\\2&2\\1&4\end{bmatrix}=\begin{bmatrix}2&8\\3&6\end{bmatrix}$，

$(\boldsymbol{AB})^{\mathrm{T}}=\begin{bmatrix}2&8\\3&6\end{bmatrix}^{\mathrm{T}}=\begin{bmatrix}2&3\\8&6\end{bmatrix}$，

$\boldsymbol{B}^{\mathrm{T}}\boldsymbol{A}^{\mathrm{T}}=\begin{bmatrix}3&2&1\\0&2&4\end{bmatrix}\begin{bmatrix}1&1\\-2&-1\\3&2\end{bmatrix}=\begin{bmatrix}2&3\\8&6\end{bmatrix}$.

## 习 题 2.2

### A 组

1. 填空题：

(1) 设 $\boldsymbol{A}=(a_{ij})_{2\times 3}$，$\boldsymbol{B}=(b_{ij})_{m\times n}$，当 $m=$______时，$n=$______时，$\boldsymbol{A}+\boldsymbol{B}$ 有意义，$\boldsymbol{A}+\boldsymbol{B}$ 的行数是______，列数是______；当 $m=$______时，$n=$______时，$\boldsymbol{AB}$ 有意义，$\boldsymbol{AB}$ 的行数是______，列数是______；

(2) 设 $\boldsymbol{A}=\begin{bmatrix}3&2&4\\5&1&-2\end{bmatrix}$，$\boldsymbol{B}=\begin{bmatrix}0&-1&2\\-5&1&3\end{bmatrix}$，则 $2\boldsymbol{A}=$__________，$3\boldsymbol{B}=$__________，$2\boldsymbol{A}+\boldsymbol{B}=$__________，$\boldsymbol{A}-2\boldsymbol{B}=$__________；

(3) 设 $\boldsymbol{A}=[0\quad 1]$，$\boldsymbol{B}=\begin{bmatrix}0\\1\end{bmatrix}$，则 $\boldsymbol{AB}=$__________，$\boldsymbol{BA}=$__________；

(4) 设 $\boldsymbol{A}=\begin{bmatrix}3&-1&6\\4&-2&5\end{bmatrix}$，则 $\boldsymbol{A}^{\mathrm{T}}=$__________；

(5) 设 $\boldsymbol{A}=\begin{bmatrix}1&-2\\-2&4\end{bmatrix}$，$\boldsymbol{B}=\begin{bmatrix}4&2\\2&1\end{bmatrix}$，$\boldsymbol{C}=\begin{bmatrix}-2&0\\-1&0\end{bmatrix}$，则 $\boldsymbol{AB}=$__________，$\boldsymbol{AC}=$__________；

(6) 设 $\boldsymbol{A}=\begin{bmatrix}1&2\\0&1\end{bmatrix}$，$\boldsymbol{B}=\begin{bmatrix}0&-1\\-1&0\end{bmatrix}$，则 $\boldsymbol{AB}=$__________，$\boldsymbol{A}^2=$__________，$\boldsymbol{B}^2=$__________，$(\boldsymbol{AB})^2=$__________，$\boldsymbol{A}^2\boldsymbol{B}^2=$__________.

2. 设矩阵 $\boldsymbol{A}=\begin{bmatrix}2&0\\1&3\\-2&-1\end{bmatrix}$，$\boldsymbol{B}=\begin{bmatrix}4&8\\-6&1\\-4&-2\end{bmatrix}$，求满足 $2\boldsymbol{A}=\boldsymbol{B}-4\boldsymbol{X}$ 的矩阵 $\boldsymbol{X}$.

3. 计算下列矩阵的乘积：

(1) $\begin{bmatrix}0&1\\1&0\end{bmatrix}\begin{bmatrix}1&2\\4&3\end{bmatrix}$；　　(2) $\begin{bmatrix}1\\2\\3\end{bmatrix}\begin{bmatrix}1&2&3\end{bmatrix}$；

(3) $\begin{bmatrix}2&-1&5\end{bmatrix}\begin{bmatrix}-3\\1\\-1\end{bmatrix}$；　　(4) $\begin{bmatrix}-1&2&0\\0&1&1\\3&0&-1\end{bmatrix}\begin{bmatrix}3&2&1\\1&3&2\\4&2&3\end{bmatrix}$；

(5) $\begin{bmatrix}2&-1\\-4&0\\3&1\end{bmatrix}\begin{bmatrix}7&-9\\-8&10\end{bmatrix}$；　　(6) $\begin{bmatrix}1&-1&3\\1&-2&1\end{bmatrix}\begin{bmatrix}-1&1&2&3\\3&0&-1&1\\2&2&1&2\end{bmatrix}$.

4. 计算下列方阵的幂：

(1) $\begin{bmatrix}a&0&0\\0&b&0\\0&0&c\end{bmatrix}^3$；　　(2) $\begin{bmatrix}0&0&0\\a&0&0\\b&c&0\end{bmatrix}^3$.

5. 设矩阵 $\boldsymbol{A}=\begin{bmatrix}2&-1&3\\0&4&5\end{bmatrix}$，$\boldsymbol{B}=\begin{bmatrix}0&1\\2&2\\1&-1\end{bmatrix}$，计算 $(\boldsymbol{AB})^{\mathrm{T}}$，$\boldsymbol{B}^{\mathrm{T}}\boldsymbol{A}^{\mathrm{T}}$.

6. 设 $\boldsymbol{A}=\begin{bmatrix}2&1&-1\\1&3&0\\-3&2&4\end{bmatrix}$，$\boldsymbol{B}=\begin{bmatrix}1&0&2\\-2&2&5\\3&4&1\end{bmatrix}$，求 $\boldsymbol{AB}$，$(\boldsymbol{AB})^{\mathrm{T}}$，$\boldsymbol{A}^{\mathrm{T}}\boldsymbol{B}^{\mathrm{T}}$，$\boldsymbol{B}^{\mathrm{T}}\boldsymbol{A}^{\mathrm{T}}$.

## B　组

1. 设 $\boldsymbol{A}=(a_{ij})_{3\times 4}$，$\boldsymbol{C}=(c_{ij})_{2\times 5}$，且 $\boldsymbol{ABC}$ 有意义，则 $\boldsymbol{B}$ 的行数是__________，列数是__________；$\boldsymbol{ABC}$ 的行数是__________，列数是__________.

2. 设 $\boldsymbol{A}=\begin{bmatrix}1&2\\3&4\end{bmatrix}$，$\boldsymbol{B}=\begin{bmatrix}1&-1\\2&4\end{bmatrix}$，$\boldsymbol{E}=\begin{bmatrix}1&0\\0&1\end{bmatrix}$.

(1) 求 $\boldsymbol{A}^2-\boldsymbol{B}^2$，$(\boldsymbol{A}+\boldsymbol{B})(\boldsymbol{A}-\boldsymbol{B})$；

(2) 问是否有 $\boldsymbol{A}^2-\boldsymbol{B}^2=(\boldsymbol{A}+\boldsymbol{B})(\boldsymbol{A}-\boldsymbol{B})$？为什么？

(3) 求 $\boldsymbol{A}^2-\boldsymbol{E}^2$，$(\boldsymbol{A}+\boldsymbol{E})(\boldsymbol{A}-\boldsymbol{E})$.

3. 设 $\boldsymbol{A}$ 为 $n$ 阶方阵，$\boldsymbol{E}$ 为 $n$ 阶单位矩阵，问

$$\boldsymbol{A}^2-\boldsymbol{E}^2=(\boldsymbol{A}+\boldsymbol{E})(\boldsymbol{A}-\boldsymbol{E})$$

是否成立.

4. 设 $\boldsymbol{A}^{\mathrm{T}}=-\boldsymbol{A},\boldsymbol{B}^{\mathrm{T}}=\boldsymbol{B}$,试证:$\boldsymbol{AB}-\boldsymbol{BA}=(\boldsymbol{AB}-\boldsymbol{BA})^{\mathrm{T}}$.

## §2.3 矩阵的初等行变换

**【学习本节要达到的目标】**

1. 理解阶梯形矩阵、简化阶梯形矩阵、初等行变换的意义;熟练掌握用初等行变换将矩阵化为阶梯形矩阵和简化阶梯形矩阵.

2. 理解矩阵秩的概念,熟练掌握用初等行变换求矩阵的秩.

### 一、阶梯形矩阵及简化阶梯形矩阵

满足下列两个条件的非零矩阵称为**阶梯形矩阵**:

(1) 若有零行(元素全为零的行),一定在矩阵的最下方;

(2) 各非零行的第一个非零元素所在列中,该元素下方的元素都为零.

例如,下列矩阵都是阶梯形矩阵:

$$\boldsymbol{A}=\begin{bmatrix}2&-1&3\\0&-5&0\\0&0&0\end{bmatrix},\quad \boldsymbol{B}=\begin{bmatrix}1&-2&3&5\\0&-3&4&1\\0&0&0&3\end{bmatrix},\quad \boldsymbol{C}=\begin{bmatrix}3&0&1&4\\0&-3&0&2\\0&0&4&0\\0&0&0&-7\end{bmatrix}.$$

若阶梯形矩阵还满足下列两个条件,则称该矩阵为**简化阶梯形矩阵**:

(1) 各非零行的第一个非零元素均为1;

(2) 各非零行的第一个非零元素所在的列的其他元素均为零.

例如,下列矩阵都是简化阶梯形矩阵:

$$\boldsymbol{A}=\begin{bmatrix}1&0&-3&4\\0&1&2&5\\0&0&0&0\end{bmatrix},\quad \boldsymbol{B}=\begin{bmatrix}1&0&0&-2\\0&1&0&0\\0&0&1&3\\0&0&0&0\end{bmatrix},\quad \boldsymbol{C}=\begin{bmatrix}1&0&0\\0&1&0\\0&0&1\end{bmatrix}.$$

### 二、矩阵的初等行变换

矩阵的下列变换称为**矩阵的初等行变换**:

(1) 交换矩阵的第 $i$ 行与第 $j$ 行的位置,记为 $r_i\leftrightarrow r_j$;

(2) 用非零数 $k$ 乘以矩阵第 $i$ 行,记为 $kr_i$;

(3) 把矩阵第 $i$ 行的 $l$ 倍加到第 $j$ 行上,记为 $lr_i+r_j$.

**例 1** 已知矩阵 $\boldsymbol{A}=\begin{bmatrix}1&-2&0&1\\-5&1&2&4\\3&0&1&-3\end{bmatrix}$，对矩阵 $\boldsymbol{A}$ 施行下列初等行变换：

(1) 交换 $\boldsymbol{A}$ 的第 1 行与第 3 行；

(2) 用数 3 乘 $\boldsymbol{A}$ 的第 2 行；

(3) 将 $\boldsymbol{A}$ 的第 1 行的 5 倍加到第 2 行上.

**解** (1) $\boldsymbol{A}=\begin{bmatrix}1&-2&0&1\\-5&1&2&4\\3&0&1&-3\end{bmatrix}\xrightarrow{r_1\leftrightarrow r_3}\begin{bmatrix}3&0&1&-3\\-5&1&2&4\\1&-2&0&1\end{bmatrix}$；

(2) $$\boldsymbol{A}=\begin{bmatrix}1&-2&0&1\\-5&1&2&4\\3&0&1&-3\end{bmatrix}\xrightarrow{3r_2}\begin{bmatrix}1&-2&0&1\\3\times(-5)&3\times1&3\times2&3\times4\\3&0&1&-3\end{bmatrix}$$

$$=\begin{bmatrix}1&-2&0&1\\-15&3&6&12\\3&0&1&-3\end{bmatrix};$$

(3) $$\boldsymbol{A}=\begin{bmatrix}1&-2&0&1\\-5&1&2&4\\3&0&1&-3\end{bmatrix}$$

$$\xrightarrow{5r_1+r_2}\begin{bmatrix}1&-2&0&1\\5\times1+(-5)&5\times(-2)+1&5\times0+2&5\times1+4\\3&0&1&-3\end{bmatrix}$$

$$=\begin{bmatrix}1&-2&0&1\\0&-9&2&9\\3&0&1&-3\end{bmatrix}.$$

任意一个矩阵经过有限次初等行变换总是能够化成阶梯形矩阵的. 进而再经过有限次初等行变换，可将其化为简化阶梯形矩阵.

将矩阵 $\boldsymbol{A}$ 化为简化阶梯形矩阵的**一般程序**为

(1) 将矩阵 $\boldsymbol{A}$ 化为阶梯形矩阵

首先将矩阵 $\boldsymbol{A}$ 的第 1 行的第一个非零元素(假设不是 1)化为 1，然后将其所在列下方的元素全化为零；再将第 2 行从左到右第一个非零元素的下方元素全化为零；直至把矩阵化为阶梯形矩阵.

(2) 将阶梯形矩阵化为简化阶梯形矩阵

从非零行最后一行起，将该非零行第一个非零元素化为 1，并将其所在列上方元素全化为零；再将倒数第二个非零行的第一个非零元素化为 1，并将其所在列上方元素全化为零；直至把矩阵化为简化阶梯形矩阵.

上述是一般程序,有时可根据具体情况简化运算过程.

**例 2** 用初等行变换将矩阵 $\boldsymbol{A}=\begin{bmatrix}-3 & 2 & 2\\ 1 & 2 & -2\\ 2 & -1 & 1\end{bmatrix}$ 化为阶梯形矩阵.

**解** 根据矩阵的初等行变换,

$$\boldsymbol{A}=\begin{bmatrix}-3 & 2 & 2\\ 1 & 2 & -2\\ 2 & -1 & 1\end{bmatrix}\xrightarrow{r_1\leftrightarrow r_2}\begin{bmatrix}1 & 2 & -2\\ -3 & 2 & 2\\ 2 & -1 & 1\end{bmatrix}$$

$$\xrightarrow[-2r_1+r_3]{3r_1+r_2}\begin{bmatrix}1 & 2 & -2\\ 0 & 8 & -4\\ 0 & -5 & 5\end{bmatrix}\xrightarrow{\frac{5}{8}r_2+r_3}\begin{bmatrix}1 & 2 & -2\\ 0 & 8 & -4\\ 0 & 0 & 5/2\end{bmatrix}.$$

矩阵 $\boldsymbol{B}=\begin{bmatrix}1 & 2 & -2\\ 0 & 8 & -4\\ 0 & 0 & 5/2\end{bmatrix}$ 就是矩阵 $\boldsymbol{A}$ 的阶梯形矩阵.

**例 3** 用初等行变换将矩阵 $\boldsymbol{A}=\begin{bmatrix}3 & 2 & -1 & -3\\ 2 & -1 & 3 & 1\\ 7 & 0 & 5 & -1\end{bmatrix}$ 化为简化阶梯形矩阵.

**解** 根据矩阵的初等行变换,

$$\boldsymbol{A}=\begin{bmatrix}3 & 2 & -1 & -3\\ 2 & -1 & 3 & 1\\ 7 & 0 & 5 & -1\end{bmatrix}\xrightarrow{-r_2+r_1}\begin{bmatrix}1 & 3 & -4 & -4\\ 2 & -1 & 3 & 1\\ 7 & 0 & 5 & -1\end{bmatrix}$$

$$\xrightarrow[-7r_1+r_3]{-2r_1+r_2}\begin{bmatrix}1 & 3 & -4 & -4\\ 0 & -7 & 11 & 9\\ 0 & -21 & 33 & 27\end{bmatrix}\xrightarrow{-3r_2+r_3}\begin{bmatrix}1 & 3 & -4 & -4\\ 0 & -7 & 11 & 9\\ 0 & 0 & 0 & 0\end{bmatrix}$$

$$\xrightarrow{-\frac{1}{7}r_2}\begin{bmatrix}1 & 3 & -4 & -4\\ 0 & 1 & -\frac{11}{7} & -\frac{9}{7}\\ 0 & 0 & 0 & 0\end{bmatrix}\xrightarrow{-3r_2+r_1}\begin{bmatrix}1 & 0 & \frac{5}{7} & -\frac{1}{7}\\ 0 & 1 & -\frac{11}{7} & -\frac{9}{7}\\ 0 & 0 & 0 & 0\end{bmatrix}.$$

矩阵 $\boldsymbol{B}=\begin{bmatrix}1 & 0 & \frac{5}{7} & -\frac{1}{7}\\ 0 & 1 & -\frac{11}{7} & -\frac{9}{7}\\ 0 & 0 & 0 & 0\end{bmatrix}$ 就是矩阵 $\boldsymbol{A}$ 的简化阶梯形矩阵.

**例 4** 将例 2 中的矩阵 $\boldsymbol{A}$ 化为简化阶梯形矩阵.

**解** 根据矩阵的初等行变换,

$$\boldsymbol{A}\xrightarrow{\text{见例 2}}\boldsymbol{B}=\begin{bmatrix}1&2&-2\\0&8&-4\\0&0&\frac{5}{2}\end{bmatrix}\xrightarrow[\frac{2}{5}r_3]{\frac{1}{8}r_2}\begin{bmatrix}1&2&-2\\0&1&-\frac{1}{2}\\0&0&1\end{bmatrix}$$

$$\xrightarrow[\frac{1}{2}r_3+r_2]{2r_3+r_1}\begin{bmatrix}1&2&0\\0&1&0\\0&0&1\end{bmatrix}\xrightarrow{-2r_2+r_1}\begin{bmatrix}1&0&0\\0&1&0\\0&0&1\end{bmatrix}.$$

即三阶单位矩阵 $\boldsymbol{E}_3$ 是矩阵 $\boldsymbol{A}$ 的简化阶梯形矩阵.

在此须指出:矩阵 $\boldsymbol{A}$ 的阶梯形矩阵**不是唯一的**,而其简化阶梯形矩阵却是**唯一的**.

## 三、矩阵的秩

作为矩阵特有的性质,**矩阵的秩是个重要的概念**.

**定义** 阶梯形矩阵 $\boldsymbol{A}$ 的非零行的行数称为**矩阵 $\boldsymbol{A}$ 的秩**,记为 $\mathrm{r}(\boldsymbol{A})$.

对零矩阵,规定 $\mathrm{r}(\boldsymbol{O}_{m\times n})=0$.

例如,矩阵 $\boldsymbol{A}=\begin{bmatrix}-1&3\\0&4\end{bmatrix}$的秩是 2,记为 $\mathrm{r}(\boldsymbol{A})=2$;矩阵 $\boldsymbol{B}=\begin{bmatrix}3&-2&5\\0&1&0\\0&0&6\\0&0&0\end{bmatrix}$的秩是 3,记为 $\mathrm{r}(\boldsymbol{B})=3$.

对任意矩阵的秩,我们有以下**结论**:

矩阵 $\boldsymbol{A}=(a_{ij})_{m\times n}$**经过初等行变换不改变它的秩**.

该结论说明,要求任意矩阵的秩,只需通过初等行变换,将矩阵化为阶梯形矩阵,这个阶梯形矩阵中非零行的行数就是原矩阵的秩.

**例 5** 求矩阵 $\boldsymbol{A}=\begin{bmatrix}1&2&3\\3&1&2\\2&3&1\end{bmatrix}$的秩.

**解** 利用矩阵的初等行变换,

$$\boldsymbol{A}=\begin{bmatrix}1&2&3\\3&1&2\\2&3&1\end{bmatrix}\xrightarrow[-2r_1+r_3]{-3r_1+r_2}\begin{bmatrix}1&2&3\\0&-5&-7\\0&-1&-5\end{bmatrix}\xrightarrow{r_2\leftrightarrow r_3}\begin{bmatrix}1&2&3\\0&-1&-5\\0&-5&-7\end{bmatrix}$$

$$\xrightarrow{-r_2}\begin{bmatrix}1 & 2 & 3\\0 & 1 & 5\\0 & -5 & -7\end{bmatrix}\xrightarrow{5r_2+r_3}\begin{bmatrix}1 & 2 & 3\\0 & 1 & 5\\0 & 0 & 18\end{bmatrix},$$

显然，$\mathrm{r}(\boldsymbol{A})=3$.

## 习 题 2.3

### A 组

1. 用初等行变换将下列矩阵化为阶梯形矩阵：

(1) $\begin{bmatrix}2 & 3\\4 & 6\end{bmatrix}$；(2) $\begin{bmatrix}0 & 3 & -2\\1 & 1 & 2\\2 & 4 & -2\end{bmatrix}$；(3) $\begin{bmatrix}2 & -3 & 1\\4 & -5 & 2\\5 & -4 & -3\end{bmatrix}$；

(4) $\begin{bmatrix}1 & 2 & 1 & 2\\3 & 2 & 2 & 10\\2 & 2 & 4 & 0\end{bmatrix}$；(5) $\begin{bmatrix}2 & -4 & 1 & 3\\-4 & 5 & 7 & 0\\0 & -1 & 3 & 2\end{bmatrix}$.

2. 用初等行变换将下列矩阵化为简化阶梯形矩阵：

(1) $\begin{bmatrix}3 & 5\\2 & 4\end{bmatrix}$；(2) $\begin{bmatrix}7 & 6 & 7\\1 & -5 & 2\\3 & -4 & -3\end{bmatrix}$；(3) $\begin{bmatrix}1 & 2 & -1 & 2\\2 & 3 & 2 & 1\\3 & 1 & 2 & 3\end{bmatrix}$；

(4) $\begin{bmatrix}-1 & 1 & 2 & 1\\1 & -2 & 1 & 1\\3 & -1 & 1 & 6\end{bmatrix}$；(5) $\begin{bmatrix}1 & 0 & 0 & 1\\2 & 2 & 0 & -2\\3 & 4 & 0 & -5\\1 & 3 & 6 & 5\end{bmatrix}$.

3. 求下列矩阵的秩：

(1) $\boldsymbol{A}=\begin{bmatrix}3 & -1\\6 & 2\end{bmatrix}$；(2) $\boldsymbol{A}=\begin{bmatrix}2 & 3\\1 & -1\\-1 & 2\end{bmatrix}$；(3) $\boldsymbol{A}=\begin{bmatrix}1 & 3 & 2 & -1\\5 & 1 & -1 & 7\\7 & 7 & 9 & 1\\2 & -1 & -3 & 4\end{bmatrix}$.

### B 组

1. 设矩阵

$$\boldsymbol{A}=\begin{bmatrix}1 & 1 & 1 & 1\\1 & 0 & 2 & 2\\-1 & 0 & a-3 & -2\\2 & 3 & 1 & a\end{bmatrix},$$

当 $a$ 为何值时，$\mathrm{r}(\boldsymbol{A})=4$？当 $a$ 为何值时，$\mathrm{r}(\boldsymbol{A})=2$？

2. 设矩阵 $\boldsymbol{A}=\begin{bmatrix}1&1&a\\1&a&1\\a&1&1\end{bmatrix}$，求 $\mathrm{r}(\boldsymbol{A})$.

# §2.4 逆 矩 阵

**【学习本节要达到的目标】**

1. 理解逆矩阵的概念，了解可逆矩阵的性质.
2. 熟练掌握用初等行变换法求逆矩阵.
3. 会用伴随矩阵法求逆矩阵.

## 一、逆矩阵的定义及其性质

### 1. 逆矩阵的定义及其性质

在代数运算中，对于一个非零常数 $a$，一定存在唯一的一个数 $b=\dfrac{1}{a}$，使得

$$ab=ba=1,$$

称 $b$ 是 $a$ 的倒数，记做 $b=a^{-1}$. 类似地，我们给出**矩阵 $\boldsymbol{A}$ 的逆矩阵的概念**.

**定义** 设 $\boldsymbol{A}$ 是 $n$ 阶方阵，若存在 $n$ 阶方阵 $\boldsymbol{B}$，使得

$$\boldsymbol{AB}=\boldsymbol{BA}=\boldsymbol{E},$$

则称**方阵 $\boldsymbol{A}$ 是可逆的**，并称 **$\boldsymbol{B}$ 是 $\boldsymbol{A}$ 的逆矩阵**，记为 $\boldsymbol{B}=\boldsymbol{A}^{-1}$.

例如，对方阵 $\boldsymbol{A}=\begin{bmatrix}1&2\\1&3\end{bmatrix}$，存在方阵 $\boldsymbol{B}=\begin{bmatrix}3&-2\\-1&1\end{bmatrix}$，使得

$$\begin{bmatrix}1&2\\1&3\end{bmatrix}\begin{bmatrix}3&-2\\-1&1\end{bmatrix}=\begin{bmatrix}3&-2\\-1&1\end{bmatrix}\begin{bmatrix}1&2\\1&3\end{bmatrix}=\begin{bmatrix}1&0\\0&1\end{bmatrix}.$$

所以 $\boldsymbol{A}$ 可逆，且

$$\boldsymbol{A}^{-1}=\begin{bmatrix}1&2\\1&3\end{bmatrix}^{-1}=\begin{bmatrix}3&-2\\-1&1\end{bmatrix}=\boldsymbol{B}.$$

又如，单位矩阵 $\boldsymbol{E}$ 是可逆的，因为 $\boldsymbol{EE}=\boldsymbol{E}$，所以单位矩阵的逆矩阵是它本身，即 $\boldsymbol{E}^{-1}=\boldsymbol{E}$.

若方阵 $\boldsymbol{A}$ 是可逆的，则它有**如下性质**：

(1) 若 $\boldsymbol{A}$ 可逆，则 $\boldsymbol{A}$ 的逆矩阵是唯一的；

(2) 若 $\boldsymbol{A}$ 可逆，则 $\boldsymbol{A}$ 的逆矩阵也可逆，且 $(\boldsymbol{A}^{-1})^{-1}=\boldsymbol{A}$；

(3) 若 $\boldsymbol{A}$ 可逆，$k\neq 0$，则 $k\boldsymbol{A}$ 也可逆，且 $(k\boldsymbol{A})^{-1}=\dfrac{1}{k}\boldsymbol{A}^{-1}$；

(4) 若 $\boldsymbol{A}$ 可逆，则 $\boldsymbol{A}$ 的转置矩阵也可逆，且 $(\boldsymbol{A}^{\mathrm{T}})^{-1}=(\boldsymbol{A}^{-1})^{\mathrm{T}}$；

(5) 若 $\boldsymbol{A},\boldsymbol{B}$ 为同阶可逆方阵，则其乘积 $\boldsymbol{AB}$ 可逆，且 $(\boldsymbol{AB})^{-1}=\boldsymbol{B}^{-1}\boldsymbol{A}^{-1}$.

**2. 方阵可逆的条件**

按照逆矩阵的定义，只有 $n$ 阶方阵才可能存在逆矩阵. 那么，什么样的 $n$ 阶方阵存在逆矩阵呢？

对此，有下述**定理**：

**定理** $n$ 阶方阵 $\boldsymbol{A}$ 可逆的**充分必要条件是其秩为** $n$，即 $\mathrm{r}(\boldsymbol{A})=n$.

关于方阵可逆，还有下述**重要结论**：

设 $\boldsymbol{A},\boldsymbol{B}$ 都是 $n$ 阶方阵，且 $\boldsymbol{AB}=\boldsymbol{E}$，则方阵 $\boldsymbol{A},\boldsymbol{B}$ 都可逆，且

$$\boldsymbol{A}^{-1}=\boldsymbol{B},\quad \boldsymbol{B}^{-1}=\boldsymbol{A}.$$

## 二、逆矩阵的求法

下面我们介绍常见的求逆矩阵的**两种方法**.

**1. 初等行变换法**

由于对矩阵施以初等行变换不改变矩阵的秩，又注意到对 $n$ 阶单位矩阵 $\boldsymbol{E}_n$，有 $\mathrm{r}(\boldsymbol{E}_n)=n$，所以，与上述**定理等价的结论**是：

$n$ 阶方阵 $\boldsymbol{A}$ 可逆的**充分必要条件**，是其经初等行变换可化为**单位矩阵** $\boldsymbol{E}_n$.

用初等行变换法求 $n$ 阶方阵 $\boldsymbol{A}$ 的逆矩阵的方法**如下所述**：

首先，对 $n$ 阶方阵 $\boldsymbol{A}=(a_{ij})_{n\times n}$，用 $\boldsymbol{A}$ 与 $n$ 阶单位矩阵 $\boldsymbol{E}_n$ 作如下的 $n\times 2n$ 矩阵：

$$\left[\begin{array}{cccc:cccc} a_{11} & a_{12} & \cdots & a_{1n} & 1 & 0 & \cdots & 0 \\ a_{21} & a_{22} & \cdots & a_{2n} & 0 & 1 & \cdots & 0 \\ \vdots & \vdots & & \vdots & \vdots & \vdots & & \vdots \\ a_{n1} & a_{n2} & \cdots & a_{nn} & 0 & 0 & \cdots & 1 \end{array}\right],\quad \text{简记为}\quad [\boldsymbol{A}\vdots\boldsymbol{E}],$$

即在方阵 $\boldsymbol{A}$ 的右侧加上同阶的单位矩阵 $\boldsymbol{E}$；

然后对矩阵 $[\boldsymbol{A}\vdots\boldsymbol{E}]$ 作初等行变换，将左侧的方阵 $\boldsymbol{A}$ 化成单位矩阵 $\boldsymbol{E}$，这时右侧的 $\boldsymbol{E}$ 就化成 $\boldsymbol{A}$ 的逆矩阵 $\boldsymbol{A}^{-1}$，即

$$[\boldsymbol{A}\vdots\boldsymbol{E}]\xrightarrow{\text{初等行变换}}[\boldsymbol{E}\vdots\boldsymbol{A}^{-1}].$$

**例 1** 已知方阵 $\boldsymbol{A}=\begin{bmatrix}3 & 4\\ 1 & 2\end{bmatrix}$，求 $\boldsymbol{A}^{-1}$.

**解** 先作 $2\times 4$ 矩阵 $[\boldsymbol{A}\vdots\boldsymbol{E}]$，然后对其施以初等行变换.

$$[\boldsymbol{A}\vdots\boldsymbol{E}]=\left[\begin{array}{cc:cc}3 & 4 & 1 & 0\\ 1 & 2 & 0 & 1\end{array}\right]\xrightarrow{r_1\leftrightarrow r_2}\left[\begin{array}{cc:cc}1 & 2 & 0 & 1\\ 3 & 4 & 1 & 0\end{array}\right]$$

$$\xrightarrow{-3r_1+r_2}\left[\begin{array}{cc:cc}1 & 2 & 0 & 1\\ 0 & -2 & 1 & -3\end{array}\right]\xrightarrow{-\frac{1}{2}r_2}\left[\begin{array}{cc:cc}1 & 2 & 0 & 1\\ 0 & 1 & -1/2 & 3/2\end{array}\right]$$

$$\xrightarrow{-2r_2+r_1}\left[\begin{array}{cc:cc}1 & 0 & 1 & -2\\ 0 & 1 & -1/2 & 3/2\end{array}\right].$$

所以

$$\boldsymbol{A}^{-1}=\begin{bmatrix}1 & -2\\ -1/2 & 3/2\end{bmatrix}.$$

**例 2** 已知方阵 $\boldsymbol{A}=\begin{bmatrix}2 & 0 & 1\\ 1 & -2 & -1\\ -1 & 3 & 2\end{bmatrix}$，求 $\boldsymbol{A}^{-1}$.

**解** 作 3×6 矩阵 $[\boldsymbol{A} \vdots \boldsymbol{E}]$，并对其施以初等行变换.

$$[\boldsymbol{A} \vdots \boldsymbol{E}]=\left[\begin{array}{ccc:ccc}2 & 0 & 1 & 1 & 0 & 0\\ 1 & -2 & -1 & 0 & 1 & 0\\ -1 & 3 & 2 & 0 & 0 & 1\end{array}\right]\xrightarrow{r_1\leftrightarrow r_2}\left[\begin{array}{ccc:ccc}1 & -2 & -1 & 0 & 1 & 0\\ 2 & 0 & 1 & 1 & 0 & 0\\ -1 & 3 & 2 & 0 & 0 & 1\end{array}\right]$$

$$\xrightarrow[r_1+r_3]{-2r_1+r_2}\left[\begin{array}{ccc:ccc}1 & -2 & -1 & 0 & 1 & 0\\ 0 & 4 & 3 & 1 & -2 & 0\\ 0 & 1 & 1 & 0 & 1 & 1\end{array}\right]\xrightarrow{r_2\leftrightarrow r_3}\left[\begin{array}{ccc:ccc}1 & -2 & -1 & 0 & 1 & 0\\ 0 & 1 & 1 & 0 & 1 & 1\\ 0 & 4 & 3 & 1 & -2 & 0\end{array}\right]$$

$$\xrightarrow[-4r_2+r_3]{2r_2+r_1}\left[\begin{array}{ccc:ccc}1 & 0 & 1 & 0 & 3 & 2\\ 0 & 1 & 1 & 0 & 1 & 1\\ 0 & 0 & -1 & 1 & -6 & -4\end{array}\right]\xrightarrow{-r_3}\left[\begin{array}{ccc:ccc}1 & 0 & 1 & 0 & 3 & 2\\ 0 & 1 & 1 & 0 & 1 & 1\\ 0 & 0 & 1 & -1 & 6 & 4\end{array}\right]$$

$$\xrightarrow[-r_3+r_2]{-r_3+r_1}\left[\begin{array}{ccc:ccc}1 & 0 & 0 & 1 & -3 & -2\\ 0 & 1 & 0 & 1 & -5 & -3\\ 0 & 0 & 1 & -1 & 6 & 4\end{array}\right].$$

所以

$$\boldsymbol{A}^{-1}=\begin{bmatrix}1 & -3 & -2\\ 1 & -5 & -3\\ -1 & 6 & 4\end{bmatrix}.$$

在此，我们还须指出以下两点：

(1) 应用初等行变换求方阵 $\boldsymbol{A}$ 的逆矩阵时，不需要事先判断方阵 $\boldsymbol{A}$ 是否可逆，只需对 $n\times 2n$ 矩阵 $[\boldsymbol{A} \vdots \boldsymbol{E}]$ 施以初等行变换. 若 $\boldsymbol{A}$ 能化为 $\boldsymbol{E}$，则就求得了 $\boldsymbol{A}^{-1}$；若 $\boldsymbol{A}$ 不能化为 $\boldsymbol{E}$，即可知 $\boldsymbol{A}$ 不可逆.

(2) 由上述可知，若不知 $n$ 阶方阵 $\boldsymbol{A}$ 是否可逆，用上述初等行变换方法也可判断 $\boldsymbol{A}$ 是否可逆.

**例 3** 已知矩阵 $\boldsymbol{A}=\begin{bmatrix}1&0&1\\2&1&0\\-3&2&-5\end{bmatrix}$，$\boldsymbol{B}=\begin{bmatrix}1&0\\-2&1\\1&0\end{bmatrix}$，且 $\boldsymbol{A}$ 可逆，解矩阵方程

$$\boldsymbol{AX}=\boldsymbol{B}.$$

**解** 由于方阵 $\boldsymbol{A}$ 可逆，则用 $\boldsymbol{A}^{-1}$ 左乘矩阵方程 $\boldsymbol{AX}=\boldsymbol{B}$，得

$$\boldsymbol{A}^{-1}\boldsymbol{AX}=\boldsymbol{A}^{-1}\boldsymbol{B},\quad 即\quad \boldsymbol{X}=\boldsymbol{A}^{-1}\boldsymbol{B}.$$

用初等行变换法，可以求得

$$\boldsymbol{A}^{-1}=\begin{bmatrix}-\frac{5}{2}&1&-\frac{1}{2}\\5&-1&1\\\frac{7}{2}&-1&\frac{1}{2}\end{bmatrix},$$

于是

$$\boldsymbol{X}=\boldsymbol{A}^{-1}\boldsymbol{B}=\begin{bmatrix}-\frac{5}{2}&1&-\frac{1}{2}\\5&-1&1\\\frac{7}{2}&-1&\frac{1}{2}\end{bmatrix}\begin{bmatrix}1&0\\-2&1\\1&0\end{bmatrix}=\begin{bmatrix}-5&1\\8&-1\\6&-1\end{bmatrix}.$$

**2. 伴随矩阵法**

先定义 $n$ **阶方阵的行列式**及其伴随矩阵.

$n$ 阶方阵 $\boldsymbol{A}=(a_{ij})_{m\times n}$ 的元素按原排列形式构成的 $n$ 阶行列式，称为**方阵 $\boldsymbol{A}$ 的行列式**，记为 $|\boldsymbol{A}|$ 或 $\det\boldsymbol{A}$，即

$$|\boldsymbol{A}|=\begin{vmatrix}a_{11}&a_{12}&\cdots&a_{1n}\\a_{21}&a_{22}&\cdots&a_{2n}\\\vdots&\vdots&&\vdots\\a_{n1}&a_{n2}&\cdots&a_{nn}\end{vmatrix}.$$

由 $n$ 阶方阵 $\boldsymbol{A}=(a_{ij})$ 的行列式 $|\boldsymbol{A}|$ 的元素 $a_{ij}$ 的代数余子式 $A_{ij}(i,j=1,2,\cdots,n)$ 构成的 $n$ 阶方阵，记为 $\boldsymbol{A}^*$，即

$$\boldsymbol{A}^*=\begin{bmatrix}A_{11}&A_{21}&\cdots&A_{n1}\\A_{12}&A_{22}&\cdots&A_{n2}\\\vdots&\vdots&&\vdots\\A_{1n}&A_{2n}&\cdots&A_{nn}\end{bmatrix},$$

称 $\boldsymbol{A}^*$ 为方阵 $\boldsymbol{A}$ 的**伴随矩阵**.

用伴随矩阵法求 $n$ 阶方阵的逆矩阵，有下述**结论**：

$n$ 阶方阵 $\boldsymbol{A}=(a_{ij})$ 可逆的**充分必要条件**是其行列式 $|\boldsymbol{A}|\neq0$，且

$$A^{-1} = \frac{1}{|A|}A^*.$$

**说明** 对 $n$ 阶方阵 $A=(a_{ij})$，其行列式 $|A| \neq 0$ 与其秩 $r(A)=n$ 是等价的.

用伴随矩阵法求 $n$ 阶方阵 $A=(a_{ij})$ 的逆矩阵时，首先需判断 $A$ 是否可逆，即计算 $A$ 的行列式 $|A|$，当 $|A|\neq 0$ 时，$A$ 可逆；其次，需要计算 $A$ 的伴随矩阵 $A^*$，共需计算 $n\times n$ 个代数余子式. 显然，这种方法计算量较大.

就两种求逆矩阵的方法而言，用初等行变换法较好，且易于在计算机上实现.

**例 4** 利用伴随矩阵法求下列方阵的逆矩阵：

(1) $A=\begin{bmatrix} 3 & -1 \\ -2 & 1 \end{bmatrix}$； (2) $B=\begin{bmatrix} 1 & 2 & 1 \\ 3 & 1 & 1 \\ 1 & 1 & 1 \end{bmatrix}$.

**解** (1) 方阵 $A$ 的行列式 $|A|=\begin{vmatrix} 3 & -1 \\ -2 & 1 \end{vmatrix}=1\neq 0$，因此 $A$ 可逆. 又

$$A_{11}=1,\quad A_{12}=2,\quad A_{21}=1,\quad A_{22}=3,$$

所以

$$A^{-1}=\frac{1}{|A|}A^* = \frac{1}{1}\begin{bmatrix} 1 & 1 \\ 2 & 3 \end{bmatrix} = \begin{bmatrix} 1 & 1 \\ 2 & 3 \end{bmatrix}.$$

(2) 方阵 $A$ 的行列式 $|A|=\begin{vmatrix} 1 & 2 & 1 \\ 3 & 1 & 1 \\ 1 & 1 & 1 \end{vmatrix}=-2\neq 0$，因此 $A$ 可逆. 又

$$A_{11}=(-1)^{1+1}\begin{vmatrix} 1 & 1 \\ 1 & 1 \end{vmatrix}=0,\quad A_{12}=(-1)^{1+2}\begin{vmatrix} 3 & 1 \\ 1 & 1 \end{vmatrix}=-2,\quad A_{13}=(-1)^{1+3}\begin{vmatrix} 3 & 1 \\ 1 & 1 \end{vmatrix}=2,$$

$$A_{21}=(-1)^{2+1}\begin{vmatrix} 2 & 1 \\ 1 & 1 \end{vmatrix}=-1,\quad A_{22}=(-1)^{2+2}\begin{vmatrix} 1 & 1 \\ 1 & 1 \end{vmatrix}=0,\quad A_{23}=(-1)^{2+3}\begin{vmatrix} 1 & 2 \\ 1 & 1 \end{vmatrix}=1,$$

$$A_{31}=(-1)^{3+1}\begin{vmatrix} 2 & 1 \\ 1 & 1 \end{vmatrix}=1,\quad A_{32}=(-1)^{3+2}\begin{vmatrix} 1 & 1 \\ 3 & 1 \end{vmatrix}=2,\quad A_{33}=(-1)^{3+3}\begin{vmatrix} 1 & 2 \\ 3 & 1 \end{vmatrix}=-5,$$

所以

$$A^{-1}=\frac{1}{|A|}A^*=\frac{1}{-2}\begin{bmatrix} 0 & -1 & 1 \\ -2 & 0 & 2 \\ 2 & 1 & -5 \end{bmatrix}=\begin{bmatrix} 0 & \frac{1}{2} & -\frac{1}{2} \\ 1 & 0 & -1 \\ -1 & -\frac{1}{2} & \frac{5}{2} \end{bmatrix}.$$

## 习　题　2.4

### A　组

1. 用初等行变换法求下列矩阵的逆矩阵：

(1) $\begin{bmatrix} 1 & 2 \\ 3 & 4 \end{bmatrix}$；　(2) $\begin{bmatrix} a & 0 & 0 \\ 0 & b & 0 \\ 0 & 0 & c \end{bmatrix}$；　(3) $\begin{bmatrix} 2 & 2 & 3 \\ 1 & -1 & 0 \\ -1 & 2 & 1 \end{bmatrix}$；

(4) $\begin{bmatrix} 1 & 2 & 3 \\ 4 & 4 & 2 \\ 6 & 8 & 6 \end{bmatrix}$；　(5) $\begin{bmatrix} 2 & 2 & 3 \\ 1 & -1 & 0 \\ -3 & 6 & 3 \end{bmatrix}$；　(6) $\begin{bmatrix} 1 & 2 & 3 & 4 \\ 0 & 1 & 2 & 3 \\ 0 & 0 & 1 & 2 \\ 0 & 0 & 0 & 1 \end{bmatrix}$.

2. 用伴随矩阵法求下列矩阵的逆矩阵：

(1) $\begin{bmatrix} 2 & 4 \\ 3 & 4 \end{bmatrix}$；　(2) $\begin{bmatrix} 1 & 2 & -3 \\ 0 & 2 & 4 \\ 0 & 0 & 2 \end{bmatrix}$；　(3) $\begin{bmatrix} 1 & 0 & 1 \\ 2 & 1 & 0 \\ -3 & 2 & -5 \end{bmatrix}$.

3. 设 $\boldsymbol{A}=\begin{bmatrix} 3 & 5 \\ 1 & 2 \end{bmatrix}$，求 $(\boldsymbol{A}^{-1})^{\mathrm{T}}$，$(\boldsymbol{A}^{\mathrm{T}})^{-1}$.

### B　组

1. 设 $\boldsymbol{A}$，$\boldsymbol{B}$ 均为 $n$ 阶可逆方阵，则下列叙述错误的是(　　).

(A) $k\boldsymbol{A}$ 可逆，且 $(k\boldsymbol{A})^{-1}=k^{-1}\boldsymbol{A}^{-1}$

(B) $\boldsymbol{A}\boldsymbol{A}^{\mathrm{T}}$ 可逆，且 $(\boldsymbol{A}\boldsymbol{A}^{\mathrm{T}})^{-1}=(\boldsymbol{A}^{-1})^{\mathrm{T}}\boldsymbol{A}^{-1}$

(C) $\boldsymbol{A}+\boldsymbol{B}$ 可逆，且 $(\boldsymbol{A}+\boldsymbol{B})^{-1}=\boldsymbol{A}^{-1}+\boldsymbol{B}^{-1}$

(D) $\boldsymbol{A}^{-1}\boldsymbol{B}^{-1}$ 可逆，且 $(\boldsymbol{A}^{-1}\boldsymbol{B}^{-1})^{-1}=\boldsymbol{B}\boldsymbol{A}$

2. 解下列矩阵方程：

(1) $\begin{bmatrix} 2 & 1 \\ 1 & 2 \end{bmatrix}\boldsymbol{X}=\begin{bmatrix} 1 & 2 \\ -1 & 4 \end{bmatrix}$；

(2) $\begin{bmatrix} 1 & 1 & -1 \\ 0 & 3 & 3 \\ 2 & -2 & 0 \end{bmatrix}\boldsymbol{X}=\begin{bmatrix} -2 & 1 \\ 1 & 0 \\ 3 & 2 \end{bmatrix}$；

(3) $\boldsymbol{X}\begin{bmatrix} 0 & 2 & -4 \\ -2 & 1 & 0 \\ 1 & -2 & 1 \end{bmatrix}=\begin{bmatrix} 2 & 4 & 6 \\ -1 & 2 & 1 \end{bmatrix}$.

3. 试证：若 $\boldsymbol{A}^3=\boldsymbol{O}$,则 $\boldsymbol{E}-\boldsymbol{A}$ 可逆,且

$$(\boldsymbol{E}-\boldsymbol{A})^{-1}=\boldsymbol{E}+\boldsymbol{A}+\boldsymbol{A}^2.$$

## 总习题二

1. 填空题：

(1) 设有矩阵 $\boldsymbol{A}_{3\times 2},\boldsymbol{B}_{3\times 3},\boldsymbol{C}_{m\times n}$,若 $\boldsymbol{A}^{\mathrm{T}}\boldsymbol{B}-\boldsymbol{C}$ 有意义,则 $m=$__________,$n=$__________；若 $\boldsymbol{BAC}$ 有意义,则 $m=$__________,$n=$__________.

(2) 若 $\begin{bmatrix}1 & 0 & a\\ 2 & -1 & 0\\ 0 & 1 & 1\end{bmatrix}\begin{bmatrix}1\\ 0\\ -1\end{bmatrix}=\begin{bmatrix}a\\ 2\\ -1\end{bmatrix}$,则 $a=$__________；

(3) 设 $\boldsymbol{A}=[1\quad 2\quad 3]$,$\boldsymbol{B}=\begin{bmatrix}1 & \frac{1}{2} & \frac{1}{3}\end{bmatrix}$,则 $\boldsymbol{BA}^{\mathrm{T}}=$__________；

(4) 设矩阵 $\boldsymbol{A}=\begin{bmatrix}1 & 0 & -1\\ 3 & 3 & 4\\ -1 & 0 & a-3\end{bmatrix}$,则当 $a=$__________时,$\mathrm{r}(\boldsymbol{A})=2$；

(5) 设 $\boldsymbol{A},\boldsymbol{B},\boldsymbol{C}$ 均为 $n$ 阶可逆矩阵,且 $\boldsymbol{ABC}=\boldsymbol{E}$,则 $\boldsymbol{BCA}=$__________.

2. 单项选择题：

(1) 设 $\boldsymbol{A},\boldsymbol{B}$ 为 $n$ 阶方阵,则下列结论正确的是(　　).

(A) 若 $\boldsymbol{A}\neq\boldsymbol{O}$,且 $\boldsymbol{AB}=\boldsymbol{O}$,则 $\boldsymbol{B}=\boldsymbol{O}$

(B) 若矩阵 $\boldsymbol{C}\neq\boldsymbol{O}$,且 $\boldsymbol{AC}=\boldsymbol{BC}$,则 $\boldsymbol{A}=\boldsymbol{B}$

(C) 若 $\boldsymbol{A}^2=\boldsymbol{B}^2$,则 $\boldsymbol{A}=\boldsymbol{B}$ 或 $\boldsymbol{A}=-\boldsymbol{B}$

(D) $(\boldsymbol{AB}+\boldsymbol{BA})^{\mathrm{T}}=\boldsymbol{B}^{\mathrm{T}}\boldsymbol{A}^{\mathrm{T}}+\boldsymbol{A}^{\mathrm{T}}\boldsymbol{B}^{\mathrm{T}}$

(2) 设有矩阵 $\boldsymbol{A}_{5\times 4},\boldsymbol{B}_{5\times 5},\boldsymbol{C}_{4\times 5}$ 和 $\boldsymbol{D}_{5\times 2}$,则下列运算中没有意义的是(　　).

(A) $\boldsymbol{CBA}$　　(B) $\boldsymbol{AC}+\boldsymbol{DD}^{\mathrm{T}}$　　(C) $\boldsymbol{A}^{\mathrm{T}}\boldsymbol{B}-3\boldsymbol{C}$　　(D) $\boldsymbol{C}^{\mathrm{T}}\boldsymbol{A}^{\mathrm{T}}-\boldsymbol{D}^{\mathrm{T}}\boldsymbol{D}$

(3) $n$ 阶方阵 $\boldsymbol{A}$ 可逆的充分必要条件不是(　　).

(A) $\mathrm{r}(\boldsymbol{A})=n$　　(B) $|\boldsymbol{A}|\neq 0$

(C) $\boldsymbol{A}$ 经初等行变换可化为简化阶梯形矩阵

(D) $\boldsymbol{A}$ 的简化阶梯形矩阵的行列式的值为 1

(4) 设 $\boldsymbol{A}$ 为 $n$ 阶矩阵,$k(k\neq 0)$为常数,则下列正确的是(　　).

(A) $|k\boldsymbol{A}|=k^n|\boldsymbol{A}|$　　(B) $|k\boldsymbol{A}|=k|\boldsymbol{A}|$

(C) $|k\boldsymbol{A}^{\mathrm{T}}|=k|\boldsymbol{A}|$　　(D) 若$|\boldsymbol{A}|\neq 0$,则$|\boldsymbol{AA}^{-1}|$可能为 0

3. 计算：

(1) $\begin{bmatrix} 2 & -1 \\ -1 & 2 \end{bmatrix}-2\boldsymbol{E}$；　　(2) $\begin{bmatrix} 4 & 2 & -5 \end{bmatrix}\begin{bmatrix} 1 \\ -2 \\ 0 \end{bmatrix}$；

(3) $\begin{bmatrix} 2 \\ -1 \\ 3 \end{bmatrix}\begin{bmatrix} 1 & -2 & 2 \end{bmatrix}$；　　(4) $\begin{bmatrix} 3 & 2 & -1 \\ 2 & -3 & 5 \end{bmatrix}\begin{bmatrix} 1 & 3 \\ -5 & 4 \\ 3 & 6 \end{bmatrix}$.

4. 设 $\boldsymbol{A}=\begin{bmatrix} 3 & 1 & 1 \\ 2 & 1 & 2 \\ 1 & 2 & 3 \end{bmatrix}$，$\boldsymbol{B}=\begin{bmatrix} 1 & 1 & -1 \\ 2 & -1 & 0 \\ 1 & 0 & 1 \end{bmatrix}$，试计算 $\boldsymbol{AB}$，$\boldsymbol{BA}$，$\boldsymbol{AB}-\boldsymbol{BA}$.

5. 设 $\boldsymbol{A}=\begin{bmatrix} \cos\theta & \sin\theta \\ -\sin\theta & \cos\theta \end{bmatrix}$，$\boldsymbol{B}=\boldsymbol{A}^{\mathrm{T}}$，求 $\boldsymbol{AB}$，$\boldsymbol{AB}^{\mathrm{T}}$，$\boldsymbol{A}^{\mathrm{T}}\boldsymbol{B}$，$(\boldsymbol{AB})^{\mathrm{T}}$，$\boldsymbol{B}^{\mathrm{T}}\boldsymbol{A}^{\mathrm{T}}$.

6. 已知矩阵 $\boldsymbol{A}=\begin{bmatrix} 2 & 3 & 1 & 0 \\ 0 & 1 & 3 & -4 \\ 1 & 2 & 5 & 1 \end{bmatrix}$，将 $\boldsymbol{A}$ 化为简化阶梯形矩阵，并求 $\mathrm{r}(\boldsymbol{A})$.

7. 求下列矩阵的逆矩阵：

(1) $\begin{bmatrix} 4 & 7 \\ 1 & 2 \end{bmatrix}$；　　(2) $\begin{bmatrix} 0 & 1 & 0 \\ 1 & 0 & 1 \\ 0 & 0 & -30 \end{bmatrix}$；

(3) $\begin{bmatrix} 1 & 2 & -3 \\ 0 & 1 & 2 \\ 0 & 0 & 1 \end{bmatrix}$；　　(4) $\begin{bmatrix} 1 & 2 & -1 \\ 3 & 5 & 0 \\ -1 & 0 & 5 \end{bmatrix}$.

8. 求下列矩阵方程中的未知矩阵

(1) $\begin{bmatrix} 2 & 5 \\ 1 & 3 \end{bmatrix}\boldsymbol{X}=\begin{bmatrix} 4 & -6 \\ 2 & 1 \end{bmatrix}$；　　(2) $\boldsymbol{X}\begin{bmatrix} 1 & 1 & -1 \\ 2 & 1 & 0 \\ 1 & -1 & 1 \end{bmatrix}=\begin{bmatrix} 1 & -1 & 3 \\ 4 & 3 & 2 \\ 1 & -2 & 5 \end{bmatrix}$；

(3) $\begin{bmatrix} 3 & 1 \\ 5 & 2 \end{bmatrix}\boldsymbol{X}\begin{bmatrix} -1 & 2 \\ 4 & -7 \end{bmatrix}=\boldsymbol{E}$.

# 第三章

# 线性方程组

本章将对 $n$ 元线性方程组的求解展开一般性讨论，介绍线性方程组的消元解法、解的判定定理及其解的结构. 在工程技术、经济管理中，遇到的许多实际问题都可归结为线性方程组的求解. 线性方程组的理论和求解方法不仅是线性代数的重要组成部分，在其他领域也具有广泛应用.

## §3.1 线性方程组的解法

**【学习本节要达到的目标】**

1. 熟练掌握用矩阵的初等行变换法求线性方程组的全部解.
2. 掌握非齐次线性方程组和齐次线性方程组解的判定定理.

### 一、线性方程组的消元解法

我们在§1.3中介绍了使用克拉默法则解线性方程组. 使用克拉默法则解线性方程组需计算多个行列式，在行列式阶数较高时，计算十分繁琐. 另外，克拉默法则只能用于未知量个数等于方程个数，且系数行列式不等于零的情形. 为了求一般线性方程组的解和讨论解的情况，必须寻求新的方法——线性方程组的消元法.

所谓一般线性方程组是指，含 $n$ 个未知量 $m$ 个方程的线性方程组

$$\begin{cases} a_{11}x_1 + a_{12}x_2 + \cdots + a_{1n}x_n = b_1, \\ a_{21}x_1 + a_{22}x_2 + \cdots + a_{2n}x_n = b_2, \\ \cdots\cdots\cdots\cdots\cdots\cdots\cdots\cdots \\ a_{m1}x_1 + a_{m2}x_2 + \cdots + a_{mn}x_n = b_m, \end{cases} \tag{1}$$

若以矩阵形式记

$$\boldsymbol{A}=\begin{bmatrix} a_{11} & a_{12} & \cdots & a_{1n} \\ a_{21} & a_{22} & \cdots & a_{2n} \\ \vdots & \vdots & & \vdots \\ a_{m1} & a_{m2} & \cdots & a_{mn} \end{bmatrix},\quad \boldsymbol{X}=\begin{bmatrix} x_1 \\ x_2 \\ \vdots \\ x_n \end{bmatrix},\quad \boldsymbol{b}=\begin{bmatrix} b_1 \\ b_2 \\ \vdots \\ b_m \end{bmatrix},$$

则方程组(1)可写成矩阵乘法形式(矩阵方程)

$$\boldsymbol{AX}=\boldsymbol{b},$$

其中,$\boldsymbol{A}$ 称为线性方程组的**系数矩阵**,$\boldsymbol{X}$ 称为线性方程组的**未知量矩阵**,$\boldsymbol{b}$ 称为线性方程组的**常数项矩阵**.

把系数矩阵 $\boldsymbol{A}$ 的右侧增添一列常数项,得到的矩阵称为方程组的**增广矩阵**,记为 $\widetilde{\boldsymbol{A}}$,即

$$\widetilde{\boldsymbol{A}}=\begin{bmatrix} a_{11} & a_{12} & \cdots & a_{1n} & b_1 \\ a_{21} & a_{22} & \cdots & a_{2n} & b_2 \\ \vdots & \vdots & & \vdots & \vdots \\ a_{m1} & a_{m2} & \cdots & a_{mn} & b_m \end{bmatrix}.$$

**消元法的基本思想**是通过同解变形把线性方程组中的一部分方程变成未知量较少的方程,将原方程组简化,达到求解的目的.

先看例题.

**例 1** 解线性方程组

$$\begin{cases} 2x_1-\ x_2+3x_3=1, \\ 4x_1+2x_2+5x_3=4, \\ 2x_1\qquad\ +5x_3=-12. \end{cases}$$

**解** 这是 3 个未知量 3 个方程的线性方程组.方程组的系数矩阵 $\boldsymbol{A}$,未知量矩阵 $\boldsymbol{X}$,常数项矩阵 $\boldsymbol{b}$ 和增广矩阵 $\widetilde{\boldsymbol{A}}$ 分别是

$$\boldsymbol{A}=\begin{bmatrix} 2 & -1 & 3 \\ 4 & 2 & 5 \\ 2 & 0 & 5 \end{bmatrix},\quad \boldsymbol{X}=\begin{bmatrix} x_1 \\ x_2 \\ x_3 \end{bmatrix},\quad \boldsymbol{b}=\begin{bmatrix} 1 \\ 4 \\ -12 \end{bmatrix},$$

$$\widetilde{\boldsymbol{A}}=\begin{bmatrix} 2 & -1 & 3 & 1 \\ 4 & 2 & 5 & 4 \\ 2 & 0 & 5 & -12 \end{bmatrix}.$$

对方程组进行同解变形,实际上就是对方程组的系数和常数项进行变换,而这恰是对方程组的增广矩阵 $\widetilde{\boldsymbol{A}}$ 进行相应的初等行变换.

将消元法解方程组与增广矩阵 $\widetilde{\boldsymbol{A}}$ 的相应初等行变换对照观察:

用消元法解方程组　　　　对 $\widetilde{A}$ 进行初等行变换

消元,得阶梯形方程组　　　　将 $\widetilde{A}$ 化成阶梯形矩阵

$$\begin{cases} 2x_1 - x_2 + 3x_3 = 1, & ① \\ 4x_1 + 2x_2 + 5x_3 = 4, & ② \\ 2x_1 \quad\; + 5x_3 = -12 & ③ \end{cases} \qquad \begin{bmatrix} 2 & -1 & 3 & 1 \\ 4 & 2 & 5 & 4 \\ 2 & 0 & 5 & -12 \end{bmatrix}$$

$$\begin{matrix} -2\times① + ② \\ -1\times① + ③ \end{matrix} \Big\downarrow \qquad \begin{matrix} -2r_1 + r_2 \\ -r_1 + r_3 \end{matrix} \Big\downarrow$$

$$\begin{cases} 2x_1 - x_2 + 3x_3 = 1, & ① \\ 4x_2 - x_3 = 2, & ④ \\ x_2 + 2x_3 = -13 & ⑤ \end{cases} \qquad \begin{bmatrix} 2 & -1 & 3 & 1 \\ 0 & 4 & -1 & 2 \\ 0 & 1 & 2 & -13 \end{bmatrix}$$

$$\text{④与⑤交换} \Big\downarrow \qquad r_2 \leftrightarrow r_3 \Big\downarrow$$

$$\begin{cases} 2x_1 - x_2 + 3x_3 = 1, & ① \\ x_2 + 2x_3 = -13, & ⑤ \\ 4x_2 - x_3 = 2 & ④ \end{cases} \qquad \begin{bmatrix} 2 & -1 & 3 & 1 \\ 0 & 1 & 2 & -13 \\ 0 & 4 & -1 & 2 \end{bmatrix}$$

$$-4\times⑤ + ④ \Big\downarrow \qquad -4r_2 + r_3 \Big\downarrow$$

$$\begin{cases} 2x_1 - x_2 + 3x_3 = 1, & ① \\ x_2 + 2x_3 = -13, & ⑤ \\ -9x_3 = 54 & ⑥ \end{cases} \qquad \begin{bmatrix} 2 & -1 & 3 & 1 \\ 0 & 1 & 2 & -13 \\ 0 & 0 & -9 & 54 \end{bmatrix}$$

回代,得方程组的解　　　　将 $\widetilde{A}$ 化成简化阶梯形矩阵

$$-\frac{1}{9}\times⑥ \Big\downarrow \qquad -\frac{1}{9}\times r_3 \Big\downarrow$$

$$\begin{cases} 2x_1 - x_2 + 3x_3 = 1, & ① \\ x_2 + 2x_3 = -13, & ⑤ \\ x_3 = -6 & ⑦ \end{cases} \qquad \begin{bmatrix} 2 & -1 & 3 & 1 \\ 0 & 1 & 2 & -13 \\ 0 & 0 & 1 & -6 \end{bmatrix}$$

$$\begin{matrix} -2\times⑦ + ⑤ \\ -3\times⑦ + ① \end{matrix} \Big\downarrow \qquad \begin{matrix} -2\times r_3 + r_2 \\ -3\times r_3 + r_1 \end{matrix} \Big\downarrow$$

$$\begin{cases}2x_1-x_2 & =19, & ⑨\\ \quad x_2 & =-1, & ⑧\\ \quad\quad x_3 & =-6 & ⑦\end{cases} \qquad \begin{bmatrix}2 & -1 & 0 & 19\\ 0 & 1 & 0 & -1\\ 0 & 0 & 1 & -6\end{bmatrix}$$

$$1\times⑧+⑨\downarrow \qquad\qquad 1\times r_2+r_1\downarrow$$

$$\begin{cases}2x_1 & =18, & ⑩\\ \quad x_2 & =-1, & ⑧\\ \quad\quad x_3 & =-6 & ⑦\end{cases} \qquad \begin{bmatrix}2 & 0 & 0 & 18\\ 0 & 1 & 0 & -1\\ 0 & 0 & 1 & -6\end{bmatrix}$$

$$\frac{1}{2}\times⑩\downarrow \qquad\qquad \frac{1}{2}\times r_1\downarrow$$

$$\begin{cases}x_1 & =9,\\ \quad x_2 & =-1,\\ \quad\quad x_3 & =-6.\end{cases} \qquad \begin{bmatrix}1 & 0 & 0 & 9\\ 0 & 1 & 0 & -1\\ 0 & 0 & 1 & -6\end{bmatrix}$$

由以上所述,左侧得到了方程组的解,右侧是 $\widetilde{\boldsymbol{A}}$ 的简化阶梯形矩阵.

对照以上过程可知:

用消元法解线性方程组的程序:

(1) 消元过程:通过对方程组同解变形,将其化为阶梯形方程组;

(2) 回代过程:由阶梯形方程组自下而上依次求出各未知量的值.

对增广矩阵 $\widetilde{\boldsymbol{A}}$ 进行初等行变换的程序:

(1) 用初等行变换将 $\widetilde{\boldsymbol{A}}$ 化为阶梯形矩阵;

(2) 用初等行变换将阶梯形矩阵化为简化阶梯形矩阵.

由此可知,用增广矩阵来讨论一般线性方程组的解是十分方便的.今后用消元法解线性方程组,只要对其增广矩阵 $\widetilde{\boldsymbol{A}}$ 进行初等行变换.具体做法是:先将 $\widetilde{\boldsymbol{A}}$ 化为阶梯形矩阵,再将阶梯形矩阵化为简化的阶梯形矩阵即可.

**例 2** 解线性方程组

$$\begin{cases}x_1+3x_2-2x_3+x_4=3,\\ 2x_1+x_2-3x_3=2,\\ x_1-2x_2-x_3-x_4=-1.\end{cases}$$

**解** 这是 4 个未知量 3 个方程的方程组,对其增广矩阵施以初等行变换:

$$\widetilde{\boldsymbol{A}}=\begin{bmatrix}1 & 3 & -2 & 1 & 3\\ 2 & 1 & -3 & 0 & 2\\ 1 & -2 & -1 & -1 & -1\end{bmatrix}\xrightarrow[-r_1+r_3]{-2r_1+r_2}\begin{bmatrix}1 & 3 & -2 & 1 & 3\\ 0 & -5 & 1 & -2 & -4\\ 0 & -5 & 1 & -2 & -4\end{bmatrix}$$

$$\xrightarrow{-r_2+r_3}\begin{bmatrix}1 & 3 & -2 & 1 & 3\\0 & -5 & 1 & -2 & -4\\0 & 0 & 0 & 0 & 0\end{bmatrix}\xrightarrow{-\frac{1}{5}r_2}\begin{bmatrix}1 & 3 & -2 & 1 & 3\\0 & 1 & -\frac{1}{5} & \frac{2}{5} & \frac{4}{5}\\0 & 0 & 0 & 0 & 0\end{bmatrix}$$

$$\xrightarrow{-3r_2+r_1}\begin{bmatrix}1 & 0 & -\frac{7}{5} & -\frac{1}{5} & \frac{3}{5}\\0 & 1 & -\frac{1}{5} & \frac{2}{5} & \frac{4}{5}\\0 & 0 & 0 & 0 & 0\end{bmatrix}.$$

$\widetilde{\boldsymbol{A}}$ 的最后一行为零行,对应的方程是 $0=0$,这是多余方程. 于是得到与原方程组对应的同解方程组为

$$\begin{cases}x_1 \qquad -\frac{7}{5}x_3-\frac{1}{5}x_4=\frac{3}{5},\\ \qquad x_2-\frac{1}{5}x_3+\frac{2}{5}x_4=\frac{4}{5},\end{cases}$$

或

$$\begin{cases}x_1=\frac{3}{5}+\frac{7}{5}x_3+\frac{1}{5}x_4,\\ x_2=\frac{4}{5}+\frac{1}{5}x_3-\frac{2}{5}x_4.\end{cases}$$

任给未知量 $x_3,x_4$ 的一组值,就能确定出 $x_1,x_2$ 的值,从而得到方程组的一组解. 由 $x_3$,$x_4$ 的任意性可知,原方程组有无穷多组解. 我们称 $x_3$ 和 $x_4$ 为**自由未知量**.

若令 $x_3=c_1,x_4=c_2$,则原方程组的解为

$$\begin{cases}x_1=\frac{3}{5}+\frac{7}{5}c_1+\frac{1}{5}c_2,\\ x_2=\frac{4}{5}+\frac{1}{5}c_1-\frac{2}{5}c_2,\\ x_3=c_1,\\ x_4=c_2.\end{cases}$$

它表示原方程组的**所有解**,故称其为方程组的**全部解**.

**例 3** 解线性方程组

$$\begin{cases}x_1+5x_2-x_3-x_4=-1,\\ x_1-2x_2+x_3+3x_4=3,\\ 3x_1+8x_2-x_3+x_4=1,\\ x_1-9x_2+3x_3+7x_4=8.\end{cases}$$

**解** 对方程组的增广矩阵施以初等行变换.

$$\widetilde{\mathbf{A}}=\begin{bmatrix}1&5&-1&-1&-1\\1&-2&1&3&3\\3&8&-1&1&1\\1&-9&3&7&8\end{bmatrix}\xrightarrow[-r_1+r_4]{\substack{-r_1+r_2\\-3r_1+r_3}}\begin{bmatrix}1&5&-1&-1&-1\\0&-7&2&4&4\\0&-7&2&4&4\\0&-14&4&8&9\end{bmatrix}$$

$$\xrightarrow[-2r_2+r_4]{-r_2+r_3}\begin{bmatrix}1&5&-1&-1&-1\\0&-7&2&4&4\\0&0&0&0&0\\0&0&0&0&1\end{bmatrix}.$$

由此可看出，方程组的第 3 个方程是多余方程，而第 4 个方程是矛盾方程

$$0=1.$$

方程组无解.

**说明** 由最后一个矩阵可看出，与原方程组同解的方程组是

$$\begin{cases}x_1+5x_2-x_3-x_4=-1,\\-7x_2+2x_3+4x_4=4,\\0=1.\end{cases}$$

显然，第 3 个方程是矛盾方程，故方程组无解.

由上述三例可知，线性方程组可能有唯一解、无穷多组解，也可能无解.

如何判断方程组解的情况呢？

观察前面三个例子中的线性方程组系数矩阵 $\mathbf{A}$ 的秩，增广矩阵 $\widetilde{\mathbf{A}}$ 的秩，未知量的个数 $n$ 与方程组解的情况，我们会发现：

例 1 中，$\mathrm{r}(\mathbf{A})=\mathrm{r}(\widetilde{\mathbf{A}})=3$（未知量个数），方程组有唯一解；

例 2 中，$\mathrm{r}(\mathbf{A})=\mathrm{r}(\widetilde{\mathbf{A}})=2<4$（未知量个数），方程组有无穷多组解；

例 3 中，$\mathrm{r}(\mathbf{A})=2\neq\mathrm{r}(\widetilde{\mathbf{A}})=3$，出现矛盾式 $0=1$，方程组无解.

上述分析具有一般性，从而有下面**线性方程组解的判定定理**.

## 二、线性方程组解的判定定理

$n$ 个未知量 $m$ 个方程的线性方程组(1)，若常数项 $b_1,b_2,\cdots,b_m$ 不全为零，则称方程组(1)为**非齐次线性方程组**，否则，称为**齐次线性方程组**.

**定理 1（线性方程组解的判定定理）** 线性方程组(1)有解的**充分必要条件**是其系数矩阵 $\mathbf{A}$ 与增广矩阵 $\widetilde{\mathbf{A}}$ 的**秩相等**，即 $\mathrm{r}(\mathbf{A})=r=\mathrm{r}(\widetilde{\mathbf{A}})$. 当有解时，解的情形如下：

(1) 当 $\mathrm{r}(\mathbf{A})=r=n$（未知量的个数）时，方程组有唯一解；

(2) 当 $\mathrm{r}(\mathbf{A})=r<n$（未知量的个数）时，方程组有无穷多组解，这时**自由未知量共有 $n-r$ 个**.

由定理 1 和例题的解题过程可知，对非齐次线性方程组，将增广矩阵 $\widetilde{\mathbf{A}}$ 化为阶梯形矩

阵,便可判断其是否有解.若有解,继续化为简化的阶梯形矩阵,再写出全部解.

**例 4** 当 $p,q$ 取何值时,下述线性方程组有解?当有解时,求出它的解:

$$\begin{cases} x_1+2x_2+3x_3+3x_4+7x_5=4, \\ 3x_1+2x_2+x_3+x_4-3x_5=p, \\ x_1+x_2+x_3+x_4+x_5=1, \\ 5x_1+4x_2+3x_3+3x_4-x_5=q. \end{cases}$$

**解** 对增广矩阵 $\widetilde{\boldsymbol{A}}$ 作初等行变换:

$$\widetilde{\boldsymbol{A}}=\begin{bmatrix} 1 & 2 & 3 & 3 & 7 & 4 \\ 3 & 2 & 1 & 1 & -3 & p \\ 1 & 1 & 1 & 1 & 1 & 1 \\ 5 & 4 & 3 & 3 & -1 & q \end{bmatrix} \xrightarrow[-5r_1+r_4]{\substack{-3r_1+r_2 \\ -r_1+r_3}} \begin{bmatrix} 1 & 2 & 3 & 3 & 7 & 4 \\ 0 & -4 & -8 & -8 & -24 & p-12 \\ 0 & -1 & -2 & -2 & -6 & -3 \\ 0 & -6 & -12 & -12 & -36 & q-20 \end{bmatrix}$$

$$\xrightarrow[-6r_3+r_4]{-4r_3+r_2} \begin{bmatrix} 1 & 2 & 3 & 3 & 7 & 4 \\ 0 & 0 & 0 & 0 & 0 & p \\ 0 & -1 & -2 & -2 & -6 & -3 \\ 0 & 0 & 0 & 0 & 0 & q-2 \end{bmatrix}=\boldsymbol{B}.$$

由解的判定定理可知,当且仅当 $p=0$ 且 $q=2$ 时,$\mathrm{r}(\boldsymbol{A})=2=\mathrm{r}(\widetilde{\boldsymbol{A}})$,方程组有解.而此时 $\mathrm{r}(\boldsymbol{A})=2<5$(未知量的个数),方程组有无穷多组解.

取 $p=0,q=2$,继续对矩阵 $\boldsymbol{B}$ 进行初等行变换,

$$\boldsymbol{B}\xrightarrow{-r_3}\begin{bmatrix} 1 & 2 & 3 & 3 & 7 & 4 \\ 0 & 0 & 0 & 0 & 0 & 0 \\ 0 & 1 & 2 & 2 & 6 & 3 \\ 0 & 0 & 0 & 0 & 0 & 0 \end{bmatrix}$$

$$\xrightarrow{-2r_3+r_1}\begin{bmatrix} 1 & 0 & -1 & -1 & -5 & -2 \\ 0 & 0 & 0 & 0 & 0 & 0 \\ 0 & 1 & 2 & 2 & 6 & 3 \\ 0 & 0 & 0 & 0 & 0 & 0 \end{bmatrix}.$$

由此知,相应的方程组为

$$\begin{cases} x_1 \quad -x_3-x_4-5x_5=-2, \\ x_2+2x_3+2x_4+6x_5=3, \end{cases}$$

即

$$\begin{cases} x_1=-2+x_3+x_4+5x_5, \\ x_2=3-2x_3-2x_4-6x_5, \end{cases}$$

其中 $x_3,x_4,x_5$ 为自由未知量.取 $x_3=c_1,x_4=c_2,x_5=c_3$,方程组的全部解为

$$\begin{cases} x_1 = -2 + c_1 + c_2 + 5c_3, \\ x_2 = 3 - 2c_1 - 2c_2 - 6c_3, \\ x_3 = c_1, \\ x_4 = c_2, \\ x_5 = c_3 \end{cases} \quad (c_1, c_2, c_3 \text{ 为任意常数}).$$

下面讨论与线性方程组(1)相对应的齐次线性方程组

$$\begin{cases} a_{11}x_1 + a_{12}x_2 + \cdots + a_{1n}x_n = 0, \\ a_{21}x_1 + a_{22}x_2 + \cdots + a_{2n}x_n = 0, \\ \cdots\cdots\cdots\cdots\cdots\cdots\cdots\cdots \\ a_{m1}x_1 + a_{m2}x_2 + \cdots + a_{mn}x_n = 0 \end{cases} \tag{2}$$

解的构成情况.若写成矩阵方程形式,则为

$$\boldsymbol{AX} = \boldsymbol{O}.$$

由于 $\widetilde{\boldsymbol{A}} = [\boldsymbol{A} \mid \boldsymbol{O}]$,无论进行怎样的初等行变换,最后一列总不变.从而齐次线性方程组恒有 $\mathrm{r}(\boldsymbol{A}) = \mathrm{r}(\widetilde{\boldsymbol{A}})$,由线性方程组解的判定定理可知,齐次线性方程组一定有解.

**定理 2** 齐次线性方程组(2)一定有解,解的构成情形如下:

(1) 方程组(2)仅有零解的充分必要条件为 $\mathrm{r}(\boldsymbol{A}) = n$(未知量的个数);

(2) 方程组(2)有非零解的充分必要条件为 $\mathrm{r}(\boldsymbol{A}) = r < n$(未知量的个数).

特别地,方程组(2)中,若方程的个数少于未知量的个数时,即 $m < n$ 时,则方程组必有非零解.

**例 5** 解线性方程组

$$\begin{cases} x_1 + x_2 + 2x_3 + 3x_4 = 0, \\ x_2 + x_3 - 4x_4 = 0, \\ x_1 + 2x_2 + 3x_3 - x_4 = 0, \\ 2x_1 + 3x_2 - x_3 - x_4 = 0. \end{cases}$$

**解** 由于线性方程组的增广矩阵 $\widetilde{\boldsymbol{A}}$ 的最后一列为零,只需对其系数矩阵 $\boldsymbol{A}$ 进行初等行变换.

$$\boldsymbol{A} = \begin{bmatrix} 1 & 1 & 2 & 3 \\ 0 & 1 & 1 & -4 \\ 1 & 2 & 3 & -1 \\ 2 & 3 & -1 & -1 \end{bmatrix} \xrightarrow{\text{初等行变换}} \begin{bmatrix} 1 & 0 & 0 & 13/2 \\ 0 & 1 & 0 & -9/2 \\ 0 & 0 & 0 & 0 \\ 0 & 0 & 1 & 1/2 \end{bmatrix}.$$

相应的方程组为

$$\begin{cases} x_1 \quad\quad + \dfrac{13}{2}x_4 = 0, \\ x_2 \quad - \dfrac{9}{2}x_4 = 0, \\ x_3 + \dfrac{1}{2}x_4 = 0, \end{cases} \quad \text{即} \quad \begin{cases} x_1 = -\dfrac{13}{2}x_4, \\ x_2 = \dfrac{9}{2}x_4, \\ x_3 = -\dfrac{1}{2}x_4, \end{cases}$$

其中 $x_4$ 为自由未知量.令 $x_4=c$,原方程组的全部解为

$$\begin{cases} x_1 = -\dfrac{13}{2}c, \\ x_2 = \dfrac{9}{2}c, \\ x_3 = -\dfrac{1}{2}c, \\ x_4 = c \end{cases} \quad (c\text{ 为任意常数}).$$

## 习 题 3.1

### A 组

1. 解下列非齐次线性方程组:

(1) $\begin{cases} x_1 - x_2 + x_3 - x_4 = 0, \\ 2x_1 - x_2 + 3x_3 - 2x_4 = -1, \\ 3x_1 - 2x_2 - x_3 + 2x_4 = 4; \end{cases}$ (2) $\begin{cases} x_1 - x_2 + 2x_3 = 1, \\ 3x_1 + x_2 + 2x_3 = 3, \\ x_1 - 2x_2 + x_3 = -1, \\ 2x_1 - 2x_2 - 3x_3 = -5; \end{cases}$

(3) $\begin{cases} 4x_1 + 2x_2 - x_3 = 2, \\ 3x_1 - x_2 + 2x_3 = 10, \\ 11x_1 + 3x_2 = 8; \end{cases}$ (4) $\begin{cases} 2x + y - z + w = 1, \\ 4x + 2y - 2z + w = 2, \\ 2x + y - z - w = 1. \end{cases}$

2. 解下列齐次线性方程组:

(1) $\begin{cases} x_1 - 3x_2 + x_3 - 2x_4 = 0, \\ -5x_1 + x_2 - 2x_3 + 3x_4 = 0, \\ -x_1 - 11x_2 + 2x_3 - 5x_4 = 0, \\ 3x_1 + 5x_2 + x_4 = 0; \end{cases}$ (2) $\begin{cases} 2x_1 + 3x_2 - x_3 + 5x_4 = 0, \\ 3x_1 + x_2 + 2x_3 - 7x_4 = 0, \\ 4x_1 + x_2 - 3x_3 + 6x_4 = 0, \\ x_1 - 2x_2 + 4x_3 - 7x_4 = 0. \end{cases}$

### B 组

1. 已知非齐次线性方程组

$$\begin{cases} kx_1+x_2+x_3=5, \\ 3x_1+2x_2+kx_3=18-5k, \\ x_2+2x_3=2, \end{cases}$$

问 $k$ 取何值时方程组有唯一解？无穷多解？无解？在有无穷多组解时求出全部解.

2. 当 $k$ 取何值时，齐次线性方程组

$$\begin{cases} (k-2)x_1-3x_2-2x_3=0, \\ -x_1+(k-8)x_2-2x_3=0, \\ 2x_1+14x_2+(k+3)x_3=0 \end{cases}$$

有非零解？并求出它的全部解.

## §3.2 线性方程组解的结构

**【学习本节要达到的目标】**

1. 理解 $n$ 维向量概念.
2. 会将线性方程组写成向量形式.
3. 会求齐次线性方程组的一个基础解系，并用此基础解系表示其全部解.
4. 会求非齐次线性方程组的一个特解，并能用其导出组的基础解系表示全部解.

### 一、线性方程组的向量表示

#### 1. 向量概念及其线性运算

我们已学过平面向量、空间向量概念. 这里，要将向量概念加以推广.

**定义** $n$ 个数 $a_1,a_2,\cdots,a_n$ 组成的有序数组 $(a_1,a_2,\cdots,a_n)$ 称为 $n$ **维向量**，数 $a_i(i=1,2,\cdots,n)$ 称为该向量的**第 $i$ 个分量**. 向量常用 $\boldsymbol{\alpha},\boldsymbol{\beta},\boldsymbol{\gamma}$ 等黑斜体希腊字母表示. 例如，若写为

$$\boldsymbol{\alpha}=(a_1,a_2,\cdots,a_n),$$

则称 $\boldsymbol{\alpha}$ 为 $n$ **维行向量**；若写为

$$\boldsymbol{\alpha}=\begin{bmatrix} a_1 \\ a_2 \\ \vdots \\ a_n \end{bmatrix},$$

则称 $\boldsymbol{\alpha}$ 为 $n$ **维列向量**. 列向量 $\boldsymbol{\alpha}$ 也可记为

$$\boldsymbol{\alpha}=(a_1,a_2,\cdots,a_n)^{\mathrm{T}}.$$

分量都为零的向量，称为**零向量**，记为 $\mathbf{0}=(0,0,\cdots,0)$. 向量 $(-a_1,-a_2,\cdots,-a_n)$ 称为向量 $\boldsymbol{\alpha}=(a_1,a_2,\cdots,a_n)$ 的**负向量**，记为 $-\boldsymbol{\alpha}$.

若两个 $n$ 维向量 $\boldsymbol{\alpha}=(a_1,a_2,\cdots,a_n)$，$\boldsymbol{\beta}=(b_1,b_2,\cdots,b_n)$的分量对应相等，即

$$a_i=b_i \quad (i=1,2,\cdots,n),$$

则称向量 $\boldsymbol{\alpha}$ 与 $\boldsymbol{\beta}$ **相等**，记为 $\boldsymbol{\alpha}=\boldsymbol{\beta}$.

一般，$n$ 维行向量可以看成是 $1\times n$ 矩阵，$n$ 维列向量可以看成是 $n\times 1$ 矩阵；反之亦然.

由上所述，可以按照 $1\times n$ 矩阵或 $n\times 1$ 矩阵的加法运算（减法运算）和数乘运算来定义**向量的加法运算**（**减法运算**）和**数乘运算**；并且这些运算满足矩阵相应运算的运算律. 向量的加法运算和数乘运算统称为**向量的线性运算**.

**2. 线性方程组的向量表示**

给定 $n$ 个未知量 $m$ 个方程的方程组

$$\begin{cases} a_{11}x_1+a_{12}x_2+\cdots+a_{1n}x_n=b_1, \\ a_{21}x_1+a_{22}x_2+\cdots+a_{2n}x_n=b_2, \\ \cdots\cdots\cdots\cdots\cdots\cdots\cdots\cdots\cdots\cdots \\ a_{m1}x_1+a_{m2}x_2+\cdots+a_{mn}x_n=b_m, \end{cases} \tag{1}$$

其系数矩阵 $\boldsymbol{A}$、未知量矩阵 $\boldsymbol{X}$ 和常数项矩阵 $\boldsymbol{b}$ 分别为

$$\boldsymbol{A}=\begin{bmatrix} a_{11} & a_{12} & \cdots & a_{1n} \\ a_{21} & a_{22} & \cdots & a_{2n} \\ \vdots & \vdots & & \vdots \\ a_{m1} & a_{m2} & \cdots & a_{mn} \end{bmatrix}, \quad \boldsymbol{X}=\begin{bmatrix} x_1 \\ x_2 \\ \vdots \\ x_n \end{bmatrix}, \quad \boldsymbol{b}=\begin{bmatrix} b_1 \\ b_2 \\ \vdots \\ b_m \end{bmatrix}.$$

线性方程组(1)可写为**矩阵方程形式**：

$$\boldsymbol{AX}=\boldsymbol{b}.$$

现将系数矩阵 $\boldsymbol{A}$ 的每一列看成是一个 $m$ 维列向量，并依次记为 $\boldsymbol{\alpha}_1,\boldsymbol{\alpha}_2,\cdots,\boldsymbol{\alpha}_n$，则有

$$\boldsymbol{\alpha}_1=\begin{bmatrix} a_{11} \\ a_{21} \\ \vdots \\ a_{m1} \end{bmatrix}, \quad \boldsymbol{\alpha}_2=\begin{bmatrix} a_{12} \\ a_{22} \\ \vdots \\ a_{m2} \end{bmatrix}, \quad \cdots, \quad \boldsymbol{\alpha}_n=\begin{bmatrix} a_{1n} \\ a_{2n} \\ \vdots \\ a_{mn} \end{bmatrix}.$$

常数项矩阵 $\boldsymbol{b}$ 是 $m$ 行 1 列，可看成是一个 $m$ 维列向量. 这样，线性方程组(1)就可写成如下**向量方程形式**：

$$x_1\begin{bmatrix} a_{11} \\ a_{21} \\ \vdots \\ a_{m1} \end{bmatrix}+x_2\begin{bmatrix} a_{12} \\ a_{22} \\ \vdots \\ a_{m2} \end{bmatrix}+\cdots+x_n\begin{bmatrix} a_{1n} \\ a_{2n} \\ \vdots \\ a_{mn} \end{bmatrix}=\begin{bmatrix} b_1 \\ b_2 \\ \vdots \\ b_m \end{bmatrix},$$

或记为

$$x_1\boldsymbol{\alpha}_1+x_2\boldsymbol{\alpha}_2+\cdots+x_n\boldsymbol{\alpha}_n=\boldsymbol{b}.$$

同样，未知量矩阵 $\boldsymbol{X}$ 是 $n$ 行 1 列，可看成是一个 $n$ 维列向量. 当 $x_1=k_1,x_2=k_2,\cdots,x_n=$

$k_n$ 是方程组(1)的一组解时，这组解可写成 $n$ 维列向量，并记为 $\boldsymbol{\xi}$，即

$$\boldsymbol{\xi} = \begin{bmatrix} k_1 \\ k_2 \\ \vdots \\ k_n \end{bmatrix}.$$

这时，称 $\boldsymbol{\xi}$ 是方程组(1)的一个**解向量**.

若 $l$ 个 $n$ 维列向量 $\boldsymbol{\xi}_1,\boldsymbol{\xi}_2,\cdots,\boldsymbol{\xi}_l$ 都是方程组(1)的解向量，则称 $\boldsymbol{\xi}_1,\boldsymbol{\xi}_2,\cdots,\boldsymbol{\xi}_l$ 是方程组(1)的**解向量组**.

## 二、齐次线性方程组解的结构

所谓齐次线性方程组解的结构问题，就是当线性方程组有无穷多组解时，如何表明这些解之间的关系，以及怎样用有限组解来表示这无穷多组解的问题.

先讨论齐次线性方程组

$$\begin{cases} a_{11}x_1 + a_{12}x_2 + \cdots + a_{1n}x_n = 0, \\ a_{21}x_1 + a_{22}x_2 + \cdots + a_{2n}x_n = 0, \\ \cdots\cdots\cdots\cdots\cdots\cdots\cdots\cdots \\ a_{m1}x_1 + a_{m2}x_2 + \cdots + a_{mn}x_n = 0 \end{cases} \tag{2}$$

的情形. 若以 $\boldsymbol{A}=(a_{ij})_{m\times n}$ 表示方程组(2)的系数矩阵，$\boldsymbol{X}=(x_1,x_2,\cdots,x_n)^{\mathrm{T}}$ 表示未知量向量，$\boldsymbol{0}=(0,0,\cdots,0)^{\mathrm{T}}$ 表示常数项组成的零向量，则方程组(2)可写成

$$\boldsymbol{AX} = \boldsymbol{0}.$$

齐次线性方程组 $\boldsymbol{AX}=\boldsymbol{0}$ 的解有下述**性质**：

若 $\boldsymbol{\xi}_1,\boldsymbol{\xi}_2,\cdots,\boldsymbol{\xi}_l$ 是齐次线性方程组 $\boldsymbol{AX}=\boldsymbol{0}$ 的解，则 $c_1\boldsymbol{\xi}_1+c_2\boldsymbol{\xi}_2+\cdots+c_l\boldsymbol{\xi}_l$ 也是该方程组的解，其中 $c_1,c_2,\cdots,c_l$ 是任意常数.

**证** 由已知条件，有

$$\boldsymbol{A\xi}_1 = \boldsymbol{0}, \quad \boldsymbol{A\xi}_2 = \boldsymbol{0}, \quad \cdots, \quad \boldsymbol{A\xi}_l = \boldsymbol{0},$$

于是

$$\begin{aligned} \boldsymbol{A}(c_1\boldsymbol{\xi}_1 + c_2\boldsymbol{\xi}_2 + \cdots + c_l\boldsymbol{\xi}_l) &= \boldsymbol{A}(c_1\boldsymbol{\xi}_1) + A(c_2\boldsymbol{\xi}_2) + \cdots + \boldsymbol{A}(c_l\boldsymbol{\xi}_l) \\ &= c_1\boldsymbol{A\xi}_1 + c_2\boldsymbol{A\xi}_2 + \cdots + c_l\boldsymbol{A\xi}_l = \boldsymbol{0}. \end{aligned}$$

定理得证.

我们已经知道，齐次线性方程组(2)的系数矩阵的秩小于 $n$(未知量的个数)时，即 $\mathrm{r}(\boldsymbol{A})=r<n$ 时，方程组(2)有非零解，即有无穷多组解. 这时，**如何求出有限组解；并且用这有限组解表示无穷多组解呢？**

我们用例题说明.

**例 1** 解齐次线性方程组

$$\begin{cases}2x_1+x_2-x_3+2x_4-3x_5=0,\\4x_1+2x_2-x_3+x_4+2x_5=0,\\8x_1+4x_2-3x_3+5x_4-4x_5=0,\\2x_1+x_2-x_4+5x_5=0.\end{cases} \tag{3}$$

**解** 这是 5 个未知量 4 个方程的齐次线性方程组. 先用初等行变换将其系数矩阵 $\boldsymbol{A}$ 化为简化阶梯形矩阵.

$$\boldsymbol{A}=\begin{bmatrix}2&1&-1&2&-3\\4&2&-1&1&2\\8&4&-3&5&-4\\2&1&0&-1&5\end{bmatrix}\xrightarrow{\text{初等行变换}}\begin{bmatrix}1&\frac{1}{2}&0&-\frac{1}{2}&\frac{5}{2}\\0&0&1&-3&8\\0&0&0&0&0\\0&0&0&0&0\end{bmatrix}=\boldsymbol{B}.$$

简化阶梯形矩阵 $\boldsymbol{B}$ 只有两行为非零行，即 $\mathrm{r}(\boldsymbol{A})=2$. 与简化阶梯形矩阵 $\boldsymbol{B}$ 相对应的方程组是

$$\begin{cases}x_1+\frac{1}{2}x_2-\frac{1}{2}x_4+\frac{5}{2}x_5=0,\\x_3-3x_4+8x_5=0.\end{cases} \tag{4}$$

该方程组可写成

$$\begin{cases}x_1=-\frac{1}{2}x_2+\frac{1}{2}x_4-\frac{5}{2}x_5,\\x_3=3x_4-8x_5,\end{cases} \tag{5}$$

其中 $x_2,x_4,x_5$ 是自由未知量.

令 $x_2=c_1,x_4=c_2,x_5=c_3$，则原方程组的**全部解**为

$$\begin{cases}x_1=-\frac{1}{2}c_1+\frac{1}{2}c_2-\frac{5}{2}c_3,\\x_2=c_1,\\x_3=3c_2-8c_3,\\x_4=c_2,\\x_5=c_3,\end{cases} \tag{6}$$

其中 $c_1,c_2,c_3$ 是任意常数.

由于 $c_1,c_2,c_3$ 可以任意取值，自然方程组(3)就有无穷多组解.

下面我们来分析例 1 的方程组(3)及其全部解的表示式(6)式.

(1) 自由未知量的个数与方程组未知量的个数及系数矩阵秩之间的关系

方程组有 5 个未知量，即 $n=5$，其系数矩阵的秩为 2，即 $\mathrm{r}(\boldsymbol{A})=r=2$，而有 3 个自由未知量，恰好是

$$3=5-2,$$

即

$$\text{自由未知量的个数} = \text{方程组未知量的个数} - \text{系数矩阵的秩} = n - r.$$

(2) 方程组的全部解可用有限个解向量的线性运算表示

把方程组全部解的表示式(6)式写成

$$\begin{cases} x_1 = -\frac{1}{2}c_1 + \frac{1}{2}c_2 - \frac{5}{2}c_3, \\ x_2 = c_1 + 0c_2 + 0c_3, \\ x_3 = 0c_1 + 3c_2 - 8c_3, \\ x_4 = 0c_1 + c_2 + 0c_3, \\ x_5 = 0c_1 + 0c_2 + c_3, \end{cases}$$

并用列向量表示,则有

$$\boldsymbol{X} = \begin{bmatrix} x_1 \\ x_2 \\ x_3 \\ x_4 \\ x_5 \end{bmatrix} = c_1 \begin{bmatrix} -\frac{1}{2} \\ 1 \\ 0 \\ 0 \\ 0 \end{bmatrix} + c_2 \begin{bmatrix} \frac{1}{2} \\ 0 \\ 3 \\ 1 \\ 0 \end{bmatrix} + c_3 \begin{bmatrix} -\frac{5}{2} \\ 0 \\ -8 \\ 0 \\ 1 \end{bmatrix}. \tag{7}$$

上式左端是未知量向量 $\boldsymbol{X}$,对右端,记

$$\boldsymbol{\xi}_1 = \begin{bmatrix} -\frac{1}{2} \\ 1 \\ 0 \\ 0 \\ 0 \end{bmatrix}, \quad \boldsymbol{\xi}_2 = \begin{bmatrix} \frac{1}{2} \\ 0 \\ 3 \\ 1 \\ 0 \end{bmatrix}, \quad \boldsymbol{\xi}_3 = \begin{bmatrix} -\frac{5}{2} \\ 0 \\ -8 \\ 0 \\ 1 \end{bmatrix}.$$

注意到 $c_1$,$c_2$ 和 $c_3$ 可以任意取值,并由(7)式:

若取 $c_1=1, c_2=0, c_3=0$,则 $\boldsymbol{X}=\boldsymbol{\xi}_1$;

若取 $c_1=0, c_2=1, c_3=0$,则 $\boldsymbol{X}=\boldsymbol{\xi}_2$;

若取 $c_1=0, c_2=0, c_3=1$,则 $\boldsymbol{X}=\boldsymbol{\xi}_3$.

这说明 $\boldsymbol{\xi}_1$,$\boldsymbol{\xi}_2$ 和 $\boldsymbol{\xi}_3$ 都是方程组(3)的解向量.

由此,我们的**结论**是:由(7)式所给出的方程组(3)的全部解(无穷多组解)可由有限个解向量(3 个解向量)的线性运算表示,即

$$\boldsymbol{X} = c_1\boldsymbol{\xi}_1 + c_2\boldsymbol{\xi}_2 + c_3\boldsymbol{\xi}_3,$$

这里,有限个解向量,实际是“3 个解向量”. 这个“3”就是自由未知量的个数,或者说,3 是方程组(3)的未知量的个数与其系数矩阵秩之差,即 $3=5-2$.

(3) 如何求出解向量 $\boldsymbol{\xi}_1, \boldsymbol{\xi}_2$ 和 $\boldsymbol{\xi}_3$

前面是在已得到了方程组(3)的全部解之后，经分析由(7)式找出了解向量 $\boldsymbol{\xi}_1, \boldsymbol{\xi}_2$ 和 $\boldsymbol{\xi}_3$. 而实际解方程组时，应是先求出解向量 $\boldsymbol{\xi}_1, \boldsymbol{\xi}_2$ 和 $\boldsymbol{\xi}_3$，然后写出由 $\boldsymbol{\xi}_1, \boldsymbol{\xi}_2$ 和 $\boldsymbol{\xi}_3$ 表示的全部解(7)式. 下面讲述求解向量 $\boldsymbol{\xi}_1, \boldsymbol{\xi}_2$ 和 $\boldsymbol{\xi}_3$ 的方法.

观察我们得到的简化阶梯形矩阵 $\boldsymbol{B}$ 和与其相对应的方程组(4),(5)，即

$$\boldsymbol{B} = \begin{bmatrix} 1 & \frac{1}{2} & 0 & -\frac{1}{2} & \frac{5}{2} \\ 0 & 0 & 1 & -3 & 8 \\ 0 & 0 & 0 & 0 & 0 \\ 0 & 0 & 0 & 0 & 0 \end{bmatrix},$$

$$\begin{cases} x_1 + \frac{1}{2}x_2 \qquad -\frac{1}{2}x_4 + \frac{5}{2}x_5 = 0, \\ \qquad\qquad x_3 - 3x_4 + 8x_5 = 0, \end{cases} \tag{4}$$

$$\begin{cases} x_1 = -\frac{1}{2}x_2 + \frac{1}{2}x_4 - \frac{5}{2}x_5, \\ x_3 = \qquad\qquad 3x_4 - 8x_5. \end{cases} \tag{5}$$

其中方程组(4)是依据简化阶梯形矩阵 $\boldsymbol{B}$ 写出的，把该方程组中每一个方程的第 1 个未知量不动，其余未知量移到等式右端，便得到方程组(5)，方程组(5)确定了哪些未知量作为自由未知量.

由方程组(5)的表示式确定 $x_2, x_4, x_5$ 为自由未知量. $x_2, x_4, x_5$ 分别取值 1,0,0;0,1,0;0,0,1，便得到解向量 $\boldsymbol{\xi}_1, \boldsymbol{\xi}_2$ 和 $\boldsymbol{\xi}_3$. 具体做法如下：

取 $x_2=1, x_4=0, x_5=0$，代入方程组(5)，得 $x_1=-\frac{1}{2}, x_3=0$. 即 $x_1=-\frac{1}{2}, x_2=1, x_3=0, x_4=0, x_5=0$ 是方程组(5)的一组解，写成列向量，并记为 $\boldsymbol{\xi}_1$；

取 $x_2=0, x_4=1, x_5=0$，代入方程组(5)，得 $x_1=\frac{1}{2}, x_3=3$. 将所得到的解写成列向量，并记为 $\boldsymbol{\xi}_2$；

取 $x_2=0, x_4=0, x_5=1$，代入方程组(5)，得 $x_1=-\frac{5}{2}, x_3=-8$. 将所得到的解写成列向量，并记为 $\boldsymbol{\xi}_3$.

把 $\boldsymbol{\xi}_1, \boldsymbol{\xi}_2, \boldsymbol{\xi}_3$ 写出来，即有

$$\boldsymbol{\xi}_1 = \begin{bmatrix} -\frac{1}{2} \\ 1 \\ 0 \\ 0 \\ 0 \end{bmatrix}, \quad \boldsymbol{\xi}_2 = \begin{bmatrix} \frac{1}{2} \\ 0 \\ 3 \\ 1 \\ 0 \end{bmatrix}, \quad \boldsymbol{\xi}_3 = \begin{bmatrix} -\frac{5}{2} \\ 0 \\ -8 \\ 0 \\ 1 \end{bmatrix}.$$

$\boldsymbol{\xi}_1,\boldsymbol{\xi}_2,\boldsymbol{\xi}_3$ 是原方程组的一个解向量组. 通常,称 $\boldsymbol{\xi}_1,\boldsymbol{\xi}_2,\boldsymbol{\xi}_3$ 是该方程组的一个**基础解系**.

于是原方程组的全部解为

$$\boldsymbol{X}=\begin{bmatrix}x_1\\x_2\\x_3\\x_4\\x_5\end{bmatrix}=c_1\boldsymbol{\xi}_1+c_2\boldsymbol{\xi}_2+c_3\boldsymbol{\xi}_3=c_1\begin{bmatrix}-\frac{1}{2}\\1\\0\\0\\0\end{bmatrix}+c_2\begin{bmatrix}\frac{1}{2}\\0\\3\\1\\0\end{bmatrix}+c_3\begin{bmatrix}-\frac{5}{2}\\0\\-8\\0\\1\end{bmatrix},\tag{8}$$

其中 $c_1,c_2,c_3$ 为任意常数.

方程组的全部解是由基础解系的线性运算表示,通常称(8)式,即 $c_1\boldsymbol{\xi}_1+c_2\boldsymbol{\xi}_2+c_3\boldsymbol{\xi}_3$ 为基础解系的**线性组合**.

对例 1 的上述分析具有一般性. 由此,对齐次线性方程组(2),即

$$\boldsymbol{AX}=\boldsymbol{0}$$

有下述**重要结论**:

(1) 当方程组的系数矩阵的秩 $\mathrm{r}(\boldsymbol{A})=n$(未知量的个数)时,方程组仅有零解,这时方程组不存在基础解系.

(2) 当方程组的系数矩阵的秩 $\mathrm{r}(\boldsymbol{A})=r<n$ 时,则方程组有基础解系,并且其基础解系所含解向量的个数为 $n-r$.

(3) 当方程组的系数矩阵的秩 $\mathrm{r}(\boldsymbol{A})=r<n$ 时,则可求出其基础解系 $\boldsymbol{\xi}_1,\boldsymbol{\xi}_2,\cdots,\boldsymbol{\xi}_{n-r}$. 方程组的任一组解都可表示为 $\boldsymbol{\xi}_1,\boldsymbol{\xi}_2,\cdots,\boldsymbol{\xi}_{n-r}$ 的线性组合. 方程组的全部解可写为

$$\boldsymbol{X}=c_1\boldsymbol{\xi}_1+c_2\boldsymbol{\xi}_2+\cdots+c_{n-r}\boldsymbol{\xi}_{n-r},$$

其中 $c_1,c_2,\cdots,c_{n-r}$ 为任意常数.

由上述分析,也得到:求齐次线性方程组(2)的全部解,并用其基础解系表示的**解题程序**是:

首先,用初等行变换将方程组(2)的系数矩阵 $\boldsymbol{A}$ 化为简化阶梯形矩阵;当 $\mathrm{r}(\boldsymbol{A})=r<n$ 时,可知方程组有基础解系,且基础解系含有 $n-r$ 个解向量.

其次,写出与简化阶梯形矩阵相对应的方程组,并把该方程组中每一个方程的第 1 个未知量不动,其余未知量移到等式右端,把等式右端的未知量作为自由未知量.

再次,对方程组中的自由未知量取特定的值:若只有一个自由未知量,其取值为 1. 若有两个自由未知量,第 1 个、第 2 个自由未知量分别取值 1,0;0,1. 若有三个自由未知量,第 1 个、第 2 个、第 3 个自由未知量分别取值 1,0,0;0,1,0;0,0,1. 依此类推,便可求出一个基础解系 $\boldsymbol{\xi}_1,\boldsymbol{\xi}_2,\cdots,\boldsymbol{\xi}_{n-r}$.

最后,用基础解系的线性组合表示方程组的全部解,即

$$\boldsymbol{X}=c_1\boldsymbol{\xi}_1+c_2\boldsymbol{\xi}_2+\cdots+c_{n-r}\boldsymbol{\xi}_{n-r}\quad(c_1,c_2,\cdots,c_{n-r}\text{ 为任意常数}).$$

**例 2** 求齐次线性方程组

$$\begin{cases} x_1-8x_2+10x_3+2x_4=0, \\ 2x_1+4x_2+5x_3-x_4=0, \\ 3x_1+8x_2+6x_3-2x_4=0 \end{cases}$$

的全部解,并用其基础解系表示.

**解** 记方程组的系数矩阵为 $\boldsymbol{A}$,则有

$$\boldsymbol{A}=\begin{bmatrix} 1 & -8 & 10 & 2 \\ 2 & 4 & 5 & -1 \\ 3 & 8 & 6 & -2 \end{bmatrix} \xrightarrow{\text{初等行变换}} \begin{bmatrix} 1 & 0 & 4 & 0 \\ 0 & 1 & -\dfrac{3}{4} & -\dfrac{1}{4} \\ 0 & 0 & 0 & 0 \end{bmatrix}.$$

由于 $\mathrm{r}(\boldsymbol{A})=2<4$(未知量的个数),所以方程组有基础解系,基础解系含有 $4-2=2$ 个解向量.

由简化阶梯形矩阵,有方程组

$$\begin{cases} x_1 \quad +4x_3 \quad =0, \\ \quad x_2-\dfrac{3}{4}x_3-\dfrac{1}{4}x_4=0, \end{cases}$$

可以写成

$$\begin{cases} x_1=-4x_3, \\ x_2=\dfrac{3}{4}x_3+\dfrac{1}{4}x_4. \end{cases}$$

取 $x_3=1,x_4=0$,得 $x_1=-4,x_2=\dfrac{3}{4}$;取 $x_3=0,x_4=1$,得 $x_1=0,x_2=\dfrac{1}{4}$. 由此,基础解系为

$$\boldsymbol{\xi}_1=\begin{bmatrix} -4 \\ \dfrac{3}{4} \\ 1 \\ 0 \end{bmatrix}, \quad \boldsymbol{\xi}_2=\begin{bmatrix} 0 \\ \dfrac{1}{4} \\ 0 \\ 1 \end{bmatrix}.$$

方程组的全部解为

$$\boldsymbol{X}=\begin{bmatrix} x_1 \\ x_2 \\ x_3 \\ x_4 \end{bmatrix}=c_1\boldsymbol{\xi}_1+c_2\boldsymbol{\xi}_2 \quad (c_1,c_2\text{ 为任意常数}).$$

**例 3** 求齐次线性方程组

$$\begin{cases} x_1 - 2x_2 - x_3 - x_4 = 0, \\ 3x_1 - 6x_2 + 4x_3 + 2x_4 = 0, \\ 2x_1 - 4x_2 + 5x_3 + 3x_4 = 0 \end{cases}$$

的全部解,并用其基础解系表示.

**解** 将方程组的系数矩阵 $\boldsymbol{A}$ 化为简化阶梯形矩阵.

$$\boldsymbol{A} = \begin{bmatrix} 1 & -2 & -1 & -1 \\ 3 & -6 & 4 & 2 \\ 2 & -4 & 5 & 3 \end{bmatrix} \xrightarrow{\text{初等行变换}} \begin{bmatrix} 1 & -2 & 0 & -\frac{2}{7} \\ 0 & 0 & 1 & \frac{5}{7} \\ 0 & 0 & 0 & 0 \end{bmatrix}.$$

与原方程组同解的方程组为

$$\begin{cases} x_1 - 2x_2 \qquad - \frac{2}{7}x_4 = 0, \\ \qquad\qquad x_3 + \frac{5}{7}x_4 = 0, \end{cases} \tag{9}$$

可以写成

$$\begin{cases} x_1 = 2x_2 + \frac{2}{7}x_4, \\ x_3 = \qquad -\frac{5}{7}x_4, \end{cases} \tag{10}$$

其中 $x_2, x_4$ 是自由未知量.

取 $x_2=1, x_4=0$,得 $x_1=2, x_3=0$;取 $x_2=0, x_4=1$,得 $x_1=\frac{2}{7}, x_3=-\frac{5}{7}$. 由此,基础解系为

$$\boldsymbol{\xi}_1 = \begin{bmatrix} 2 \\ 1 \\ 0 \\ 0 \end{bmatrix}, \quad \boldsymbol{\xi}_2 = \begin{bmatrix} \frac{2}{7} \\ 0 \\ -\frac{5}{7} \\ 1 \end{bmatrix}.$$

方程组的全部解为

$$\boldsymbol{X} = c_1\boldsymbol{\xi}_1 + c_2\boldsymbol{\xi}_2 \quad (c_1, c_2 \text{ 为任意常数}).$$

这里需要指出,齐次线性方程组(2),即 $\boldsymbol{AX}=\boldsymbol{0}$,当 $\mathrm{r}(\boldsymbol{A})=r<n$(未知量的个数)时,存在基础解系,且基础解系中含有解向量的个数 $n-r$ 是确定的.但由于自由未知量的选取不是唯一的,且自由未知量的取值也不是唯一的,因此方程组 $\boldsymbol{AX}=\boldsymbol{0}$ 的基础解系并不唯一.

### 三、非齐次线性方程组解的结构

给定 $n$ 个未知量 $m$ 个方程的非齐次线性方程组(1)，即

$$\boldsymbol{AX}=\boldsymbol{b},$$

与其对应的齐次方程组(2)，即

$$\boldsymbol{AX}=\boldsymbol{0}.$$

通常，称 $\boldsymbol{AX}=\boldsymbol{0}$ 为非齐次线性方程组的**导出组**.

非齐次线性方程组 $\boldsymbol{AX}=\boldsymbol{b}$ 与其导出组 $\boldsymbol{AX}=\boldsymbol{0}$ 的解之间有下述性质.

**性质 1** 设 $\boldsymbol{\xi}_0$ 是非齐次线性方程组 $\boldsymbol{AX}=\boldsymbol{b}$ 的一个解，$\boldsymbol{\xi}$ 是其导出组 $\boldsymbol{AX}=\boldsymbol{0}$ 的一个解，则 $\boldsymbol{\xi}_0+\boldsymbol{\xi}$ 是方程组 $\boldsymbol{AX}=\boldsymbol{b}$ 的一个解.

**证** 由题设，有 $\boldsymbol{A\xi}_0=\boldsymbol{b}$，$\boldsymbol{A\xi}=\boldsymbol{0}$，所以

$$\boldsymbol{A}(\boldsymbol{\xi}_0+\boldsymbol{\xi})=\boldsymbol{A\xi}_0+\boldsymbol{A\xi}=\boldsymbol{b}+\boldsymbol{0}=\boldsymbol{b},$$

即 $\boldsymbol{\xi}_0+\boldsymbol{\xi}$ 是方程组 $\boldsymbol{AX}=\boldsymbol{b}$ 的解.

**性质 2** 设 $\boldsymbol{\xi}_0$ 是非齐次线性方程组 $\boldsymbol{AX}=\boldsymbol{b}$ 的一个解，$\boldsymbol{\xi}$ 是其导出组 $\boldsymbol{AX}=\boldsymbol{0}$ 的全部解，则方程组 $\boldsymbol{AX}=\boldsymbol{b}$ 的全部解为

$$\boldsymbol{X}=\boldsymbol{\xi}_0+\boldsymbol{\xi},$$

其中，称 $\boldsymbol{\xi}_0$ 为非齐次线性方程组 $\boldsymbol{AX}=\boldsymbol{b}$ 的一个**特解**.

由性质 2 可知，求非齐次线性方程组 $\boldsymbol{AX}=\boldsymbol{b}$ 的全部解，并用其导出组的基础解系来表示，需要求出 $\boldsymbol{AX}=\boldsymbol{b}$ 的一个特解，并要求出其导出组的一个基础解系.

**例 4** 求非齐次线性方程组

$$\begin{cases}x_1-x_2-x_3+x_4=0,\\x_1-x_2+x_3-3x_4=1,\\x_1-x_2-2x_3+3x_4=-1/2\end{cases}$$

的全部解，并利用其导出组的基础解系表示.

**解** 先将方程的增广矩阵 $\widetilde{\boldsymbol{A}}$ 用初等行变换化为简化阶梯形矩阵.

$$\widetilde{\boldsymbol{A}}=\begin{bmatrix}1&-1&-1&1&0\\1&-1&1&-3&1\\1&-1&-2&3&-1/2\end{bmatrix}\xrightarrow{\text{初等行变换}}\begin{bmatrix}1&-1&0&-1&1/2\\0&0&1&-2&1/2\\0&0&0&0&0\end{bmatrix},$$

可见，$\mathrm{r}(\boldsymbol{A})=\mathrm{r}(\widetilde{\boldsymbol{A}})=2$，所以，方程组有解，且其导出组存在基础解系，基础解系含有 $4-2=2$ 个解向量.

由简化阶梯形矩阵得到与原方程组同解的方程组

$$\begin{cases}x_1=\dfrac{1}{2}+x_2+x_4,\\[2mm]x_3=\dfrac{1}{2}\qquad+2x_4,\end{cases}$$

其中 $x_2,x_4$ 是自由未知量.

取 $x_2=0,x_4=0$,代入上述方程组,得 $x_1=\frac{1}{2},x_3=\frac{1}{2}$. 于是方程组的一个特解为

$$\boldsymbol{\xi}_0=\begin{bmatrix}1/2\\0\\1/2\\0\end{bmatrix}.$$

与原方程组的导出组同解的方程组为

$$\begin{cases}x_1=x_2+x_4,\\x_3=2x_4.\end{cases}$$

取 $x_2=1,x_4=0$,得 $x_1=1,x_3=0$;取 $x_2=0,x_4=1$,得 $x_1=1,x_3=2$. 于是其导出组的基础解系为

$$\boldsymbol{\xi}_1=\begin{bmatrix}1\\1\\0\\0\end{bmatrix},\quad \boldsymbol{\xi}_2=\begin{bmatrix}1\\0\\2\\1\end{bmatrix}.$$

由性质 2,方程组的全部解为

$$\boldsymbol{X}=\boldsymbol{\xi}_0+c_1\boldsymbol{\xi}_1+c_2\boldsymbol{\xi}_2,$$

即

$$\boldsymbol{X}=\begin{bmatrix}x_1\\x_2\\x_3\\x_4\end{bmatrix}=\begin{bmatrix}1/2\\0\\1/2\\0\end{bmatrix}+c_1\begin{bmatrix}1\\1\\0\\0\end{bmatrix}+c_2\begin{bmatrix}1\\0\\2\\1\end{bmatrix},$$

其中 $c_1,c_2$ 为任意常数.

**例 5** 求非齐次线性方程组

$$\begin{cases}x_1-2x_2+3x_3-x_4-x_5=2,\\x_1+x_2-x_3+x_4-2x_5=1,\\2x_1-x_2+x_3-2x_5=2,\\2x_1+2x_2-6x_3+2x_4-x_5=-1\end{cases}$$

的全部解,并用其导出组的基础解系表示.

**解** 先将方程组的增广矩阵 $\widetilde{\boldsymbol{A}}$ 用初等行变换化为简化阶梯形矩阵.

$$\widetilde{\boldsymbol{A}}=\begin{bmatrix}1 & -2 & 3 & -1 & -1 & 2\\ 1 & 1 & -1 & 1 & -2 & 1\\ 2 & -1 & 1 & 0 & -2 & 2\\ 2 & 2 & -6 & 2 & -1 & -1\end{bmatrix}\xrightarrow{\text{初等行变换}}\begin{bmatrix}1 & 0 & 0 & \frac{1}{3} & 0 & -\frac{1}{3}\\ 0 & 1 & 0 & \frac{2}{3} & 0 & -\frac{2}{3}\\ 0 & 0 & 1 & 0 & 0 & 0\\ 0 & 0 & 0 & 0 & 1 & -1\end{bmatrix}.$$

因 $\mathrm{r}(\boldsymbol{A})=\mathrm{r}(\widetilde{\boldsymbol{A}})=4$，所以方程组有解，且其导出组存在基础解系，基础解系含有 $5-4=1$ 个解向量.

与原方程组同解的方程组为

$$\begin{cases}x_1=-\frac{1}{3}-\frac{1}{3}x_4,\\ x_2=-\frac{2}{3}-\frac{2}{3}x_4,\\ x_3=0,\\ x_5=-1,\end{cases}$$

其中 $x_4$ 是自由未知量.

取 $x_4=0$，得方程组的一个特解 $\boldsymbol{\xi}_0=\left(-\frac{1}{3},-\frac{2}{3},0,0,-1\right)^{\mathrm{T}}$.

与原方程组的导出组同解的方程组为

$$\begin{cases}x_1=-\frac{1}{3}x_4,\\ x_2=-\frac{2}{3}x_4,\\ x_3=0,\\ x_5=0.\end{cases}$$

取 $x_4=1$，得导出组的含有一个解向量的基础解系，为 $\boldsymbol{\xi}=\left(-\frac{1}{3},-\frac{2}{3},0,1,0\right)^{\mathrm{T}}$.

于是，方程组的全部解为

$$\boldsymbol{X}=\boldsymbol{\xi}_0+c\boldsymbol{\xi},$$

即

$$\boldsymbol{X}=\begin{bmatrix}x_1\\ x_2\\ x_3\\ x_4\\ x_5\end{bmatrix}=\begin{bmatrix}-\frac{1}{3}\\ -\frac{2}{3}\\ 0\\ 0\\ -1\end{bmatrix}+c\begin{bmatrix}-\frac{1}{3}\\ -\frac{2}{3}\\ 0\\ 1\\ 0\end{bmatrix}\quad(c\text{ 为任意常数}).$$

## 习 题 3.2

### A 组

1. 设向量 $\boldsymbol{\alpha}=(3,5,7,9)$，$\boldsymbol{\beta}=(-1,5,2,0)$：

(1) 若 $\boldsymbol{\alpha}+\boldsymbol{\gamma}=\boldsymbol{\beta}$，求 $\boldsymbol{\gamma}$；　(2) 若 $3\boldsymbol{\alpha}-2\boldsymbol{\gamma}=5\boldsymbol{\beta}$，求 $\boldsymbol{\gamma}$.

2. 已知向量 $\boldsymbol{\alpha}_1=(1,1,0)^{\mathrm{T}}$，$\boldsymbol{\alpha}_2=(0,1,1)^{\mathrm{T}}$，$\boldsymbol{\alpha}_3=(3,4,0)^{\mathrm{T}}$，求 $\boldsymbol{\alpha}_1-\boldsymbol{\alpha}_2$ 及 $3\boldsymbol{\alpha}_1+2\boldsymbol{\alpha}_2-\boldsymbol{\alpha}_3$.

3. 求下列齐次线性方程组一个基础解系和全部解，并用此基础解系表示全部解：

(1) $\begin{cases}2x_1-4x_2+5x_3+3x_4=0,\\3x_1-6x_2+4x_3+2x_4=0,\\4x_1-8x_2+17x_3+11x_4=0;\end{cases}$

(2) $\begin{cases}3x_1-5x_2+x_3-2x_4=0,\\2x_1+3x_2-5x_3+x_4=0,\\-x_1+7x_2-4x_3+3x_4=0,\\4x_1+15x_2-7x_3+9x_4=0;\end{cases}$

(3) $\begin{cases}x_1+x_2+x_3+x_4+x_5=0,\\3x_1+2x_2+x_3+x_4-3x_5=0,\\5x_1+4x_2-3x_3+3x_4-x_5=0;\end{cases}$

(4) $\begin{cases}x_1-4x_2+3x_3+2x_4=0,\\2x_1-6x_2+4x_3+5x_4=0,\\2x_1-6x_2-3x_3+2x_4=0,\\4x_1-8x_2+3x_3+12x_4=0.\end{cases}$

4. 求下列非齐次线性方程组的全部解，并用其导出组的基础解系表示：

(1) $\begin{cases}x_1-5x_2+2x_3-3x_4=11,\\5x_1+3x_2+6x_3-x_4=-1,\\2x_1+4x_2+2x_3+x_4=-6;\end{cases}$

(2) $\begin{cases}x_1+3x_2-x_3-x_4=6,\\3x_1-x_2+5x_3-3x_4=6,\\3x_1+4x_2+x_3-3x_4=12;\end{cases}$

(3) $\begin{cases}x_1+x_2+x_3+x_4+x_5=7,\\3x_1+x_2+2x_3+x_4-3x_5=-2,\\2x_2+x_3+2x_4+6x_5=23,\\8x_1+3x_2+4x_3+3x_4-x_5=12;\end{cases}$

(4) $\begin{cases}x_1-2x_2-x_4+2x_5=1,\\2x_1-4x_2+x_3+2x_4=-1,\\3x_1-3x_2-2x_3+x_4-x_5=-1,\\2x_1-3x_2+x_3+x_5=1.\end{cases}$

5. 设 $\boldsymbol{\xi}_1,\boldsymbol{\xi}_2$ 是非齐次方程组 $\boldsymbol{AX}=\boldsymbol{b}$ 的两个解，试证 $\boldsymbol{\xi}_1-\boldsymbol{\xi}_2$ 是其导出组 $\boldsymbol{AX}=\boldsymbol{0}$ 的解.

### B 组

1. 已知线性方程组

$$\begin{cases}x_1-2x_2-x_3-x_4=2,\\2x_1-4x_2+5x_3+3x_4=0,\\4x_1-8x_2+17x_3+11x_4=a,\\3x_1-6x_2+4x_3+3x_4=3.\end{cases}$$

(1) 当 $a$ 为何值时，方程组无解，为什么？

(2) 当 $a$ 为何值时，方程组有解？若有无穷多组解，求出其导出组的一个基础解系，并用此基础解系表示全部解.

2. 已知线性方程组

$$\begin{cases} x_1+x_2+x_3+x_4=1, \\ x_2-x_3+2x_4=1, \\ 2x_1+3x_2+(a+2)x_3+4x_4=b+3, \\ 3x_1+5x_2+x_3+(a+8)x_4=5. \end{cases}$$

(1) 当 $a,b$ 为何值时,方程组有唯一的解?

(2) 当 $a,b$ 为何值时,方程组无解?

(3) 当 $a,b$ 为何值时,方程组有无穷多组解?并求其全部解,且用其导出组的基础解系表示.

## 总 习 题 三

1. 填空题:

(1) 设 $\boldsymbol{A}$ 是 $m\times n$ 矩阵,且 $\mathrm{r}(\boldsymbol{A})=r<m$,则齐次线性方程组 $\boldsymbol{AX}=\boldsymbol{0}$ 中多余方程的个数是________;

(2) 设 $\boldsymbol{A}$ 是 $m\times n$ 矩阵,且 $\mathrm{r}(\boldsymbol{A})=r$. 对非齐次线性方程组 $\boldsymbol{AX}=\boldsymbol{b}$,若有唯一解,则 $r=$________;

(3) 四元齐次线性方程组 $\begin{cases} x_1-x_3=0, \\ x_2-x_4=0 \end{cases}$ 的基础解系中,解向量的个数为________;

(4) 设 $\boldsymbol{A}$ 是 $4\times 5$ 矩阵,且齐次线性方程组 $\boldsymbol{AX}=\boldsymbol{0}$ 的基础解系含有三个解向量,则 $\mathrm{r}(\boldsymbol{A})=$________.

2. 单项选择题:

(1) 设 $\boldsymbol{A}$ 是 $m\times n$ 矩阵,且 $\mathrm{r}(\boldsymbol{A})=r$. 对非齐次线性方程组 $\boldsymbol{AX}=\boldsymbol{b}$,下列结论中正确的是(　　).

(A) 当 $r=m$ 时,有解　　(B) 当 $r=n$ 时,有唯一解

(C) 当 $m=n$ 时,有唯一解　　(D) 当 $r<n$ 时,有无穷多组解

(2) 设 $\boldsymbol{A}$ 是 $m\times n$ 矩阵,非齐次线性方程组 $\boldsymbol{AX}=\boldsymbol{b}$ 的导出组为 $\boldsymbol{AX}=\boldsymbol{0}$,则下列结论中正确的是(　　).

(A) 若 $\boldsymbol{AX}=\boldsymbol{0}$ 仅有零解,则 $\boldsymbol{AX}=\boldsymbol{b}$ 有唯一解

(B) 若 $\boldsymbol{AX}=\boldsymbol{0}$ 有非零解,则 $\boldsymbol{AX}=\boldsymbol{b}$ 有无穷多解

(C) 若 $\boldsymbol{AX}=\boldsymbol{b}$ 有无穷多组解,则 $\boldsymbol{AX}=\boldsymbol{0}$ 有非零解

(D) 若 $\boldsymbol{AX}=\boldsymbol{b}$ 有无穷多组解,则 $\boldsymbol{AX}=\boldsymbol{0}$ 仅有零解

(3) 设 $\boldsymbol{A}$ 是 $m\times n$ 矩阵,对齐次线性方程组 $\boldsymbol{AX}=\boldsymbol{0}$,则下列结论中正确的是(　　).

(A) 当 $m\leqslant n$ 时,有非零解　　(B) 当 $m<n$ 时,有非零解

(C) 当 $m\geqslant n$ 时,有非零解　　(D) 当 $m>n$ 时,有非零解

3. 已知线性方程组

$$\begin{cases} ax_1+x_2+x_3=4, \\ x_1+bx_2+x_3=3, \\ x_1+2bx_2+x_3=4. \end{cases}$$

(1) 当 $a,b$ 取何值时,方程组有唯一解？并求其解；

(2) 当 $a,b$ 取何值时,方程组有无穷多组解？并求其解；

(3) 当 $a,b$ 取何值时,方程组无解？

4. 用消元法解下列线性方程组：

(1) $\begin{cases} x_1+2x_2+3x_3=4, \\ 3x_1+5x_2+7x_3=9, \\ 2x_1+3x_2+4x_3=5; \end{cases}$　　(2) $\begin{cases} 2x_1-2x_2+3x_3-4x_4=6, \\ 2x_1+2x_2-x_3+x_4=5, \\ x_1-2x_2+x_4=-1, \\ -4x_2+5x_3-2x_4=-2. \end{cases}$

5. 齐次线性方程组

$$\begin{cases} x_1+3x_2-4x_3+2x_4=0, \\ 3x_1-x_2+2x_3-x_4=0, \\ -2x_1+4x_2-x_3+3x_4=0, \\ 3x_1+9x_2-7x_3+6x_4=0 \end{cases}$$

是否有非零解？若有,用消元法求出其全部解.

6. 求下列非齐次方程组的全部解,并用其导出组的基础解系表示：

(1) $\begin{cases} 5x_1-x_2+2x_3+x_4=2, \\ 2x_1+x_2+4x_3-2x_4=3, \\ x_1-3x_2-6x_3+5x_4=0; \end{cases}$　　(2) $\begin{cases} x_1+x_2+x_3+x_4+x_5=2, \\ 2x_1+3x_2+x_3+x_4-3x_5=0, \\ 4x_1+5x_2+3x_3+3x_4-x_5=4, \\ x_1+2x_2+2x_4+6x_5=6. \end{cases}$

# 第四章 随机事件及其概率

本章介绍概率论的两个最基本的概念：随机事件及其概率，讲述概率的古典定义、性质及其相关运算；讨论事件的独立性，全概率公式等内容.

## §4.1 随 机 事 件

**【学习本节要达到的目标】**

1. 理解随机事件、基本事件、必然事件、不可能事件和样本空间等概念.

2. 掌握事件间的关系和运算.

### 一、随机现象

在现实世界中，人们观察到的现象虽然是多种多样的，但大致上可归结为两种类型：**确定性现象**和**随机现象**.

有一类现象，是在事前就能预言它一定发生或不发生. 即在一定的条件下，它的结果是肯定的，或者根据它过去的状态，在相同的条件下，可以预言将来的发展. 例如，“重物在高处总是垂直落向地面”；“在一个标准大气压下，水在100℃时就会沸腾”，等等. 这类现象称为**确定性现象**或**必然现象**.

另一类现象，是在事前不能预言它一定发生或不发生. 即在一定的条件下，它的结果未必相同，或者知道它过去的状态，在相同的条件下，未来的发展事前不能完全肯定. 例如，“在一批包含正品和次品的产品中，任意取出一件，事前不能断定取出的一定是正品或一定是次品”；“掷一枚匀称的硬币，可能出现正面向上，也可能出现反面向上”，等等. 这类现象称为**随机现象**或**偶然现象**.

随机现象具有不确定性，人们在长期实践中认识到：这类现象虽然每一次试验或观察所得到的结果具有不确定性，但在相同的条件下，进行大量重复试验或观察时，又呈现出某种规律性. 这种规律性称为**随机现象的统计规律性.** 以掷一枚匀称的硬币为例，尽管掷一次时，不能预言一定出现正面向上或反面向上，但重复掷大量次数，将会发现，出现正面向上的次数与所掷总次数的比例接近 1/2，而且掷的次数越多，这个比值越接近 1/2.

必然性与偶然性是对立统一的，偶然现象内含必然规律性；反过来，被断定为必然性的现象，是由纯粹的偶然性构成的.

**概率论与数理统计就是研究随机现象统计规律性的一门学科.** 由于随机现象的普遍性，使得这门学科具有极其广泛的应用.

## 二、随机事件

### 1. 随机试验

为了寻找随机现象的统计规律，就要对其进行大量重复观察. 我们把对随机现象的观察称为**随机试验**，简称**试验**，用字母 $E$ 表示.

**例 1**　掷一颗质地均匀的骰子，观察出现的点数. 显然，试验的所有可能结果有 6 个："出现 1 点"，"出现 2 点"，"出现 3 点"，"出现 4 点"，"出现 5 点"，"出现 6 点".

**例 2**　在 100 件产品中，有 97 件正品，3 件次品. 现从中任取 4 件产品进行质量检查，观察所取到的次品数. 试验的所有可能结果有 4 个："没有次品"，"恰有 1 件次品"，"恰有 2 件次"，"恰有 3 件次品".

**例 3**　观察某网站在单位时间内被点击的次数. 该试验的所有可能结果应是可列个："被点击 0 次"，"被点击 1 次"，"被点击 2 次"，……

**例 4**　对一只显像管做试验，观察其使用寿命. 若以 $t$(单位：h)表示显像管的使用寿命，显然应有 $t\geqslant 0$. $t$ 的取值有无限多个，但这无限多个是不可列的.

以上各例都是随机试验，由这些随机试验可以看出，随机试验具有以下三个**特点**：

(1) **重复性**　试验在相同的条件下可重复进行；

(2) **随机性**　每次试验前，无法预知究竟出现哪一个结果；

(3) **确定性**　虽然每次试验的可能结果不止一个，但试验之前能明确所有可能结果.

### 2. 样本空间

随机试验 $E$ 所可能发生的每一个结果，称为**基本事件**，所有基本事件的集合称为随机试验 $E$ 的**样本空间**，记为 $\Omega$.

前述例 1 有 6 个基本事件，若以 1,2,3,4,5,6 分别表示掷一颗骰子所出现的点数，则样本空间 $\Omega=\{1,2,3,4,5,6\}$.

前述例 2 有 4 个基本事件，若以 0,1,2,3 分别表示取出的 4 件产品中所出现的次品数，则样本空间 $\Omega=\{0,1,2,3,4\}$.

前述例 3 有可列个基本事件，若以 0,1,2,… 分别表示网站被点击的次数，则样本空间

$\Omega=\{0,1,2,\cdots\}$.

前述例 4 有无限多个基本事件,因这些基本事件不可列,其样本空间 $\Omega=\{t|t\geqslant 0\}$.

例 1、例 2 样本空间 $\Omega$ 的基本事件是有限个;例 3 样本空间 $\Omega$ 的基本事件是可列个;例 4 样本空间 $\Omega$ 的基本事件充满区间 $[0,+\infty)$.

对一个随机试验,必须清楚它的样本空间.

**3. 随机事件**

由随机试验 $E$ 的样本空间 $\Omega$ 中的若干个基本事件组成的集合(即 $\Omega$ 的子集)称为随机试验 $E$ 的**随机事件**,简称为**事件**,常用大写字母 $A,B,C,\cdots$ 表示.

前述例 2 中,在所取出的 4 件产品中,"至多有 2 件次品"就是一个随机事件.这个事件由 3 个基本事件组成:当且仅当"没有次品",或"恰有 1 件次品",或"恰有 2 件次品"发生,都算该事件发生;"次品有奇数件"也是随机事件,它由两个基本事件组成:"恰有 1 件次品",或"恰有 3 件次品"发生,该事件都发生.

显然,任何随机试验的每一个基本事件也都是**随机事件**.

在每一次试验中一定会发生的事件称为**必然事件**.由于任何一次试验必然出现所有基本事件之一,也就是一定有样本空间中的一个基本事件出现,因此,必然事件也用 $\Omega$ 表示.在每一次试验中不可能发生事件称为**不可能事件**,常用 $\varnothing$ 表示.

前述例 2 中,在所取出的 4 件产品中,"次品数不多于 3 件",这是必然事件;"次品数多于 3 件",这是不可能事件.

对于一个随机试验而言,必然事件和不可能事件都属于确定性现象,但为了研究问题方便,我们仍然把它们看做随机事件,是随机事件的两种特殊情形.

## 三、事件间的关系与运算

从集合论的观点看,样本空间 $\Omega$ 相当于全集,每一个事件 $A$ 是 $\Omega$ 的子集.为直观起见,我们用平面上的矩形区域表示样本空间 $\Omega$,该区域中的一个子区域表示随机事件 $A$,我们可以借助图形(称文氏图)来讨论事件之间的关系与运算.我们先看例题.

**例 5** 检查一批圆柱形产品的质量,规定产品的长度和圆的直径都合格才算质量合格.从这批产品中任取一件进行检查,我们用 $A$ 表示"质量合格";用 $B$ 表示"质量不合格";用 $A_1$ 表示"长度合格";用 $A_2$ 表示"直径合格";用 $B_1$ 表示"长度不合格";用 $B_2$ 表示"直径不合格"等事件.显然这些事件之间是有关系的,如何描述呢?

**1. 包含关系**

若事件 $A$ 发生必然导致事件 $B$ 发生,则称事件 $A$ **包含于**事件 $B$ 或事件 $B$ **包含**事件 $A$,记为 $A\subset B$ 或 $B\supset A$.如图 4-1 所示.

事件 $A$ 包含于事件 $B$,即事件 $A$ 中的每一个基本事件都包含在事件 $B$ 中.对任一事件 $A$,包含关系有性质:

(1) 自返性：$A \subset A$；

(2) 传递性：若 $A \subset B, B \subset C$，则 $A \subset C$；

(3) $\varnothing \subset A \subset \Omega$.

在例 5 中，因用 $B_1$ 表示"长度不合格"，因长度不合格必然导致质量不合格，故有 $B_1 \subset B$.

**2. 相等关系**

若事件 $A$ 包含于事件 $B$，且事件 $B$ 包含于事件 $A$，即 $A \subset B$ 和 $B \subset A$ 同时成立，则称事件 $A$ 与事件 $B$ **相等**，记为 $A=B$.

事件 $A$ 与事件 $B$ 相等，即事件 $A$ 与事件 $B$ 是同一事件. 在例 5 中，若用 $C$ 表示"长度和直径都合格"，显然有 $A=C$.

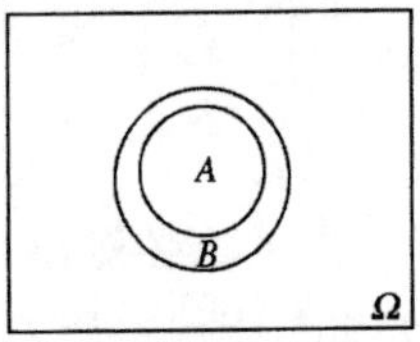

图 4-1

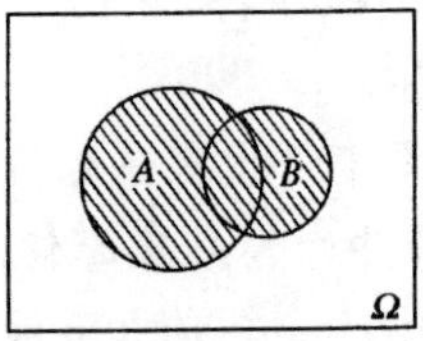

图 4-2

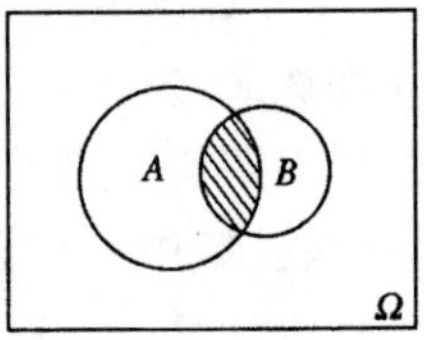

图 4-3

**3. 事件的和(并)**

由事件 $A$ 与事件 $B$ 至少有一个发生构成的事件，称为事件 $A$ 与事件 $B$ 的**和或并**，记为 $A+B$ 或 $A \cup B$. 如图 4-2 阴影部分所示.

事件 $A$ 与事件 $B$ 的和，即由事件 $A$ 与事件 $B$ 的所有基本事件构成的事件. 对任意事件 $A$，有下列等式成立：

$$A+A=A;\quad A+\Omega=\Omega;\quad A+\varnothing=A.$$

在例 5 中，因用 $B_1$ 表示"长度不合格"，$B_2$ 表示"直径不合格"，故有 $B=B_1+B_2$.

事件和的概念可推广至有限个或可列个事件的情形：

$n$ 个事件 $A_1, A_2, \cdots, A_n$ 至少有一个发生的事件记为

$$A_1+A_2+\cdots+A_n \quad \text{或} \quad A_1 \cup A_2 \cup \cdots \cup A_n = \bigcup_{i=1}^{n} A_i;$$

可列个事件 $A_1, A_2, \cdots, A_n, \cdots$ 至少有一个发生的事件记为

$$A_1+A_2+\cdots A_n+\cdots \quad \text{或} \quad A_1 \cup A_2 \cup \cdots \cup A_n \cup \cdots = \bigcup_{i=1}^{\infty} A_i.$$

**4. 事件的积(交)**

由事件 $A$ 与事件 $B$ 同时发生构成的事件，称为事件 $A$ 与事件 $B$ 的**积或交**，记为 $AB$ 或 $A \cap B$. 如图 4-3 阴影部分所示.

事件 $A$ 与事件 $B$ 的积，即由事件 $A$ 与事件 $B$ 的所有公共基本事件构成的事件. 对任意

事件 $A$，有下列等式成立：

$$AA = A;\quad A\Omega = A;\quad A\varnothing = \varnothing.$$

由事件的和与事件的积，对任意事件 $A,B,C$ 有下述**分配律**：

$$A(B+C) = AB + AC = (B+C)A.$$

在例 5 中，因用 $A_1$ 表示“长度合格”，$A_2$ 表示“直径合格”，故有 $A=A_1A_2$.

事件积的概念可推广至有限个或可列个事件的情形.

$n$ 个事件 $A_1,A_2,\cdots A_n$ 同时发生的事件记为

$$A_1A_2\cdots A_n \quad \text{或} \quad A_1\cap A_2\cap\cdots\cap A_n=\bigcap_{i=1}^{n}A_i;$$

可列个事件 $A_1,A_2,\cdots,A_n,\cdots$ 同时发生的事件记为

$$A_1A_2\cdots A_n\cdots \quad \text{或} \quad A_1\cap A_2\cap\cdots\cap A_n\cap\cdots=\bigcap_{i=1}^{\infty}A_i.$$

**5. 事件的差**

由事件 $A$ 发生而事件 $B$ 不发生构成的事件，称为事件 $A$ 与事件 $B$ 的**差**，记为 $A-B$. 如图 4-4 阴影部分所示.

事件 $A$ 与事件 $B$ 的差，即由属于事件 $A$ 而不属于事件 $B$ 的基本事件构成的事件.

在例 5 中，若用 $C_1$ 表示“长度合格而直径不合格”，则 $C_1=A_1-A_2$.

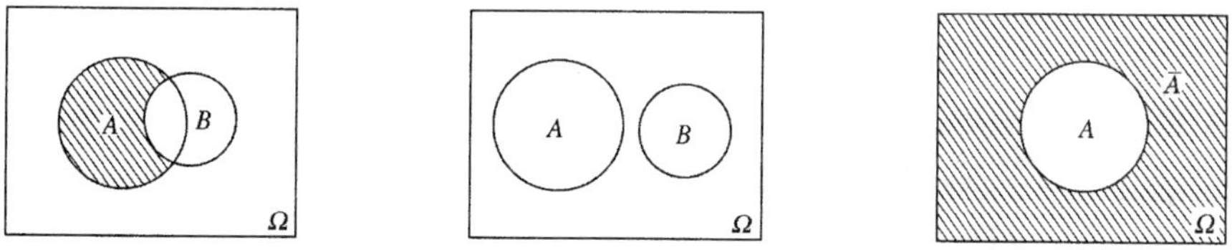


图 4-4　　图 4-5　　图 4-6

**6. 互斥事件(互不相容事件)**

若事件 $A$ 与事件 $B$ 不可能同时发生，则称事件 $A$ 与事件 $B$ **互斥**或**互不相容**. 如图 4-5 所示.

事件 $A$ 与事件 $B$ 互斥，即事件 $A$ 与事件 $B$ 没有公共的基本事件：$AB=\varnothing$.

在例 5 中，“质量合格”与“长度合格而直径不合格”两个事件是互斥的，即 $AC_1=\varnothing$.

$n$ 个事件 $A_1,A_2,\cdots,A_n$，它们两两互斥是指，$A_iA_j=\varnothing(i\neq j;i,j=1,2,\cdots,n)$. 对可列个事件也如此.

显然，任何随机试验中的基本事件都是两两互斥的.

**7. 对立事件(逆事件)**

对于事件 $A$，$A$ 不发生的事件称为事件 $A$ 的**对立事件**或**逆事件**，记为 $\overline{A}$. 如图 4-6 阴影部分所示.

事件$\overline{A}$是事件$A$的对立事件，即由样本空间$\Omega$中所有不属于事件$A$的那些基本事件构成的事件：$\overline{A}=\Omega-A$. 对任意事件$A$，有下列等式成立：

$$\overline{\overline{A}}=A;\quad A+\overline{A}=\Omega;\quad A\overline{A}=\varnothing.$$

在例5中，"产品合格"与"产品不合格"是对立事件，即$A=\overline{B}$或$B=\overline{A}$.

根据对立事件的定义，对任意两个事件$A,B$，满足**对偶律**：

$$\overline{A+B}=\overline{A}\,\overline{B},\quad \overline{AB}=\overline{A}+\overline{B}.$$

须注意，对立与互斥是不同的两个概念，**对立必互斥，但互斥未必对立**. 如掷一枚硬币的试验中，含有两个基本事件："出现正面"与"出现反面"之间是互斥的，也是对立的；在掷一颗骰子的试验中，含有6个基本事件，每两个基本事件之间都是互斥的，但不是对立的，而"出现偶数点"与"出现奇数点"之间是互斥的，也是对立的.

**8. 完备事件组**

若$n$个事件$A_1,A_2,\cdots,A_n$两两互斥且其和是必然事件，即

(1) $A_iA_j=\varnothing(i\neq j;i,j=1,2,\cdots,n)$；

(2) $\bigcup\limits_{i=1}^{n}A_i=\Omega$，

则称这$n$个事件构成**完备事件组**.

$n$个事件$A_1,A_2,\cdots,A_n$是一个完备事件组，是指在一次试验中，这$n$个事件有一个且仅有一个发生.

显然，对立的两个事件$A$与$\overline{A}$构成一个完备事件组.

**例6** 甲、乙二人对同一目标各射击一次，若以$A$表示"甲击中目标"，$B$表示"乙击中目标". 现给出事件$A+B,AB,\overline{A}B,\overline{A}\overline{B},\overline{A}+\overline{B}$：

(1) 说明上述各事件的意义；

(2) 说明哪两个事件是对立的.

**解** (1) $A+B$表示"甲、乙二人至少有一人击中目标"，即甲击中目标，或乙击中目标，或甲、乙都击中目标；

$AB$表示"甲、乙二人都击中目标"；

$\overline{A}B$表示"甲未击中目标，乙击中目标"；

$\overline{A}\overline{B}$表示"甲、乙二人都未击中目标"；

$\overline{A}+\overline{B}$表示"甲、乙二人至少有一人未击中目标"，即甲未击中目标，或乙未击中目标，或甲、乙二人都未击中目标.

(2) 因为$\overline{A+B}=\overline{A}\overline{B}$，而$\overline{A+B}$是$A+B$的对立事件，故$A+B$与$\overline{A}\overline{B}$是对立事件；

又因为$\overline{AB}=\overline{A}+\overline{B}$，而$\overline{AB}$是$AB$的对立事件，故$AB$与$\overline{A}+\overline{B}$是对立事件.

## 习 题 4.1

### A 组

1. 写出下列随机试验的样本空间：

(1) 将一枚匀称的硬币抛掷 3 次，观察出现正反面的情况；

(2) 逐个试制某种产品，直到得到 5 个合格品为止，记录试制产品的总件数；

(3) 某汽车站，每隔 6 min 发一次车. 乘客不知道该车站发车的时间表，观察乘客候车的时间 $t$(单位：min).

2. 事件 $A$ 与 $B$ 之间有怎样的关系时，下列等式成立：

(1) $A+B=A$；　　(2) $AB=A$.

3. 从一批产品中，每次取一件产品检验，设 $A_1,A_2,A_3$ 分别表示第 1 次、第 2 次、第 3 次取到的是合格品，用 $A_1,A_2,A_3$ 的运算表示下列事件：

(1) 3 次中至少有 1 次取到次品；

(2) 3 次中没有取到次品；

(3) 3 次中至少有 2 次取到合格品；

(4) 3 次中恰好有 2 次取到合格品.

4. 袋中有三个球，编号为 1,2,3，从中任意取出一个球，观察其号码. 设 $A$ 表示"取到的球的号码小于 3"，$B$ 表示"取到球的号码是 2"，$C$ 表示"取到的球号码是 3". 回答下列问题：

(1) $A$ 与 $B$，$A$ 与 $C$，$B$ 与 $C$ 中哪对互斥？哪对对立？

(2) $A+B$，$A+C$ 是什么事件？　　(3) $AB$，$AC$ 是什么事件？

### B 组

1. 设 $A,B,C$ 为三个事件，判断下列各式哪些正确：

(1) $\overline{ABC}=\overline{A}\overline{B}\overline{C}$；　　(2) $A-B=A\overline{B}$；

(3) $(\overline{A+B})B=\overline{A}$；　　(4) $(AB)(A\overline{B})=\varnothing$.

2. 某人用步枪射击目标 5 次，$A_i$ 表示"第 $i$ 次射击击中目标($i=1,2,3,4,5$)"，$B_i$ 表示"5 次射击中击中目标 $i$($i=1,2,3,4,5$)次". 说明下列各事件的意义，并指出哪对事件相等，哪对事件互斥：

(1) $\bigcup\limits_{i=1}^{5} A_i$ 与 $\bigcup\limits_{i=1}^{5} B_i$；　　(2) $\bigcup\limits_{i=2}^{5} A_i$ 与 $\bigcup\limits_{i=2}^{5} B_i$；

(3) $\bigcup\limits_{i=1}^{2} A_i$ 与 $\bigcup\limits_{i=3}^{5} A_i$；　　(4) $\bigcup\limits_{i=1}^{2} B_i$ 与 $\bigcup\limits_{i=3}^{5} B_i$.

## §4.2 随机事件的概率

**【学习本节要达到的目标】**

1. 理解概率的古典定义和统计定义.
2. 会求较简单的古典概型的概率.

### 一、概率的古典定义

考查一个随机试验中的随机事件,它们有的发生的可能性大些,有的发生的可能性小些. **随机事件的"概率"就是用来描述随机事件发生的可能性大小的一个数值**. 例如,某人进行射击,击中目标的概率是 80%;某人买一张彩券,中奖的概率是 2‰,等等.

前节已经讲过,掷一枚匀称硬币,有两个基本事件:"出现正面向上"和"出现反面向上",而且可以认为它们出现是同等可能的.

掷一颗质地均匀的骰子,有 6 个基本事件:"出现 1 点"、"出现 2 点"、"出现 3 点"、"出现 4 点"、"出现 5 点"、"出现 6 点",而且人们也认同它们出现是同等可能的.

掷一枚匀称硬币和掷一颗质地均匀骰子,这两个随机试验有以下**共性**:

(1) **有限性** 基本事件总数有限;

(2) **等可能性** 每个基本事件发生是等可能的.

把具有上述特点的随机试验模型,称为**古典概型**.

**定义** 在古典概型中,设基本事件总数为 $n$,随机事件 $A$ 包含的基本事件数为 $m$,则称**比值 $\frac{m}{n}$ 为事件 $A$ 的概率**,记为 $P(A)$,即

$$P(A)=\frac{\text{事件 }A\text{ 包含的基本事件数}}{\text{基本事件的总数}}=\frac{m}{n}.$$

由该定义知,事件的概率具有下述**性质**:

(1) **非负性** 对任意事件 $A$,都有 $P(A)\geqslant 0$;

(2) **规范性** 必然事件的概率为 1,即 $P(\Omega)=1$;不可能事件的概率为 0,即 $P(\varnothing)=0$;任意事件 $A$ 发生的概率介于 0 与 1 之间,即 $0\leqslant P(A)\leqslant 1$.

计算随机事件 $A$ 的概率 $P(A)$时,经常要用到排列、组合的知识.(见附录)

**例 1** 同时掷两枚匀称的硬币,求一枚正面向上,一枚反面向上的概率.

**解** 这是古典概型. 掷两枚硬币,可能出现的所有结果是(正,正),(正,反),(反,正),(反,反),即基本事件总数 $n=4$.

设 $A$ 表示"出现一正一反"这一事件,显然 $A$ 包含基本事件(正,反)和(反,正),即 $m=2$,于是

$$P(A)=\frac{m}{n}=\frac{2}{4}=\frac{1}{2}.$$

**例 2** 设一批产品共 20 件，其中有 15 件正品，5 件次品，现从中任取 3 件. 求

(1) 没有次品的概率； (2) 全为次品的概率；

(3) 恰有 1 件次品的概率； (4) 至少有 1 件次品的概率.

**解** 这是古典概型. 从 20 件中任取 3 件，共有 $C_{20}^3$ 种取法，故基本事件总数

$$n=C_{20}^3=\frac{20\cdot 19\cdot 18}{1\cdot 2\cdot 3}=1140.$$

(1) 设 $A_1$ 表示“3 件中没有次品”，这意味着 3 件都是正品，应从 15 件正品中任取 3 件，共有 $C_{15}^3$ 种取法，$A_1$ 包含的基本事件数

$$m=C_{15}^3=\frac{15\cdot 14\cdot 13}{1\cdot 2\cdot 3}=455,$$

于是
$$P(A_1)=\frac{m}{n}=\frac{C_{15}^3}{C_{20}^3}=\frac{455}{1140}=0.3991.$$

(2) 设 $A_2$ 表示“3 件全为次品”，应从 5 件次品中任取 3 件，共有 $C_5^3$ 种取法，$A_2$ 包含的基本事件数

$$m=C_5^3=\frac{5\cdot 4\cdot 3}{1\cdot 2\cdot 3}=10,$$

于是
$$P(A_2)=\frac{m}{n}=\frac{C_5^3}{C_{20}^3}=\frac{10}{1140}=0.0088.$$

(3) 设 $A_3$ 表示“3 件中恰有 1 件次品”，这件次品应从 5 件次品中任取 1 件，共有 $C_5^1$ 种取法；另外 2 件正品应从 15 件正品中取，共有 $C_{15}^2$ 种取法，故 $A_3$ 包含的基本事件数

$$m=C_5^1\cdot C_{15}^2=5\cdot\frac{15\cdot 14}{1\cdot 2}=525,$$

于是
$$P(A_3)=\frac{m}{n}=\frac{C_5^1\cdot C_{15}^2}{C_{20}^3}=\frac{525}{1140}=0.4605.$$

(4) 设 $A_4$ 表示“3 件中至少有 1 件次品”. 这种情况包括：恰有 1 件次品，恰有 2 件次品和 3 件全为次品，故 $A_4$ 所包含的基本事件数

$$m=C_5^1\cdot C_{15}^2+C_5^2\cdot C_{15}^1+C_5^3=685,$$

于是
$$P(A_4)=\frac{m}{n}=\frac{C_5^1\cdot C_{15}^2+C_5^2\cdot C_{15}^1+C_5^3}{C_{20}^3}=\frac{685}{1140}=0.6009.$$

**例 3** 盒中装有 10 个乒乓球，其中 7 个是新的，3 个是旧的：

(1) 从盒中任取两球，求都是旧球的概率；

(2) 从盒中任取 1 球，看完后放回盒中，再从盒中任取 1 球，求两次取出的球都是旧球的概率.

**解** 这是古典概型.

(1) 从 10 个球中任取两球，基本事件总数 $n=C_{10}^2=45$. 设 $A$ 表示"取到的两球都是旧球"，$A$ 包含的基本事件数 $m=C_3^2=3$. 于是

$$P(A)=\frac{m}{n}=\frac{C_3^2}{C_{10}^2}=\frac{3}{45}=0.0667.$$

这个问题也可以看成是第一次从 10 个球中任取 1 球(这个球是旧球)，取出后不放回；第二次再从 9 个球中任取 1 球(这个球仍是旧球)，这种取法称为**不放回抽样**. 按不放回抽样计算

$$P(A)=\frac{C_3^1}{C_{10}^1}\cdot\frac{C_2^1}{C_9^1}=\frac{3}{10}\cdot\frac{2}{9}=\frac{1}{15}=0.0667.$$

(2) 第一次从 10 个球中任取 1 球，有 $C_{10}^1$ 种取法，第二次仍有 $C_{10}^1$ 种取法，故基本事件总数 $n=C_{10}^1\cdot C_{10}^1=10\cdot 10=100$. 设 $B$ 表示"两次取出的球都是旧球"，则 $B$ 包含的基本事件数 $m=C_3^1\cdot C_3^1=3\cdot 3=9$. 于是

$$P(B)=\frac{m}{n}=\frac{9}{100}=0.09.$$

这种取法与前一种取法不同，称为**放回抽样**. 这样，也可如下计算 $P(B)$：

$$P(B)=\frac{C_3^1}{C_{10}^1}\cdot\frac{C_3^1}{C_{10}^1}=\frac{3}{10}\cdot\frac{3}{10}=0.09.$$

**例 4** 电话号码由 0,1,2,…,9 中的 8 个数字组成(可以重复)，现任取一个电话号码，求它是由 8 个不同数字组成的概率.

**解** 从 10 个不同的数字中允许重复地取 8 个数字进行排列(可重复选排列)，这是放回抽样，基本事件总数 $n=10^8$. 而由 8 个不同的数字组成的电话号码是不重复的选排列，它的取法共有

$$m=A_{10}^8=10\cdot 9\cdot 8\cdot 7\cdot 6\cdot 5\cdot 4\cdot 3=1814400,$$

故所求事件 $A$ 的概率

$$P(A)=\frac{m}{n}=\frac{1814400}{10^8}=0.0181.$$

## 二、概率的统计定义

随机试验并不限于古典概型一类. 若随机试验不是古典概型，在实际问题中，往往采用对随机事件进行大量重复观察的方法确定其概率. 我们从事件的**频率**讲起.

在同一条件下，设随机事件 $A$ 在 $n$ 次重复试验中发生了 $\mu$ 次，则称**比值 $\frac{\mu}{n}$ 为事件 $A$ 发生的频率**，记为 $f_n(A)$，即

$$f_n(A)=\frac{\mu}{n}.$$

从频率的定义可以看出,频率可以反映事件发生的可能性大小,然而,这只能在作过若干次试验之后才能得到.频率这个数值依赖于试验,因而有随机性.对同一事件,不仅试验次数不同可以得到不同的频率,就是试验次数相同,得到的频率亦可不相同.不过,经验告诉我们,随着试验次数 $n$ 增大,事件 $A$ 发生的频率 $f_n(A)=\frac{\mu}{n}$ 具有相对的稳定性.例如,前节讲过掷一枚匀称硬币的随机试验,随着抛掷次数 $n$ 增大,出现正面向上的频率越来越接近 1/2.

由随机事件频率稳定性这一规律,引进了**概率的统计定义**.

若重复进行大量试验,随机事件 $A$ 发生的频率 $f_n(A)=\frac{\mu}{n}$ 稳定地趋于 $p$,则称这**常数 $p$ 为事件 $A$ 的概率**,记为 $P(A)$.

随机事件的概率,是对该事件发生可能性大小的度量,它是事件**固有的客观属性**,是从事件本身的结构得出来的.频率是一个试验值,具有偶然性,它近似反映了事件发生可能性的大小.频率的稳定性是随机事件概率的经验基础,而频率的稳定值是随机事件的概率.可以认为频率是概率的实践表现.换句话说,作为随机事件本身固有的特性——概率,在大量的试验中通过频率表现出来.

概率的统计定义,为我们提供了另一种求概率的方法.在许多实际问题中,往往将多次试验中所求出的事件 $A$ 发生的频率 $f_n(A)$,作为事件 $A$ 的概率.当然,一般说来,这是近似值.

## 习 题 4.2

### A 组

1. 同时掷两颗质地均匀的骰子,求两颗骰子点数之和为 10 的概率.

2. 现有男生 5 人,女生 6 人,从中每次选出 1 人,连续选出 3 人,求顺序为女生、男生、女生的概率.

3. 设有一批产品共 100 件,其中有 3 件次品,现从中任取 5 件,求下列事件的概率:

(1) 无次品; (2) 有两件次品; (3) 至少有一件次品.

4. 设有一批产品共 100 件,其中有 60 件一等品,30 件二等品,10 件三等品,从中任取两件,求下列事件的概率:

(1) 恰好取到 1 件一等品,1 件二等品;

(2) 恰好取到 1 件二等品,1 件三等品;

(3) 恰好取到 $m(m=0,1,2)$ 件一等品.

5. 盒中有 6 个形状相同的球,其中 4 个白球,2 个红球.按下列方式取出两个球,分别求都是白球,有一个是白球的概率:

(1) 放回抽样,每次取 1 球; (2) 不放回抽样,每次取 1 球; (3) 同时取.

6. 在水产试验场实行某种人工孵化,10000 个鱼卵能孵出 8513 尾鱼苗,试解答下列问题(用概率的统计定义计算)：

(1) 求这种鱼卵的孵化概率(孵化率)；

(2) 30000 个卵大概能孵化出多少尾鱼苗?

(3) 要孵出 5000 尾鱼苗,大概得准备多少鱼卵?

### B 组

1. 汽车配件厂轮胎库中某型号轮胎 20 只中混有 2 只漏气的,现从中任取 4 只安装在一辆汽车上,求此汽车因轮胎漏气而要返工的概率.

2. 盒中有 $a+b$ 张彩券,其中中奖彩券 $a$ 张,不中奖彩券 $b$ 张.按不放回抽样每次抽取一张,试确定第 $k(1\leqslant k\leqslant a+b)$ 次抽取中奖彩券的概率.

## §4.3 概率的运算法则

**【学习本节要达到的目标】**

1. 掌握概率的加法公式.
2. 理解条件概率的意义,掌握概率的乘法公式.

### 一、概率的加法法则

先看**引例** 根据统计资料表明,某村 70%的住户有电视机,80%的住户有电冰箱,60%的住户既有电视机又有电冰箱.问该村住户至少有这两种电器中的一种的百分比是多少?

**解** 设 $A,B$ 分别表示"住户有电视机"和"电冰箱",则 $AB$ 表示"两种电器均有",$A+B$ 表示"至少有这两种电器中的一种".

我们的问题是:在已知 $P(A)=0.7,P(B)=0.8,P(AB)=0.6$ 的条件下,求 $P(A+B)$.对于这样的问题,有下述法则.

**定理 1(概率的加法公式)** 若 $A,B$ 是任意两个随机事件,则

$$P(A+B)=P(A)+P(B)-P(AB).$$

参看图 4-2 来理解该公式.设随机试验的基本事件总数为 $n$. $A,B$ 包含的基本事件数分别为 $m_A$ 和 $m_B$,$AB$ 包含的基本事件数为 $m_{AB}$.于是 $A+B$ 包含的基本事件数就为 $m_A+m_B-m_{AB}$.由古典概率定义即得

$$\begin{aligned}P(A+B)&=\frac{m_A+m_B-m_{AB}}{n}=\frac{m_A}{n}+\frac{m_B}{n}-\frac{m_{AB}}{n}\\&=P(A)+P(B)-P(AB).\end{aligned}$$

由该公式知,引例中的问题答案是:至少有一种电器的百分比,即概率是

$$P(A+B)=P(A)+P(B)-P(AB)=0.7+0.8-0.6=0.9=90\%.$$

概率的加法公式,推广至任意三个事件的情形是

$$P(A+B+C)=P(A)+P(B)+P(C)-P(AB)-P(AC)-P(BC)+P(ABC).$$

**推论 1(互斥事件概率的加法公式)** 若事件 $A$ 与 $B$ 互斥,则

$$P(A+B)=P(A)+P(B).$$

这是因为此时 $P(AB)=P(\varnothing)=0$.

若 $n$ 个事件 $A_1,A_2,\cdots,A_n$ 两两互斥,则

$$P(A_1+A_2+\cdots+A_n)=P(A_1)+P(A_2)+\cdots+P(A_n).$$

**推论 2(对立事件的概率公式)** 对立事件 $A$ 与 $\overline{A}$,有

$$P(A)=1-P(\overline{A}).$$

这是因为 $P(A)+P(\overline{A})=P(\Omega)=1$.

**例 1** 设有彩券 20 张,其中一等奖 3 张,二等奖 5 张. 现从中任意抽取两张,求下列事件的概率:

(1) 两张都是一等奖或都是二等奖;

(2) 两张中至少有一张是中奖彩券.

**解** 基本事件总数 $n=\mathrm{C}_{20}^2=190$.

(1) 设 $A,B$ 分别表示"两张彩券都是一等奖"和"两张彩券都是二等奖",则所求概率为 $P(A+B)$. $A$ 包含的基本事件数 $m_A=\mathrm{C}_3^2=3$, $B$ 包含的基本事件数 $m_B=\mathrm{C}_5^2=10$.

因事件 $A$ 与 $B$ 互斥,由互斥事件概率的加法公式

$$P(A+B)=P(A)+P(B)=\frac{3}{190}+\frac{10}{190}=\frac{13}{190}.$$

(2) 两张中至少有一张是中奖彩券与两张均不是中奖彩券是对立事件. 设 $A$ 表示"至少有一张是中奖彩券",则 $\overline{A}$ 包含的基本事件数 $m=\mathrm{C}_{12}^2=66$. 由对立事件的概率公式

$$P(A)=1-P(\overline{A})=1-\frac{66}{190}=\frac{62}{95}.$$

**说明** 求用"至少"表述的事件的概率时,求其对立事件的概率往往比较简便.

**例 2** 某地有甲、乙、丙三种报纸,该地成人中有 20%读甲报,16%读乙报,14%读丙报;又兼读甲乙两报的有 8%,兼读甲丙两报的有 5%,兼读乙丙两报的有 4%,三种报纸都读的有 2%. 问该地成人中有百分之几的人至少读一种报纸.

**解** 设 $A,B,C$ 分别表示"一成人读甲报"、"一成人读乙报"和"一成人读丙报",则 $A+B+C$ 就表示"一成人至少读一种报纸". 由题意

$$P(A)=0.20,\quad P(B)=0.16,\quad P(C)=0.14,\quad P(AB)=0.08,$$
$$P(AC)=0.05,\quad P(BC)=0.04,\quad P(ABC)=0.02.$$

于是,由概率的加法公式

$$
\begin{aligned}
P(A+B+C)&=P(A)+P(B)+P(C)-P(AB)-P(AC)-P(BC)+P(ABC)\\
&=0.20+0.16+0.14-0.08-0.05-0.04+0.02\\
&=0.35=35\%.
\end{aligned}
$$

**例 3** 某旅客从服务员那里拿来一串钥匙共 5 把，其中只有一把能打开门锁. 今逐把试开，求三次内能打开门锁的概率.

**分析** 第一次、第二次、第三次能打开门锁均为三次内能打开门锁.

**解** 设 $A$ 表示“三次内能打开门锁”，$A_1,A_2,A_3$ 分别表示“第一次能打开门锁”、“第二次能打开门锁”、“第三次能打开门锁”. 显然，$A_1,A_2,A_3$ 两两互斥，且 $A_1+A_2+A_3=A$.

注意到，第一次能打开门锁，是第一次试开时，就从 5 把钥匙中取到了能打开门锁的钥匙；第二次能打开门锁，是第一次试开时，取到了打不开门锁的钥匙，而第二次试开时，才取到了能打开门锁的钥匙；第三次能打开门锁可类推，于是

$$P(A_1)=\frac{1}{5}=0.2,$$

$$P(A_2)=\frac{4}{5}\cdot\frac{1}{4}=0.2,$$

$$P(A_3)=\frac{4}{5}\cdot\frac{3}{4}\cdot\frac{1}{3}=0.2.$$

故

$$
\begin{aligned}
P(A)&=P(A_1+A_2+A_3)\\
&=P(A_1)+P(A_2)+P(A_3)\\
&=0.2+0.2+0.2=0.6.
\end{aligned}
$$

## 二、概率的乘法法则

### 1. 条件概率

**先看引例** 盒中装有 10 个球，其中 3 个红球，7 个白球. 现从中连续取两次球，每次取 1 球.

(1) 作放回抽取：第一次取到了白球，求第二次取到白球的概率；

(2) 作无放回抽取：第一次取到了白球，求第二次取到白球的概率.

**解** 设 $A,B$ 分别表示“第一次取到白球”、“第二次取到白球”.

(1) 这是求 $P(B)$. 由于是作放回抽取，$B$ 发生与 $A$ 发生无关，故

$$P(B)=\frac{7}{10}.$$

(2) 由于是作无放回抽取，这是在 $A$ 已发生后，求 $B$ 发生的概率. 这时称此概率为在 $A$ 已发生的条件下 $B$ 发生的条件概率，记为 $P(B|A)$. 显然

$$P(B|A)=\frac{6}{9}.$$

在许多问题中，有时要求出事件 $B$ 发生的概率 $P(B)$，有时要求出“在事件 $A$ 已经发生”的条件下事件 $B$ 发生的概率 $P(B|A)$. 为区别起见，前者常称为**无条件概率**或**原概率**，而后者称为**条件概率**.

**例 4** 两台机床加工同一种零件. 甲机床生产了 40 个，其中 35 个合格品，5 个次品；乙机床生产了 60 个零件，其中合格品 50 个，次品 10 个. 若以 $A,\bar{A}$ 分别表示一零件为甲、乙机床生产的，以 $B,\bar{B}$ 分别表示一零件为合格品、次品. 求：

(1) $P(A),P(B),P(AB)$；　　(2) $P(B|A),P(A|B)$.

**解** 依题意，零件总数为 100 个，其中合格品 85 个，次品 15 个.

(1) 易知：$P(A)=\frac{40}{100}$，$P(B)=\frac{85}{100}$. $AB$ 表示一零件是甲机床生产的且是合格品，故

$$P(AB)=\frac{35}{100}.$$

(2) $P(B|A)$表示已取到的零件是甲机床生产的，它是合格品的概率，故

$$P(B|A)=\frac{35}{40}.$$

$P(A|B)$表示已取到的零件是合格品，它是甲机床生产的概率，故

$$P(A|B)=\frac{35}{85}.$$

我们进一步考查所得到的概率值. 由于 $P(B|A)=\frac{35}{40}$，$P(AB)=\frac{35}{100}$，$P(A)=\frac{40}{100}$，而

$$\frac{35}{40}=\frac{\frac{35}{100}}{\frac{40}{100}},$$

所以

$$P(B|A)=\frac{P(AB)}{P(A)}.$$

同样可得

$$P(A|B)=\frac{P(AB)}{P(B)}.$$

上面两式，左端是条件概率，而右端是原概率. 这说明条件概率可以通过原概率来表示. 这种表示具有一般性. 下面是**条件概率与原概率之间的关系式**.

对任意事件 $A$ 与 $B$，若 $P(A)>0$，则

$$P(B|A)=\frac{P(AB)}{P(A)};\tag{1}$$

若 $P(B)>0$，则

$$P(A|B)=\frac{P(AB)}{P(B)}. \tag{2}$$

**说明** 在(1)式中要求 $P(A)>0$,是表明事件 $A$ 不应是不可能事件.

计算条件概率 $P(B|A)$ 有**两种方法**:

(1) 在试验 $E$ 的样本空间 $\Omega$ 中,先计算 $P(A)$,$P(AB)$,再由(1)式计算 $P(B|A)$.

(2) 在试验 $E$ 的样本空间 $\Omega$ 的缩减空间 $\Omega_A$(由事件 $A$ 所包含的基本事件构成)中,直接计算 $B$ 发生的概率 $P(B|A)$.

**2. 概率的乘法法则**

由条件概率与原概率之间的关系式(1)和(2),我们立即得到概率的**乘法法则**.

**定理 2(概率的乘法公式)** 若 $A,B$ 是任意两个随机事件,则

$$P(AB)=P(A)P(B|A),\quad P(A)>0,$$

或

$$P(AB)=P(B)P(A|B),\quad P(B)>0.$$

概率的乘法公式推广至三个任意事件的情形是

$$P(ABC)=P(A)P(B|A)P(C|AB),\quad P(AB)>0.$$

**例 5** 盒中装有 12 个电子元件,其中 5 个一等品,7 个二等品,现从盒中任取两个,求下列事件的概率:

(1) 两个都是一等品;　　(2) 一个一等品、一个二等品.

**解** 从盒中任取两个电子元件.可以看做是不放回抽取两次,每次取 1 个.设 $A,B$ 分别表示"第一次取出的电子元件是一等品"、"第二次取出的电子元件是二等品".

(1) 依题意,这是求 $A$ 与 $B$ 同时发生的概率,由概率的乘法公式

$$P(AB)=P(A)P(B|A)=\frac{5}{12}\cdot\frac{4}{11}=0.1515.$$

(2) 一个一等品、一个二等品是两个事件 $A\bar{B}$ 与 $\bar{A}B$ 的和.由于 $A\bar{B}$ 与 $\bar{A}B$ 互斥,故

$$P(A\bar{B}+\bar{A}B)=P(A\bar{B})+P(\bar{A}B)=P(A)P(\bar{B}|A)+P(\bar{A})P(B|\bar{A})$$

$$=\frac{5}{12}\cdot\frac{7}{11}+\frac{7}{12}\cdot\frac{5}{11}=0.5303.$$

**例 6** 库房中有 52 件产品,其中有 13 件一等品.从中无放回地依次取 3 件产品,求下列事件的概率:

(1) 3 件产品都是一等品;

(2) 前两件是一等品,第 3 件不是一等品.

**解** (1) 设 $A_i$ 表示"第 $i(i=1,2,3)$ 次取到一等品",3 件都是一等品,即 $A_1,A_2,A_3$ 同时发生.由概率的乘法公式

$$P(A_1A_2A_3)=P(A_1)P(A_2|A_1)P(A_3|A_1A_2)$$

$$= \frac{13}{52} \cdot \frac{12}{51} \cdot \frac{11}{50} = 0.0129.$$

(2) 这是 $A_1, A_2, \overline{A}_3$ 同时发生,故

$$P(A_1 A_2 \overline{A}_3) = P(A_1)P(A_2 | A_1)P(\overline{A}_3 | A_1 A_2)$$
$$= \frac{13}{52} \cdot \frac{12}{51} \cdot \frac{39}{50} = 0.0459.$$

## 习 题 4.3

### A 组

1. 据统计资料表明:某种型号的汽车,使用6年后,需要更换轮胎的概率为0.7,需要更换闸的概率为0.1,二者都需要更换的概率为0.08.求6年后,汽车需要更换轮胎或闸的概率.

2. 在所有的两位数10,11,…,99中任取一数,求这个数能被2或3整除的概率.

3. 已知某射手射击一次中靶6环、7环、8环、9环、10环的概率分别为0.19,0.18,0.17,0.16,0.15,又知射手射击不可能脱靶.该射手射击一次,求下列事件的概率:

(1) 至少中8环; (2) 至多中8环; (3) 不超过5环.

4. 一批产品中有 $N$ 件正品,$M$ 件次品,无放回地取两次,每次取1件,在下列条件下,求第二次取到正品的概率:

(1) 第一次取到正品; (2) 第一次取到次品.

5. 考查甲、乙两城市九月份下雨的情况.根据以往的资料,对该月份中的任一天,甲城下雨的概率为0.4,乙城下雨的概率为0.3,甲、乙两城都下雨的概率为0.28,今对某一天,求下列事件的概率:

(1) 在乙城下雨时,甲城下雨;

(2) 在甲城下雨时,乙城下雨;

(3) 甲、乙两城至少有一个城市下雨.

6. 在10个考题签中有3道题难答,甲、乙、丙3人按顺序抽签,求下列事件的概率:

(1) 3人都抽到难答签; (2) 至少有1人抽到难答签.

7. 5张彩券中有1张中奖券.5个人按先后顺序各抽一张券.在开始抽取前,求各人中奖的概率.

### B 组

1. 试证明:

(1) $P(A+B)=1-P(\overline{A}\overline{B})$;

(2) 若 $A \subset B$,则 $P(B-A)=P(B)-P(A)$.

2. 随机地选取 4 人,求至少有两个人的生日是在同一个月的概率.

3. 一批产品中 4%是次品,在合格品中有 75%是一级品,现从这批产品中任取 1 件,求它是一级品的概率.

## §4.4 事件的独立性

**【学习本节要达到的目标】**

1. 理解事件独立的意义,掌握事件独立的概率乘法公式.
2. 正确理解事件相互独立与互斥是两个不同的概念.
3. 理解 $n$ 重伯努利试验的意义,掌握其计算公式.

### 一、事件的独立性

**先看一事实** 甲、乙两人同时向一目标射击一次,若以 $A,B$ 分别表示"甲击中目标"和"乙击中目标".一般而言,甲击中目标与否,不影响乙击中目标的概率,即

$$P(B)=P(B|A);$$

同样,乙击中目标与否,也不影响甲击中目标的概率,即

$$P(A)=P(A|B).$$

显然,这与条件概率问题不同.

对于两个随机事件 $A$ 与 $B$,事件 $A$ 发生与不发生,不影响事件 $B$ 发生的概率;同样,事件 $B$ 发生与不发生,也不影响事件 $A$ 发生的概率.这时,称事件 $A$ 与事件 $B$ 是相互独立的.

**定义** 两个事件 $A$ 与 $B$,若其中任何一个事件发生的概率不受另一个事件发生与否的影响,则称**事件 $A$ 与 $B$ 是相互独立的**.

由此定义知,若 $P(A)>0,P(B)>0$,则事件 $A$ 与 $B$ 相互独立与 $P(A|B)=P(A)$ 或 $P(B|A)=P(B)$**彼此是等价的**.

显然,若两个事件 $A$ 与 $B$ 相互独立,则它们的**概率乘法公式**是

$$P(AB)=P(A)P(B).$$

我们也可以把满足上式的两个事件 $A$ 与 $B$,作为 **$A$ 与 $B$ 相互独立的定义**.

在实际问题中,两个事件是否相互独立,一般是根据问题的实际意义来判断.

关于事件的独立性,还要**说明以下一些问题**.

**1. 四对事件同时相互独立**

设 $A$ 与 $B$ 为两个事件,则下列四对事件: $A$ 与 $B$,$\overline{A}$ 与 $B$,$A$ 与 $\overline{B}$,$\overline{A}$ 与 $\overline{B}$ 中,只要有一对事件相互独立,则其余三对也相互独立.

**2. 两个事件相互独立与互斥是两个不同的概念**

设 $A$ 与 $B$ 为两个事件,若 $P(A)>0,P(B)>0$,则 $A$ 与 $B$ 独立和 $A$ 与 $B$ 互斥不能同时

成立. 即若 $A$ 与 $B$ 独立,则 $A$ 与 $B$ 不互斥;若 $A$ 与 $B$ 互斥,则 $A$ 与 $B$ 不独立.

**3. 独立事件的加法公式**

若事件 $A$ 与 $B$ 相互独立,则有如下**概率的加法公式**:

$$P(A+B)=P(A)+P(B)-P(A)P(B),$$

或

$$P(A+B)=1-P(\bar{A})P(\bar{B}).$$

**4. 多个事件的独立性**

若 $n$ 个事件 $A_1,A_2,\cdots,A_n$ 中的任何一个事件发生的概率,都不受其他一个或几个事件是否发生的影响,则称这 $n$ 个事件是**相互独立的**.

若 $n$ 个事件相互独立,则有如下的**概率乘法公式**和**概率加法公式**:

$$P(A_1A_2\cdots A_n)=P(A_1)P(A_2)\cdots P(A_n),$$

$$P(A_1+A_2+\cdots+A_n)=1-P(\bar{A}_1)P(\bar{A}_2)\cdots P(\bar{A}_n).$$

**例 1** 某种产品的生产工艺分为两道独立的工序,这两道工序的次品率分别为 1% 和 4%. 求这种产品的次品率.

**解** 设 $A,B$ 分别表示第一道工序和第二道工序出次品,则至少有一道工序出次品,产品就是次品. 依题设 $P(A)=0.01,P(B)=0.04$,因 $A$ 与 $B$ 相互独立,故所求产品的次品率为

$$\begin{aligned}P(A+B)&=P(A)+P(B)-P(A)P(B)\\&=0.01+0.04-0.01\cdot 0.04\\&=0.0496=4.96\%.\end{aligned}$$

次品率也可如下计算:

$$P(A+B)=1-P(\bar{A})P(\bar{B})=1-(1-0.01)(1-0.04)=4.96\%.$$

**例 2** 若每个人血清含有肝炎病毒的概率为 0.4%,混合 100 个互不相干的人的血清,求此血清中含有肝炎病毒的概率.

**解** 设 $A_i(i=1,2,\cdots,100)$ 表示"第 $i$ 个人的血清含有肝炎病毒",这是求 $P(A_1+A_2+\cdots+A_{100})$. 由于每个人血清是否含有病毒是相互独立的,故所求概率

$$\begin{aligned}P(A_1+A_2+\cdots+A_n)&=1-P(\bar{A}_1)P(\bar{A}_2)\cdots P(\bar{A}_n)\\&=1-\underbrace{(1-0.004)(1-0.004)\cdots(1-0.004)}_{100\text{项}}\\&=1-(1-0.004)^{100}=1-(0.996)^{100}\\&\approx 0.3302=33.02\%.\end{aligned}$$

**说明** (1) 每个人血清中含肝炎病毒的概率很小,但混合 100 个人的血清后,含肝炎病毒的概率竟达 33%,这表明不能忽视小概率事件. 在一次试验中,小概率事件尽管不大可能发生,但在大量的试验中发生的可能性就可能较大. 例如,工厂生产一件产品须经多道工序,

尽管每道工序的次品率很低,但经过多道工序后生产的产品次品率却会较大.

(2) 当多个事件相互独立时,求事件和的概率时,注意用其对立事件的概率.

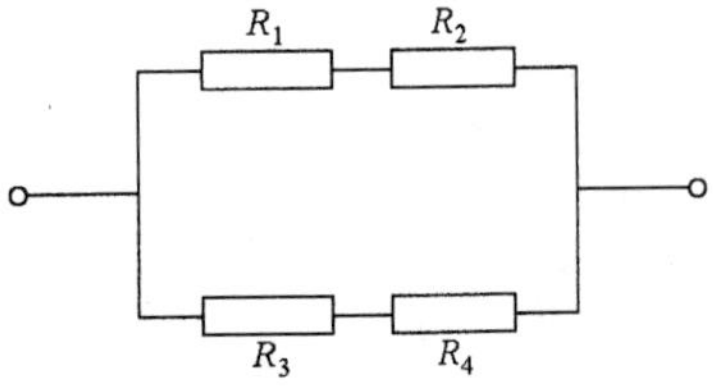


图 4-7

**例 3** 将 4 个电器元件按图 4-7 连接,然后接入电路.每个元件正常工作的概率平均为 $p(0<p<1)$,元件发生故障则出现断路.求本电路能正常工作的概率.

**解** 设 $A_i(i=1,2,3,4)$分别表示"元件 $R_i(i=1,2,3,4)$正常工作".当元件 $R_1,R_2$ 同时正常工作或 $R_3,R_4$ 同时正常工作时,电路正常,即电路正常工作是事件 $A_1A_2+A_3A_4$.又 4 个元件正常工作是相互独立的,且 $P(A_i)=p$ $(i=1,2,3,4)$,故电路正常工作的概率是

$$\begin{aligned}P(A_1A_2+A_3A_4) &= P(A_1A_2)+P(A_3A_4)-P(A_1A_2A_3A_4)\\ &= P(A_1)P(A_2)+P(A_3)P(A_4)-P(A_1)P(A_2)P(A_3)P(A_4)\\ &= p^2+p^2-p^4=p^2(2-p^2).\end{aligned}$$

**说明** 元件正常工作的概率即元件的可靠度.本例正表明:串联电路会降低可靠性,而并联电路能提高可靠性.

## 二、伯努利(Bernoulli)试验

有一随机试验,在相同的条件下可以重复进行 $n$ 次,且每次试验都是独立的;每次试验的可能结果有对立的两个:事件 $A$ 发生或不发生,且每次试验,事件 $A$ 发生的概率都为 $p$:$0<p<1$,不发生的概率都为 $1-p$.我们称这样的试验为**独立试验序列概型**或 **$n$ 重伯努利试验**.

**例 4** 有 100 件产品,其中合格品 94 件,次品 6 件,现从中作放回抽样 3 次,每次取 1 件,求在这抽出的 3 件产品中恰有 2 件次品的概率.

**解** 设 $A_i(i=1,2,3)$表示"在第 $i$ 次抽取中,取出的 1 件产品为次品",依题设

$$P(A_i)=0.06,\quad P(\overline{A}_i)=0.94.$$

这是独立试验序列概型或 3 重伯努利试验.

若以 $B$ 表示"在 3 次抽取中恰有 2 件次品",则事件 $B$ 包含如下 $C_3^2=3$ 种情况:$A_1A_2\overline{A}_3$ 或 $A_1\overline{A}_2A_3$ 或 $\overline{A}_1A_2A_3$,且它们两两互斥.又由于 $A_1,A_2,A_3$ 相互独立,故

$$\begin{aligned}P(B) &= P(A_1A_2\overline{A}_3+A_1\overline{A}_2A_3+\overline{A}_1A_2A_3)\\ &= P(A_1A_2\overline{A}_3)+P(A_1\overline{A}_2A_3)+P(\overline{A}_1A_2A_3)\\ &= P(A_1)P(A_2)P(\overline{A}_3)+P(A_1)P(\overline{A}_2)P(A_3)+P(\overline{A}_1)P(A_2)P(A_3)\\ &= 3\cdot(0.06)^2(0.94)=C_3^2(0.06)^2(1-0.06)^{3-2}.\end{aligned}$$

类似地,若以 $B_0$ 表示"在 3 次抽取中恰有 0 件次品",$B_1$ 表示"在 3 次抽取中恰有 1 件次品",$B_3$ 表示"在 3 次抽取中有 3 件次品",则

$$P(B_0)=C_3^0(0.06)^0(1-0.06)^{3-0},$$
$$P(B_1)=C_3^1(0.06)^1(1-0.06)^{3-1},$$
$$P(B_3)=C_3^3(0.06)^3(1-0.06)^{3-3}.$$

由以上各式知,在 3 次抽取中恰有 $k(k=0,1,2,3)$ 件次品的概率为

$$P(B_k)=C_3^k(0.06)^k(1-0.06)^{3-k}\quad(k=0,1,2,3).$$

将例 4 的结果一般化,便有下述关于 $n$ **重伯努利试验的结论**.

对 $n$ 重伯努利试验,若事件 $A$ 发生的概率为 $p(0<p<1)$,则事件 $A$ 发生 $k$ 次的概率为

$$P(A\text{ 发生 }k\text{ 次})=C_n^k p^k(1-p)^{n-k}\quad(k=0,1,2,\cdots,n).$$

伯努利试验是描述只考虑两个可能结果的随机试验.如,掷一枚硬币,观察出现正面、反面的试验;射击一次,观察是否命中目标的试验等.

由例 4 知,通常在产品检验中,放回抽样问题属于 $n$ 重伯努利试验,而不放回抽样不属于伯努利试验.但若问题是从一大批的产品中作不放回抽样,也可按 $n$ 重伯努利试验处理.

另外,有些试验虽然有多种可能结果,但在一定的区分标准下,也可看成只有两个结果.例如,一个显像管的寿命可以取区间 $[0,+\infty)$ 上的任何数值,但若规定,寿命不低于 1000 小时的为合格品,低于 1000 小时的为不合格品,则试验结果也只有“合格”与“不合格”两个可能结果.

**例 5** 一大批电子元件,一级品率为 0.2,任意抽取 10 件,求恰有 6 件一级品的概率.

**解** 这是不放回抽样,可看成是 10 重伯努利试验.所求概率为

$$P(\text{恰有 6 件一级品})=C_{10}^6\cdot 0.2^6\cdot 0.8^4=0.0055.$$

## 习 题 4.4

### A 组

1. 甲、乙两射手同时向一目标各射击一次,命中率分别为 0.7,0.8.求下列事件的概率:

(1) 两人同时命中; (2) 甲命中、乙不命中;

(3) 甲、乙恰有一人命中; (4) 至少有一人命中.

2. 一个自动报警器由雷达和计算机两部分组成,两部分有任何一部分失灵,这个报警器就失灵.若使用 100 h 后,雷达失灵的概率为 0.1,计算机失灵的概率为 0.3.若两部分失灵与否相互独立,求这个报警器使用 100 h 后失灵的概率.

3. 三个人独立地破译一个密码,他们能译出的概率分别为 $\frac{1}{5}$,$\frac{1}{3}$ 和 $\frac{1}{4}$.问能将此密码译出的概率.

4. 第一台、第二台机器生产一级品零件的概率分别为 70% 和 80%.第一台生产零件 2 个,第二台生产零件 3 个,且各零件生产出是几级品是相互独立的.求所生产的 5 个零件全是一级品的概率.

5. 在相同的条件下某篮球运动员投篮 5 次，每次投中的概率为 0.7，求恰好投中 4 次的概率.

6. 对次品为 20%的一批产品进行放回抽样检查，共取 5 件样品，计算这 5 件样品中：

(1) 恰好有 2 件次品的概率；

(2) 至少有 2 件次品的概率.

### B 组

1. 制造一种零件可采用两种工艺. 第一种工艺有三道工序，每道工序的废品率分别为 0.1,0.2 和 0.3；第二种工艺有两道工序，每道工序的废品率都为 0.3. 若用第一种工艺，在合格品的零件中，一级品率为 0.9；而用第二种工艺，合格品中的一级品率为 0.8. 试问哪一种工艺保证得到一级品率较大?

2. 电路由电池 $a$ 及两个并联的电池 $b,c$ 串联而成. 设电池 $a,b,c$ 损坏的概率分别为 0.3,0.2 和 0.2. 求电路断电的概率.

3. 某车间有 10 台 7.5 千瓦的机床，由于工艺上的原因，机床时常需要停车. 设各机床的停车或开车相互独立. 调查表明在一小时内平均每台机床开车状态 12 分钟，求任一时刻全车间用电 60 千瓦的概率.

## §4.5 全概率公式

**【学习本节要达到的目标】**

理解全概率公式和逆概率公式的意义，并能用其解题.

### 一、全概率公式

**引例** 一批产品，第一、第二、第三车间分别生产其中的 25%，35%和 40%；又知每个车间生产的产品中，次品分别占 5%，4%和 2%. 现从这批产品中任取 1 件，求它是次品的概率.

**分析** 设 $B$ 表示"任取 1 件产品为次品"，该题是求 $P(B)$. 又设 $A_i(i=1,2,3)$ 表示"取到 1 件产品是第 $i$ 车间生产的". 显然，$A_1,A_2,A_3$ 构成完备事件组.

**解** 为计算事件 $B$ 发生的概率，需考虑促使事件 $B$ 发生的全部"原因"事件. 依题设，事件 $B$ 伴随着事件 $A_1,A_2,A_3$ 中的任意一个发生而发生，且

$$B = \Omega B = (A_1 + A_2 + A_3)B = A_1B + A_2B + A_3B,$$

并注意到 $A_1B,A_2B,A_3B$ 两两互斥. 因

$$P(A_1) = 0.25,\quad P(A_2) = 0.35,\quad P(A_3) = 0.40,$$

$$P(B|A_1) = 0.05,\quad P(B|A_2) = 0.04,\quad P(B|A_3) = 0.02,$$

于是，取一件产品为次品的概率是

$$
\begin{aligned}
P(B) &= P(A_1B + A_2B + A_3B) = P(A_1B) + P(A_2B) + P(A_3B) \\
&= P(A_1)P(B|A_1) + P(A_2)P(B|A_2) + P(A_3)P(B|A_3) \\
&= 0.25 \cdot 0.05 + 0.35 \cdot 0.04 + 0.40 \cdot 0.02 = 0.0345.
\end{aligned}
$$

按这种方法计算事件的概率，有下述的**全概率公式**.

**定理 1(全概率公式)** 设 $n$ 个事件 $A_1, A_2, \cdots, A_n$ 构成完备事件组，$B$ 为任一事件，则

$$
P(B) = P(A_1)P(B_1|A_1) + P(A_2)P(B|A_2) + \cdots + P(A_n)P(B|A_n),
$$

或

$$
P(B) = \sum_{i=1}^{n} P(A_i)P(B|A_i).
$$

所谓全概率公式是指事件 $B$ 发生的全部概率. 应用该公式的意义在于：将一个较复杂事件的概率，分解为若干个较简单且互斥事件的概率.

**例 1** 经临床统计表明，利用血清甲胎蛋白的方法诊断肝癌很有效. 即对患者使用该法有 95%的把握将其诊断出来，而当一个健康人接受这种诊断时，误诊此人为肝癌患者(假阳性)的概率仅为 1%. 设肝癌在某地的发病率为 0.5%. 若用这种方法在该地进行肝癌普查，从该地人群中任抽一人接受检查，求此人被诊断为肝癌的概率.

**解** 设 $B$ 表示"此人被诊断为肝癌"，$A$ 表示"接受检查的人患肝癌"，显然 $A$ 与 $\overline{A}$ 构成完备事件组. 依题设

$$
P(A) = 0.005, \quad P(\overline{A}) = 0.995, \quad P(B|A) = 0.95, \quad P(B|\overline{A}) = 0.01.
$$

于是，由全概率公式

$$
\begin{aligned}
P(B) &= P(A)P(B|A) + P(\overline{A})P(B|\overline{A}) \\
&= 0.005 \cdot 0.95 + 0.995 \cdot 0.01 \\
&= 0.0147 = 1.47\%.
\end{aligned}
$$

## 二、逆概率公式

**例 2** 在前述引例的条件下，现从这批产品中任取 1 件是次品，求它是第一车间生产的概率.

**分析** 依然如前述所设，本例是事件 $B$ 已发生，即任取 1 件产品是次品. 因为已知促使事件 $B$ 发生的可能"原因"事件是 $A_1, A_2$ 和 $A_3$，且它们构成完备事件组. 这里希望知道其中一个"原因"事件 $A_1$ 的概率，这就是求 $P(A_1|B)$.

**解** 由概率的乘法公式

$$
P(A_1|B) = \frac{P(A_1B)}{P(B)} = \frac{P(A_1)P(B|A_1)}{P(B)},
$$

由此式知，需先用全概率公式求出 $P(B)$. 因已求出 $P(B)=0.0345$，于是，这件次品是第一车间生产的概率是

$$P(A_1|B)=\frac{0.25\cdot 0.05}{0.0345}=0.3623.$$

同样，也可求这件次品是第二车间生产的概率 $P(A_2|B)$ 和第三车间生产的概率 $P(A_3|B)$.

该例的一般意义是，若事件 $B$ 已经发生，假设已知引起事件 $B$ 发生的可能“原因”事件共有 $n$ 个：$A_1,A_2,\cdots,A_n$，且它们构成完备事件组，则欲求某一个“原因”事件 $A_i(i=1,2,\cdots,n)$ 的概率，这就是求 $P(A_i|B)$.

计算这类问题，有如下的**逆概率公式**，也称**贝叶斯定理**.

**定理 2(逆概率公式)** 设 $n$ 个事件 $A_1,A_2,\cdots,A_n$ 构成完备事件组，$B$ 为任一事件，则在 $B$ 发生条件下事件 $A_k$ 发生的条件概率

$$P(A_k|B)=\frac{P(A_k)P(B|A_k)}{\sum_{i=1}^{n}P(A_i)P(B|A_i)}\quad (k=1,2,\cdots,n).$$

**例 3** 某单位职工上班，乘公交车，自驾汽车，骑自行车和步行的概率各为 0.40，0.45，0.05 和 0.10；下雪天他们迟到的概率分别为 0.20，0.10，0 和 0.05. 今有一名职工迟到了，求他是乘公交车、自驾汽车、骑自行车和步行上班者的概率.

**解** 设 $B$ 表示“一名职工上班迟到”，$A_1,A_2,A_3,A_4$ 分别表示“乘公交车上班”、“自驾汽车上班”、“骑自行车上班”和“步行上班”. 本例要求的是，在 $B$ 已经发生时，事件 $A_1,A_2,A_3,A_4$ 发生的条件概率，即要求 $P(A_i|B)$，$i=1,2,3,4$. 由题设

$$P(A_1)=0.40,\quad P(A_2)=0.45,\quad P(A_3)=0.05,\quad P(A_4)=0.10,$$
$$P(B|A_1)=0.20,\quad P(B|A_2)=0.10,\quad P(B|A_3)=0,\quad P(B|A_4)=0.05.$$

由全概率公式

$$\begin{aligned}P(B)&=\sum_{i=1}^{4}P(A_i)P(B|A_i)\\&=0.40\cdot 0.20+0.45\cdot 0.10+0.05\cdot 0+0.10\cdot 0.05=0.13.\end{aligned}$$

于是

$$P(A_1|B)=\frac{P(A_1)P(B|A_1)}{P(B)}=\frac{0.40\cdot 0.20}{0.13}\approx 0.6154,$$

$$P(A_2|B)=\frac{P(A_2)P(B|A_2)}{P(B)}=\frac{0.45\cdot 0.10}{0.13}\approx 0.3462,$$

$$P(A_3|B)=\frac{P(A_3)P(B|A_3)}{P(B)}=\frac{0.05\cdot 0}{0.13}=0,$$

$$P(A_4|B)=\frac{P(A_4)P(B|A_4)}{P(B)}=\frac{0.10\cdot 0.05}{0.13}\approx 0.0385.$$

在实际问题中，有时，要找出引起事件 $B$ 发生的最大可能的“原因”事件 $A_k$. 这时要求出

每一个 $P(A_i|B)(i=1,2,\cdots,n)$，然后找出其中最大者 $P(A_k|B)$. 上例 $P(A_1|B)$为最大.

## 习 题 4.5

### A 组

1. 市场供应的热水器中，甲厂产品占 50%，乙厂产品占 30%，丙厂产品占 20%；甲厂产品的合格率为 90%，乙厂为 85%，丙厂为 80%. 求买到的热水器是合格品的概率.

2. 甲公司正在考虑是否生产一种新产品，这种产品盈利与否，主要决定于乙公司是否生产同类新产品. 若乙公司生产这种新产品，甲公司盈利的概率为 0.2，若乙公司不生产，甲公司盈利的概率为 0.9. 甲公司经研究决定：若盈利的概率不小于 0.6，则生产这种产品，否则不生产. 现甲公司已获信息，乙公司正忙于另一项业务，生产这种新产品的概率仅为 0.3. 试就甲公司是否生产这种新产品做出决策.

3. 甲、乙、丙三组工人加工同一种零件，他们出现次品的概率分别是 0.01，0.02 和 0.03；又知甲组加工出的零件是乙组的 2 倍，是丙组的 4 倍. 现将它们加工的零件混放在一起，从中抽取 1 件，求它不是次品的概率.

4. 某厂自动控制生产设备，于每批产品生产之前需要调整，以确保质量. 根据以往经验资料，若设备调整成功，其产品有 90%合格；若调整不成功，则产品仅有 30%合格. 又知调整成功的概率为 75%. 某日，该厂在设备调整后试产，发现第一个产品合格，问设备已调整好的概率是多少?

5. 一袋中装有 10 个球，其中 3 个黑球，7 个白球，从中先后各取 1 球(不放回)，若第二次取到的球是黑球，求第一次取到的是黑球的概率.

6. 已知某产品的合格率是 96%. 现用某种方法检验，这种方法把合格品误判为次品的概率是 2%，而把次品误判为合格品的概率是 5%. 求下列事件的概率：

(1) 被检验的一件产品认为是合格品；

(2) 检验的一件产品是合格品，它确实是合格品.

### B 组

1. 某商店购进甲厂生产的产品 30 箱，乙厂生产的同种产品 20 箱；甲厂产品每箱装 100 个，废品率为 0.06，乙厂产品每箱装 120 个，废品率为 0.05，求下列事件的概率：

(1) 任取一箱，从中任取 1 个恰为废品；

(2) 若将所有产品开箱混放，任取 1 个恰为废品.

2. 三个盒子中装有红芯和蓝芯签字笔，甲盒中有 2 支红的，4 支蓝的；乙盒中有 4 支红的，2 支蓝的；丙盒中有 3 支红的，3 支蓝的. 今从中任取 1 支，设到三个盒子中取物的机会相同，求取到的是红芯笔的概率.

# 总习题四

1. 填空题：

(1) 设 $A,B$ 为两个随机事件，则事件 $\overline{A}B+A\overline{B}$ 的对立事件是__________.

(2) 同时掷三个不同编号的匀称硬币：

1° 恰好出现一个正面的概率是__________；

2° 同时出现两个正面的概率是__________；

3° 同时出现三个正面的概率是__________.

(3) 盒中有 4 个新乒乓球，2 个旧球. 甲从中任取一个，用过后放回(用过后放回去，下次再取该球就算旧球)，乙再从中任取一个：

1° 甲取到新球的概率是__________；

2° 甲取到新球的条件下，乙取到新球的概率是__________；

3° 甲、乙都取到新球的概率是__________；

4° 乙取到新球的概率是__________；

5° 甲、乙两人至少有一人取到新球的概率是__________.

(4) 设 $P(A)=\frac{1}{2}, P(B)=\frac{1}{3}$：

1° $A$ 与 $B$ 互斥时，$P(A+B)=$__________，$P(AB)=$__________；

2° $A$ 与 $B$ 相互独立时，$P(A+B)=$__________，$P(AB)=$__________；

3° 当 $B\subset A$ 时，$P(A+B)=$__________，$P(AB)=$__________.

(5) 设 $P(A)=0.4, P(A+B)=0.7$：

1° 若 $A$ 与 $B$ 互斥，则 $P(B)=$__________；

2° 若 $A$ 与 $B$ 相互独立，则 $P(B)=$__________.

2. 单项选择题：

(1) 若事件 $A,B$ 有 $A\subset B$，则正确的是(　　).

(A) $B$ 发生，$A$ 必发生　　(B) $B=\overline{A}+AB$

(C) $B=A+A\overline{B}$　　(D) $B=A+\overline{A}B$

(2) $A,B$ 为任意事件，与事件$(A\overline{B}+\overline{A}B+\overline{A}\overline{B})$相等的事件是(　　).

(A) $\overline{A+B}$　　(B) $AB$　　(C) $\overline{AB}$　　(D) $A+B$

(3) 下列不等式中，正确的是(　　).

(A) $P(A)\leqslant P(AB)\leqslant P(A+B)\leqslant P(A)+P(B)$

(B) $P(A)\leqslant P(AB)\leqslant P(A)+P(B)\leqslant P(A+B)$

(C) $P(AB)\leqslant P(A)\leqslant P(A+B)\leqslant P(A)+P(B)$

(D) $P(AB)\leqslant P(A)\leqslant P(A)+P(B)\leqslant P(A+B)$

(4) 若事件 $A$ 与 $B$ 互斥，则 $P(A|(A+B))=($ $)$.

(A) $\dfrac{P(A)}{1-P(\overline{A}\overline{B})}$ (B) $\dfrac{P(B)}{P(A)+P(B)}$

(C) $\dfrac{P(A)}{1-P(\overline{A})P(\overline{B})}$ (D) $\dfrac{P(B)}{1-P(\overline{A}\overline{B})}$

(5) 若 $P(A)>0$，且 $P(B|A)=P(B)$，则正确的是( ).

(A) $AB=\varnothing$ (B) $P(\overline{A}\overline{B})=P(\overline{A})P(\overline{B})$

(C) $A$ 与 $B$ 对立 (D) $P(\overline{A}B)\neq P(\overline{A})P(B)$

3. 一批配件有一等品 3 件，二等品 4 件，三等品 5 件，从中随意任取 3 件，求下列事件的概率：

(1) 一等品、二等品、三等品各 1 件；

(2) 有两件一等品； (3) 至少有两件二等品.

4. 某单位共有 50 名职工，其中会英语的有 35 名，会日语的有 25 名，既会英语又会日语的有 18 名. 现从该单位中任意选出 1 名职工，求他既不会英语，也不会日语的概率.

5. 假设某地区位于甲、乙二河流的汇合处，当任一河流泛滥时，该地区即遭受水灾，设某时期内甲河流泛滥的概率为 0.1，乙河流泛滥的概率为 0.2，当甲河流泛滥时乙河流泛滥的概率为 0.3，求下列事件的概率：

(1) 该时期内这地区遭受水灾；

(2) 当乙河流泛滥时甲河流泛滥.

6. 一批产品共 100 件，其废品率为 5%. 现对其进行抽样检查，在抽查的 5 件产品中有一件废品时，则认为整批产品不合格，求这批产品被拒收的概率.

7. 甲、乙、丙三台设备独立工作，在一天内不发生故障的概率分别为 0.7，0.8 和 0.9. 求在一天内下列事件的概率：

(1) 三台设备都不发生故障；

(2) 三台设备有一台发生故障；

(3) 三台设备最多有一台发生故障.

8. 5 位同龄的健康成年人，他们每人将活 30 年的概率为 $\dfrac{2}{3}$，他们买了人寿保险，期限为 30 年，求保险公司至少要给两个人偿付保险金的概率.

9. 在秋粮运输中，某汽车可能到甲、乙、丙三地去拉粮，到此三处拉粮的概率分别为 0.2，0.5，0.3；而在各处拉到一等品粮的概率分别为 0.1，0.3，0.7. 求：

(1) 汽车拉到一等品粮的概率；

(2) 已知汽车拉到的是一等品粮，则该车粮是从乙地拉来的概率.

# 第五章

# 随机变量及其分布

本章从随机变量概念讲起，先介绍离散型随机变量的概率分布概念及常见的离散型随机变量的概率分布；然后介绍连续型随机变量的密度函数概念，及常见的连续型随机变量的密度函数.

## §5.1 随机变量概念

**【学习本节要达到的目标】**

了解随机变量概念.

### 一、随机变量

为了深入地研究随机现象，便于数学处理，需要把随机试验的结果，即将随机事件数量化：有一些随机事件，本来就是需要用数量来描述的；还有一些随机事件，本来是不用数量来描述的，但可人为地用数量来描述它. 为此而引入随机变量概念.

**例 1** 抛掷一颗质地均匀的骰子，观察出现的点数.

若以字母 $X$ 表示"出现的点数"，则 $X$ 所有可能取值为 1,2,3,4,5,6，即 $X$ 是一个变量. 在每次抛掷之前，我们知道 $X$ 应取这六个数中的一个，但不能确定它究竟取哪一个，而只有依据抛掷的结果，得到 $X$ 的唯一取值，即它的取值具有随机性；另外，在抛掷之前，由于这是一颗质地均匀的骰子，我们知道 $X$ 取每一个值的概率都是 $\frac{1}{6}$. 可记为

$$P\{X=1\}=\frac{1}{6},\quad P\{X=2\}=\frac{1}{6},\quad P\{X=3\}=\frac{1}{6},$$

$$P\{X=4\}=\frac{1}{6},\quad P\{X=5\}=\frac{1}{6},\quad P\{X=6\}=\frac{1}{6}.$$

由上所述，我们看到，$X$ 是可以取不同数值的量，因此，$X$ 是一个**变量**. 这个量的取值是由随机试验的结果而定，即它的取值具有**随机性**；而且它取每一个值的**概率是确定的**. 我们把具有这种特性的变量 $X$，称为

**随机变量**.

**例 2** 某射手每次击中目标的概率是 0.8，现一次一次接连向目标射击，直到第一次击中为止，考查射击次数.

若以 $X$ 表示“到第一次击中目标为止的射击次数”，则 $X$ 的所有可能取值是一切正整数：1，2，3，….

显然，$X$ 是一个变量. $X$ 应取哪一个值不能在试验之前预言，只能由试验结果而定，即它的取值具有随机性；而且 $X$ 取每一个值的概率是确定的. 注意到第 $k(k=2,3,\cdots)$ 次才击中目标就意味着前 $k-1$ 次未击中目标，且未击中目标的概率是 0.2，所以

$X=1$ 时，其发生的概率是 0.8，可记为 $P\{X=1\}=0.8$；

$X=2$ 时，其发生的概率是 $0.2\cdot 0.8$，可记为 $P\{X=2\}=0.16$；

$X=3$ 时，其发生的概率是 $(0.2)^2\cdot 0.8$，可记为 $P\{X=3\}=0.032$；

以此类推，一般有

$$P\{X=k\}=(0.2)^{k-1}\cdot 0.8 \quad (k=1,2,3,\cdots).$$

按例 1 所述，本例的 $X$ 也是一个随机变量.

**例 3** 某报时台以 1 min 为报时单位，等于或超过 30 s 进为 1 min，不足 30 s 则略去不计. 考查报时的误差.

若以 $X$ 表示“报时的误差”，则 $X$ 的可能取值必落在区间 $(-30,30]$ 内. 由于人们问询时间是不确定的，自然 $X$ 的取值具有随机性；因 $X$ 的取值充满区间 $(-30,30]$，我们不讨论它取某一个值的概率，以后将说明，$X$ 在区间 $(-30,30]$ 之内的某一个部分区间上取值的概率是确定的.

此例中的 $X$ 是一个变量，这样的变量也是**随机变量**.

**例 4** 掷一枚匀称的硬币，有两个可能结果：“出现正面向上”或“出现反面向上”. 看来这个试验结果与数值无关，但我们可以使试验的结果与数值对应，从而使试验结果数量化. 通常是令

“$X=1$”表示出现正面向上，其出现的概率为 0.5，可记为 $P\{X=1\}=0.5$；

“$X=0$”表示出现反面向上，其出现的概率也为 0.5，可记为 $P\{X=0\}=0.5$.

这样，$X$ 就能表示掷一枚匀称硬币的试验结果，$X$ 的所有可能取值是 0，1. $X$ 是一个变量，它的取值具有随机性，而且取每一个值的概率是确定的. 显然 $X$ 是一个**随机变量**.

以上各例，我们将随机试验结果用一个实数 $X$ 来表示，$X$ 是一个变量，且具有以下**两个特性**：

(1) **取值的随机性** 它所取的不同数值要由随机试验的结果而定；

(2) **概率的确定性** 它取某一个值或在某一区间内取值的概率是确定的.

这样的变量，通常称为**随机变量**. 我们可以粗略描述如下：

在自然界和社会现象中，有一种变量，它在相同的条件下由于随机因素的影响可能取不

同的数值，且这些数值落在某个范围内的概率是确定的. 这种变量称为**随机变量**.

一般用大写字母 $X,Y$ 等或希腊字母 $\xi,\eta$ 等表示随机变量.

既然随机变量的取值要由随机试验结果而定，所以，随机变量不是自变量，而是因变量. 即它是**以随机事件为自变量的函数**.

这样，对随机事件的研究完全可以转化为对随机变量的研究.

## 二、常见的随机变量类型

随机变量按其取值情况分为两大类：**离散型随机变量**和**非离散型随机变量**. 在非离散型随机变量中，最常见的是称为连续型的随机变量. 我们只讨论**离散型**和**连续型随机变量**.

所谓离散型随机变量，是指只取有限个或可列个值的随机变量. 前面例 1、例 4 中的随机变量 $X$ 都只取有限个值，而例 2 中的随机变量 $X$ 是取可列个值.

所谓连续型随机变量，是指在某一个或若干个有限或无限区间上取所有值的随机变量. 如前面例 3 中的随机变量是在一个有限区间上取值.

## 习 题 5.1

### A 组

1. 在 10 件产品中，有 6 件一等品，4 件二等品，若以随机变量 $X$ 表示“在取出的 3 件产品中所含二等品件数”，则 $X$ 所可能取的值是________；$P\{X=0\}=$________；$P\{X=1\}=$________；$P\{X=2\}$________；$P\{X=3\}$________；$P\{X<0\}=$________；$P\{X\leqslant 0\}=$________；$P\{X>3\}=$________；$P\{X\geqslant 3\}=$________；$P\{X\leqslant 3\}=$________；$P\{X<4\}=$________；$P\{1<X\leqslant 3\}=$________.

2. 在 100 件产品中有 15 件次品，从中任意抽取 1 件. 若以随机变量 $X$ 表示“抽取到的次品数”，当抽取到正品时，记为 $X=0$，当抽到次品时，记为 $X=1$，则 $P\{X=0\}=$________；$P\{X=1\}=$________.

### B 组

1. 在 $N$ 件产品中，有 $N_1$ 件次品，$N_2$ 件正品（$N_1+N_2=N$）. 从中抽取 $n$ 件检查，若以随机变量 $X$ 表示在 $n$ 件产品中的次品件数，试写出 $X$ 的所有可能取值.

2. 对一只显像管做试验，观察其使用寿命（单位：h）. 若以随机变量 $X$ 表示显像管的使用寿命，试写出 $X$ 的可能取值区间.

# §5.2 离散型随机变量

**【学习本节要达到的目标】**

1. 理解离散型随机变量概率分布的定义及其性质.
2. 掌握二项分布的概率分布的表达式及所描述的随机试验.
3. 掌握泊松分布的概率分布的表达式;会用泊松分布近似计算二项分布.

## 一、离散型随机变量的概率分布

只取有限个或可列个值的随机变量 $X$ 称为**离散型随机变量**.它的所有可能取值,一般地以

$$x_1,x_2,\cdots,x_k,\cdots$$

表示.完整地描述离散型随机变量 $X$ 的所有可能取值及其相应的概率的关系式称为 **$X$ 的概率分布**,如下定义.

**定义** 设 $X$ 为离散型随机变量,它的所有可能取值为 $x_1,x_2,\cdots,x_k,\cdots$,其相应的概率为 $p_1,p_2,\cdots,p_k,\cdots$,记为

$$P\{X=x_k\}=p_k \quad (k=1,2,\cdots).$$

称上式为**随机变量 $X$ 的概率函数**,也称为**随机变量 $X$ 的概率分布**.有时,也称为 **$X$ 的分布列**.

显然,由该公式便可知道 $X$ 取所有值的概率分布情况.

随机变量 $X$ 的概率函数也可用表格形式表示:

| $X$ | $x_1$ | $x_2$ | $\cdots$ | $x_k$ | $\cdots$ |
|---|---|---|---|---|---|
| $p$ | $p_1$ | $p_2$ | $\cdots$ | $p_k$ | $\cdots$ |

这称为 **$X$ 的概率函数表或概率分布表**.

由于随机事件"$X=x_1$","$X=x_2$",…,"$X=x_k$",…构成一个完备事件组,因此,离散型随机变量 $X$ 的概率分布中的概率具有以下**性质**:

(1) $p_k\geqslant 0\ (k=1,2,\cdots)$;

(2) $\sum\limits_k p_k=1$.

凡满足上述两个性质的有限个数或可列个数 $p_1,p_2,\cdots,p_k\cdots$,都可以作为**某个离散型随机变量的概率分布.**

按上述定义,我们再来看§5.1中的例1和例2.

在§5.1的例1中,若以 $X$ 表示掷一颗质地均匀骰子"出现的点数",则随机变量 $X$ 的概

率分布可写为

$$P\{X=k\}=\frac{1}{6}\quad(k=1,2,3,4,5,6).$$

写成概率分布表，则为

| $X$ | 1 | 2 | 3 | 4 | 5 | 6 |
|---|---|---|---|---|---|---|
| $p$ | $\frac{1}{6}$ | $\frac{1}{6}$ | $\frac{1}{6}$ | $\frac{1}{6}$ | $\frac{1}{6}$ | $\frac{1}{6}$ |

在§5.1的例2中，若以$X$表示"到第一次击中目标为止的射击次数"，则随机变量$X$的概率分布可写为

$$P\{X=k\}=(0.2)^{k-1}\cdot 0.8\quad(k=1,2,3,\cdots).$$

一般地，设一个试验成功的概率为$p(0<p<1)$，不断进行重复试验，直至第一次成功为止.若以$X$表示"试验次数"，则随机变量$X$的概率分布为

$$P\{X=k\}=(1-p)^{k-1}p\quad(k=1,2,3,\cdots).$$

**例1** 设离散型随机变量$X$的概率分布为

$$P\{X=k\}=\frac{\lambda}{k}\quad(k=1,2,3,4),$$

其中$\lambda$是待定常数.

(1) 求$\lambda$的值，并写出概率分布表；

(2) 求$P\{X\leqslant 3\},P\{X>3\},P\{1<X<4\},P\{X<1\},P\{X\geqslant 4\}$.

**解** (1) 由概率分布的性质知

$$\sum_{k=1}^{4}\frac{\lambda}{k}=\lambda+\frac{\lambda}{2}+\frac{\lambda}{3}+\frac{\lambda}{4}=1,$$

即

$$\frac{25}{12}\lambda=1,\quad \lambda=\frac{12}{25}.$$

由$\lambda$的值得随机变量$X$的概率分布表为

| $X$ | 1 | 2 | 3 | 4 |
|---|---|---|---|---|
| $p$ | $\frac{12}{25}$ | $\frac{6}{25}$ | $\frac{4}{25}$ | $\frac{3}{25}$ |

(2) $P\{X\leqslant 3\}=P\{X=1\}+P\{X=2\}+P\{X=3\}=\frac{12}{25}+\frac{6}{25}+\frac{4}{25}=\frac{22}{25}$,

$$P\{X>3\}=P\{X=4\}=\frac{3}{25},$$

$$P\{1<X<4\}=P\{X=2\}+P\{X=3\}=\frac{10}{25}=\frac{2}{5},$$

$$P\{X<1\}=0,$$
$$P\{X\geqslant 4\}=P\{X=4\}=\frac{3}{25}.$$

## 二、常见离散型随机变量的概率分布

### 1. 两点分布

**例 2** 100 件产品中有 95 件正品，5 件次品，现从中任取 1 件，考查取出的次品数. 试用随机变量描述该试验的结果，并写出其概率分布.

**解** 用 $X$ 表示该随机变量，这个变量只能取两个值. 若以 $X=0$ 表示取出的是正品，以 $X=1$ 表示取出的是次品. 易知

$$P\{X=0\}=0.95, \quad P\{X=1\}=0.05.$$

若用公式表示 $X$ 的概率分布，则为

$$P\{X=k\}=(0.05)^k(0.95)^{1-k} \quad (k=0,1).$$

一般地，只取两个可能值 $x_1,x_2$ 的随机变量 $X$，其概率分布可写为

$$P\{X=x_k\}=p_k \quad (k=1,2),$$

称 $X$ 服从**两点分布**. 特别地，若 $x_1=0,x_2=1$，这时称 $X$ **服从 0-1 分布**.

0-1 分布描述只有两个可能结果的随机试验，0-1 分布的概率分布一般写为

$$P\{X=k\}=p^k(1-p)^{1-k} \quad (k=0,1),$$

其中参数 $p$：$0<p<1$. 若以概率分布表表示，则为

| $X$ | 0 | 1 |
|---|---|---|
| $p$ | $1-p$ | $p$ |

### 2. 二项分布

若随机变量 $X$ 的概率分布为

$$P\{X=k\}=C_n^k p^k(1-p)^{n-k} \quad (k=0,1,2,\cdots,n), \tag{1}$$

其中 $0<p<1$，$n$ 为正整数，则称 $X$ **服从参数为 $n,p$ 的二项分布**，记为 $X\sim B(n,p)$.

若记 $q=1-p$，则(1)式又记为

$$P\{X=k\}=C_n^k p^k q^{n-k} \quad (k=0,1,2,\cdots,n).$$

显然，当 $n=1$ 时，**二项分布就是 0-1 分布**.

注意 §4.4 中的 $n$ 重伯努利试验，若试验次数为 $n$，在每次试验中事件 $A$ 发生概率都是 $p$，则事件 $A$ 发生的次数 $X$ 是一个随机变量，它的概率分布恰好用公式 $C_n^k p^k(1-p)^{n-k}$ 表示. 因此，二项分布就是用来描述 $n$ 重伯努利试验的.

**例 3** 某人对一目标连续射击 4 次，每次击中的概率都是 0.25. 设各次射击彼此独立，求击中目标次数 $X$ 的概率分布.

**解** 这是 4 重伯努利试验，$X\sim B(4,0.25)$. 若用公式(1)表示，$X$ 的概率分布为

$$P\{X=k\}=C_4^k(0.25)^k(0.75)^{4-k}\quad(k=0,1,2,3,4).$$

由二项分布公式可算出：

$$P\{X=0\}=(0.75)^4=0.3164,$$
$$P\{X=1\}=C_4^1(0.25)\cdot(0.75)^3=0.4219,$$
$$P\{X=2\}=C_4^2(0.25)^2\cdot(0.75)^2=0.2109,$$
$$P\{X=3\}=C_4^3(0.25)^3\cdot(0.75)=0.0469,$$
$$P\{X=4\}=C_4^4(0.25)^4=0.0039.$$

于是 $X$ 的概率分布表为

| $X$ | 0 | 1 | 2 | 3 | 4 |
|---|---|---|---|---|---|
| $p$ | 0.3164 | 0.4219 | 0.2109 | 0.0469 | 0.0039 |

**例 4** 在一个车间里有 9 个工人相互独立的工作，且他们间歇地使用电力. 若每个工人在一小时内平均有 12 分钟需要电力，问在一小时内至少有 7 人需要用电的概率是多少？

**解** 依题意，每个工人在一小时内需要用电的概率

$$p=\frac{12}{60}=0.2.$$

对每个工人而言，在一小时内需要用电的概率都为 0.2，不需要用电的概率都为 0.8. 若设 $X$ 表示在一小时内需要用电的工人数，则 $X$ 服从二项分布，且 $X\sim B(9,0.2)$. 至少有 7 人需要用电的概率是

$$\begin{aligned}P\{X\geqslant 7\}&=P\{X=7\}+P\{X=8\}+P\{X=9\}\\&=C_9^7(0.2)^7(0.8)^2+C_9^8(0.2)^8(0.8)+C_9^9(0.2)^9\\&=0.0003.\end{aligned}$$

**例 5** 设一批产品共 10000 个，其中废品数为 500 个. 现从这批产品中任取 10 个，求这 10 个产品中恰有 2 个废品的概率.

**解** 这是不放回抽样问题. 但由于产品的数量很多，而抽检产品的数量较少，可以认为该不放回抽样并不会影响剩余部分产品的废品率，因此可看做是放回抽样问题，且认为这批产品的废品率 $p=\frac{500}{10000}=0.05$.

若以 $X$ 表示取出的 10 个产品中所含的次品数，则 $X\sim B(10,0.05)$. 于是，所求概率

$$P\{X=2\}=C_{10}^2(0.05)^2(0.95)^8=0.0746.$$

**说明** 本例也可如下叙述："设有一大批产品，其废品率为 5%."以下同原题.

**3. 泊松分布**

若随机变量 $X$ 的概率分布为

$$P\{X=k\}=\frac{\lambda^k}{k!}e^{-\lambda}\quad(k=0,1,2,\cdots),$$

其中 $\lambda>0$,则称 $X$ **服从参数为 $\lambda$ 的泊松分布**,记为 $X\sim P(\lambda)$.

泊松分布是常见的分布,大量实践表明,下列随机变量服从泊松分布:

(1) 在任意给定的一段时间内,来到某公共设施要求得到服务的人数;电话交换台接到呼唤的次数;到某公共汽车站候车的人数;到某商店排队买东西的人数等.

(2) 在任意给定的一段时间内,事故、错误及其他灾害性事件发生的次数,如打字员打错字数;一个大工厂发生重大公害事故的次数等.

(3) 一页上排版的错字数;一定长度的布上的疵点数等.

由于泊松分布应用广泛,为避免重复计算,一般可通过查表(附表1泊松概率分布表)得到结果.

**例6** 电话交换台每分钟接到的呼唤次数 $X$ 服从参数为3的泊松分布,求下列事件的概率:

(1) 在一分钟内恰好接到6次呼唤;

(2) 在一分钟内呼唤次数不超过5次;

(3) 在一分钟内呼唤次数超过5次.

**解** 因 $X\sim P(3)$,故

$$P\{X=k\}=\frac{3^k}{k!}e^{-3}\quad(k=0,1,2,\cdots).$$

于是,由查表(附表1)可得:

(1) $P\{X=6\}=\frac{3^6}{6!}e^{-3}=0.050409$;

(2) $$\begin{aligned}P\{X\leqslant 5\}&=\sum_{k=0}^{5}P\{X=k\}=\sum_{k=0}^{5}\frac{3^k}{k!}e^{-3}\\&=0.049787+0.149361+0.224042\\&\quad+0.224042+0.168031+0.100819\\&=0.916082;\end{aligned}$$

(3) $P\{X>5\}=1-P\{X\leqslant 5\}=1-0.916082=0.083918$.

当 $n$ 很大,按二项分布公式(1)计算概率是比较困难的.可以证明,在二项分布中,当 $n$ 很大,$p$ 很小时,取 $\lambda=np$,可用**泊松分布近似计算二项分布**,即有**近似公式**

$$C_n^k p^k(1-p)^{n-k}\approx\frac{\lambda^k}{k!}e^{-\lambda}.$$

在实际问题中,一般当 $np<5$ 时,便可应用该近似公式.

**例 7** 某厂有同类设备若干台,设备发生故障的概率都是 0.01,当一台设备发生故障时需要有 1 名工人来维修处理.现考虑用两种方式进行管理:

(1) 由 1 名工人负责维修 20 台设备;

(2) 由 3 名工人负责维修 80 台设备.

试分别求出设备发生故障而需要等待维修的概率.

**解** 这是二项分布问题,我们用泊松分布近似计算.

(1) 若以 $X$ 表示 20 台设备中发生故障的台数,则 $X \sim B(20, 0.01)$.由于 $n=20$ 较大,$p=0.01$ 较小,$\lambda=np=0.2$,可以认为近似地有 $X \sim P(0.2)$.

由于 $X$ 面对 1 名维修工人,所以当 $X>1$ 时即出现等待维修现象,所求的概率是 $P\{X>1\}$.查表(附表 1),

$$P\{X>1\}=1-P\{X\leqslant 1\}=1-P\{X=0\}-P\{X=1\}$$
$$=1-0.818731-0.163746=0.017523.$$

(2) 若以 $X$ 表示 80 台设备中发生故障的台数,则 $X \sim B(80, 0.01)$,$\lambda=np=80 \cdot 0.01=0.8$,近似地有 $X \sim P(0.8)$.由于 $X$ 面对 3 名维修工人,所求的概率是 $P\{X>3\}$.查表(附表 1),

$$P\{X>3\}=1-P\{X\leqslant 3\}=1-P\{X=0\}-P\{X=1\}-P\{X=2\}-P\{X=3\}$$
$$=1-0.449329-0.359463-0.143785-0.038313$$
$$=0.00911.$$

由以上计算可知,第二种管理方式不仅每人平均负责维修的设备台数有所增加,而且维修等待的概率大大降低,因此由多人共同看管设备的管理经济效益好于个人分别看管设备.

## 习 题 5.2

### A 组

1. 一批零件中有 9 个合格品和 3 个废品,安装机器时,从这批零件中依次抽取,若每次取出的废品不再放回去,直到取出合格品为止,求在取得合格品之前,已取出的废品数的概率分布.

2. 设随机变量 $X$ 的概率分布为

| $X$ | $-1$ | $0$ | $1$ | $2$ | $3$ |
|---|---|---|---|---|---|
| $p$ | $c$ | $2c$ | $c$ | $2c$ | $4c$ |

(1) 求 $c$ 的值; (2) 写出概率分布表.

3. 一批产品的次品率为 15%,从中随机地抽取 1 件产品进行检验,试求取出产品的次品数的概率分布.

4. 已知随机变量 $X$ 服从 0-1 分布，并且 $P\{X=0\}=0.4$，求 $X$ 的概率分布.

5. 一批产品有 10% 的次品，进行重复抽样检查，共取 10 件产品，求：

(1) 10 件产品中次品数的概率分布；

(2) 10 件产品中次品不多于 1 个的概率.

6. 某类灯泡使用时数在 1000 小时以上的概率为 0.2，现有 3 个这类灯泡，求：

(1) 在使用 1000 小时以后坏了的个数 $X$ 的概率分布；

(2) 在使用 1000 小时以后，最多坏一个的概率.

7. 某批发站供应 10 家商店，其中每一家商店预订下一天货物的概率不依赖于其他商店是否预订且概率为 0.4. 求 4 家商店订货的概率.

8. 一大批种子的发芽率为 90%，从中任取 10 粒，求播种后恰有 8 粒发芽的概率.

9. 已知某本书 1 页上印刷错误的个数 $X$ 服从参数为 0.2 的泊松分布.

(1) 试写出 $X$ 的概率分布；

(2) 求 1 页上印刷错误不多于 1 个的概率.

10. 设一交通路口一个月内发生交通事故的次数服从参数为 4 的泊松分布，求下列事件的概率：

(1) 一个月内恰发生 9 次交通事故；

(2) 一个月内发生交通事故的次数大于 10.

11. 设随机变量 $X$ 服从参数为 $\lambda$ 的泊松分布，且 $P\{X=1\}=P\{X=2\}$，求 $P\{X=4\}$.

12. 设生三胞胎的概率为 0.0001，求在 100000 次生育中恰有 0,1,2 次生三胞胎的概率(用泊松分布近似计算).

## B 组

1. 设有 10 件产品，其中 8 件正品，2 件次品. 从这批产品中任取 1 件，若它是次品，则另换 1 件正品到这批产品中，然后再取 1 件，直到取得正品为止. 求所进行的抽取次数的概率分布.

2. 一个袋子中有 $N$ 个球，其中有 $M$ 个白球，其余为黑球. 每次从袋中任取一球，查看完颜色后再放回袋中，一共取 $n$ 次，求取到白球数 $X$ 的概率分布.

3. 某车间有 20 部同型号机床，每部机床开动的概率为 0.8，各机床是否开动彼此独立. 每部机床开动时所消耗的电能为 15 个单位. 求这个车间消耗电能不少于 270 个单位的概率.

4. 已知每天到达某港口的油轮数 $X$ 服从 $\lambda=2.5$ 的泊松分布，港口每天只能为 3 艘油轮装油. 若一天中到达的油轮超过 3 艘，则超过 3 艘的油轮必须转向其他港口. 求在一天中必须有油轮转向其他港口的概率.

## §5.3 连续型随机变量

**【学习本节要达到的目标】**

1. 理解连续型随机变量的概率密度的定义及其性质.
2. 掌握均匀分布和指数分布.

### 一、连续型随机变量的概率密度

对于连续型随机变量 $X$ 来说，由于它可以取某一区间内的任意实数，因此不考查 $X$ 在此区间内某一点取值的概率. 只有确知它在此区间内某一部分区间上取值的概率时，才能掌握其取值的概率分布情况.

**定义** 对于随机变量 $X$，若存在一个非负可积函数 $f(x)$，$x\in(-\infty,+\infty)$，使得对任意的实数 $a$，$b(a<b)$，有

$$P\{a<X\leqslant b\}=\int_a^b f(x)\mathrm{d}x,$$

则称 $X$ **为连续型随机变量**，称 $f(x)$**为** $X$ **的概率密度函数**，简称**密度函数**或**概率密度**.

在直角坐标系下，密度函数的图形称为随机变量 $X$ 的**密度曲线**. 由定积分的几何意义可知，$X$ 在区间$(a,b]$上取值的概率 $P\{a<X\leqslant b\}$ 正是在该区间上以密度曲线为曲边的曲边梯形的面积(图 5-1).

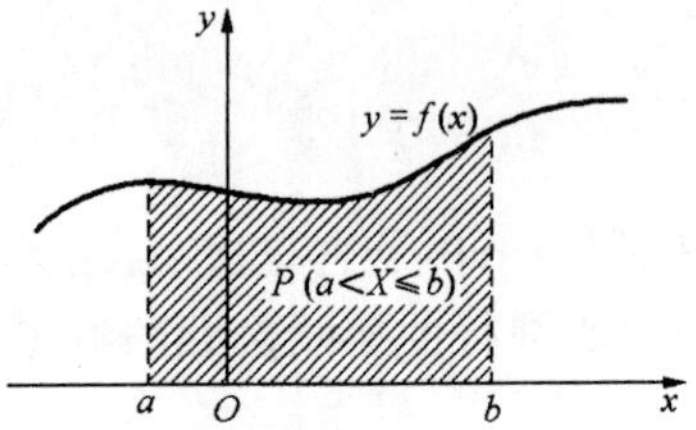

图 5-1

这里必须注意，密度函数 $f(x)$ 在某一点处的值，并不表示随机变量 $X$ 在此点处的概率，而是表示 $X$ 在此点处概率分布的密集程度，即 $X$ 在此点附近一个单位长度上的概率.

由密度函数的定义，易知它有以下**性质**：

(1) $f(x)\geqslant 0$，$x\in(-\infty,+\infty)$；

(2) $\int_{-\infty}^{+\infty} f(x)\mathrm{d}x=1$.

性质(2)的几何意义是介于密度曲线 $y=f(x)$ 与 $x$ 轴之间的平面图形的面积等于 1. 这表示连续型随机变量 $X$ 的值必然落在区间$(-\infty,+\infty)$之内.

反之，任何一个具有上述性质的函数 $f(x)$ 必定是**某个连续型随机变量的概率密度函数.**

另外，由密度函数定义还知：

(1) 连续型随机变量 $X$ 取任何一固定值 $c$ 的概率为零，即

$$P\{X=c\}=0.$$

(2) 连续型随机变量 $X$ 在任一区间上取值的概率与是否包含区间的端点无关，即

$$P\{a<X<b\}=P\{a\leqslant X<b\}=P\{a\leqslant X\leqslant b\}$$
$$=P\{a<X\leqslant b\}=\int_a^b f(x)\mathrm{d}x.$$

**例 1** 设 $X$ 的密度函数为

$$f(x)=\begin{cases}ax^2, & 0<x<1,\\ 0, & \text{其他}.\end{cases}$$

(1) 确定常数 $a$； (2) 绘出密度曲线；

(3) 求 $P\{-1<X<0.2\}$.

**解** (1) 由密度函数的性质 $\int_{-\infty}^{+\infty}f(x)\mathrm{d}x=1$，即

$$\int_{-\infty}^{0}0\mathrm{d}x+\int_0^1 ax^2\mathrm{d}x+\int_1^{+\infty}0\mathrm{d}x=1,$$

解得 $a=3$.

(2) $X$ 的密度函数为

$$f(x)=\begin{cases}3x^2, & 0<x<1,\\ 0, & \text{其他},\end{cases}$$

其图形如图 5-2 所示.

(3) $P\{-1<X<0.2\}=\int_{-1}^{0.2}f(x)\mathrm{d}x=\int_{-1}^{0}0\mathrm{d}x+\int_0^{0.2}3x^2\mathrm{d}x=0.008.$

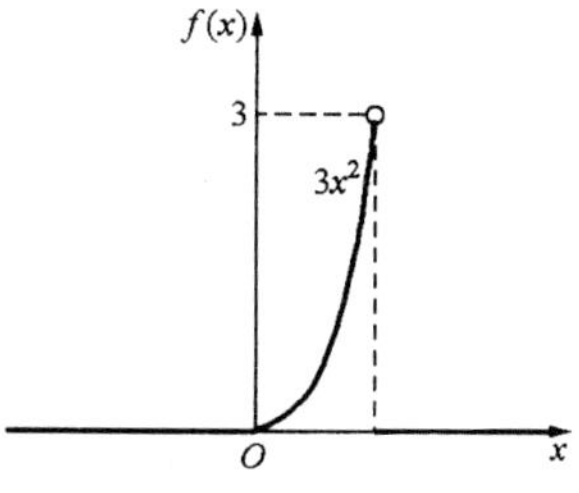

图 5-2

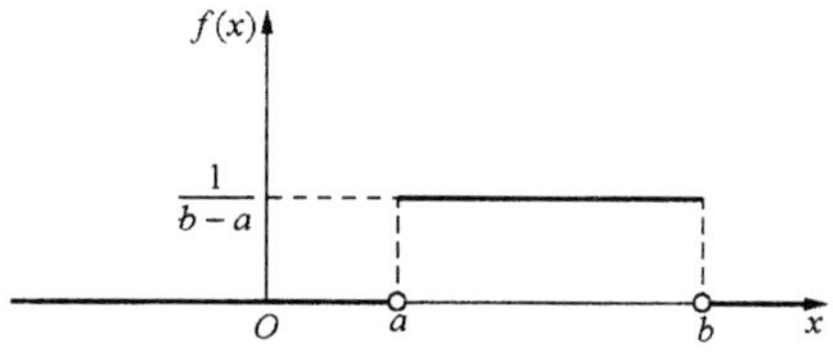

图 5-3

## 二、常见连续型随机变量的密度函数

### 1. 均匀分布

若随机变量 $X$ 的密度函数为

$$f(x)=\begin{cases}\dfrac{1}{b-a}, & a\leqslant x\leqslant b,\\ 0, & \text{其他},\end{cases}$$

则称 $X$ 在区间$[a,b]$上服从**均匀分布**，记为 $X\sim U(a,b)$.

对均匀分布而言，随机变量 $X$ 仅在有限区间 $[a,b]$ 上取值，而且落在区间 $[a,b]$ 中的任意等长度的部分区间上取值的概率是相同的. 均匀分布密度函数的图形如图 5-3 所示.

**例 2** 某报时台以 1 min 为单位报时，即等于或超过 30 s 进为 1 min，不足 30 s 则略去不计，若以 $X$ 表示报时台报时的化整(化整为 1 min)的误差：

(1) 写出 $X$ 的概率密度函数；

(2) 求 $P\{X>10\}$，$P\{|X|\leqslant 10\}$.

**解** 在 §5.1 中，我们已提出了此问题.

(1) 依题意，$X$ 的可能取值必落在区间 $(-30,30]$ 内，而且在该区间内任意一点有相同的概率密度，或者说，$X$ 落在区间 $(-30,30]$ 之内的任意等长度的部分区间的可能性是相同的. 所以 $X$ 在区间 $(-30,30]$ 上服从均匀分布，概率密度函数为

$$f(x)=\begin{cases}\dfrac{1}{30-(-30)}, & -30<x\leqslant 30,\\ 0, & \text{其他},\end{cases}$$

即

$$f(x)=\begin{cases}\dfrac{1}{60}, & -30<x\leqslant 30,\\ 0, & \text{其他}.\end{cases}$$

(2) $P\{X>10\}=P\{10<X\leqslant 30\}=\displaystyle\int_{10}^{30}\frac{1}{60}\mathrm{d}x=\frac{1}{3}$；

$$P\{|X|\leqslant 10\}=P\{-10\leqslant X\leqslant 10\}=P\{-10<X\leqslant 10\}=\int_{-10}^{10}\frac{1}{60}\mathrm{d}x=\frac{1}{3}.$$

由上述结果可以看出，随机误差 $X$ 落在区间长度为 20 s 的时间段内的概率都是 1/3. 其概率与区间所处的位置无关，只与区间长度有关.

**2. 指数分布**

若随机变量 $X$ 的密度函数为

$$f(x)=\begin{cases}\lambda \mathrm{e}^{-\lambda x}, & x\geqslant 0,\\ 0, & x<0,\end{cases}$$

其中 $\lambda>0$，则称 **$X$ 服从参数为 $\lambda$ 的指数分布**，记为 $X\sim e(\lambda)$.

指数分布的密度曲线如图 5-4 所示.

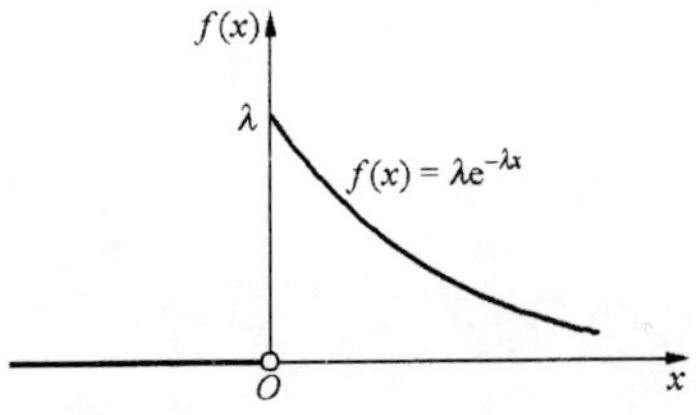

图 5-4

在可靠性理论研究中常用指数分布. 如产品的寿命，两次故障之间的时间等这类随机变量一般用指数分布来描述.

**例 3** 某台电子计算机，在发生故障前正常运行的时间

$X$(单位：h)是一个连续型随机变量,其密度函数为

$$f(x)=\begin{cases}\frac{1}{100}\mathrm{e}^{-\frac{x}{100}}, & x\geqslant 0;\\ 0, & x<0.\end{cases}$$

(1) 求正常运行时间在 50 h 到 100 h 之间的概率;

(2) 运行 100 h 尚未发生故障的概率.

**解** $X$ 服从参数为 $\lambda=\frac{1}{100}$ 的指数分布.

(1) 依题设,若电子计算机在 50 h 到 100 h 之间正常运行,其概率是

$$P\{50<X<100\}=\int_{50}^{100}\frac{1}{100}\mathrm{e}^{-\frac{x}{100}}\mathrm{d}x=-\mathrm{e}^{-\frac{1}{100}x}\Big|_{50}^{100}=\mathrm{e}^{-\frac{1}{2}}-\mathrm{e}^{-1}$$

$$=0.6065-0.3679=0.2386;$$

(2) 运行 100 h 尚未发生故障,即 $X>100$,

$$P\{X>100\}=\int_{100}^{+\infty}\frac{1}{100}\mathrm{e}^{-\frac{x}{100}}\mathrm{d}x=\mathrm{e}^{-1}=0.3679.$$

## 习 题 5.3

### A 组

1. 设随机变量 $X$ 的密度函数为

$$f(x)=\begin{cases}\frac{2}{\pi(1+x^2)}, & a<x<+\infty,\\ 0, & \text{其他}.\end{cases}$$

(1) 确定常数 $a$;

(2) 若 $P\{a<x<b\}=0.5$,求 $b$ 的值.

2. 已知连续型随机变量 $X$ 的密度函数为

$$f(x)=\begin{cases}ax+b, & 0<x<2,\\ 0, & \text{其他},\end{cases}$$

且 $P\{1<X<3\}=0.25$.

(1) 确定常数 $a$ 和 $b$; (2) 求 $P\{X>1.5\}$.

3. 某公共汽车的起点站上每隔 8 min 发出一辆汽车,一个乘客在任一时刻到达车站是等可能的.

(1) 求此乘客候车时间 $X$ 的概率密度函数;

(2) 绘出 $X$ 的密度曲线;

(3) 求此乘客候车时间超过 5 min 的概率.

4. 设随机变量 $X$ 服从均匀分布，其密度函数为

$$f(x)=\begin{cases}\dfrac{1}{10}, & 0\leqslant x\leqslant 10,\\ 0, & \text{其他},\end{cases}$$

求 $P\{X=3\}$, $P\{X<3\}$, $P\{X\geqslant 6\}$, $P\{3<X\leqslant 8\}$.

5. 设随机变量 $X$ 的密度函数为

$$f(x)=\begin{cases}\dfrac{1}{2a}, & -a\leqslant x\leqslant a,\\ 0, & \text{其他},\end{cases}$$

试分别确定满足下列关系式的常数 $a$：

(1) $P\{X>1\}=\dfrac{1}{3}$；　　(2) $P\{|X|<1\}=P\{|X|>1\}$.

6. 设随机变量 $X$ 的密度函数形如

$$f(x)=\begin{cases}a\mathrm{e}^{-bx}, & x\geqslant 0,\\ 0, & x<0,\end{cases}$$

且 $P\{X\leqslant 3\}=0.8637$. 求常数 $a,b$ 的值.

7. 某电子元件的寿命 $X$(单位：h)的密度函数为

$$f(x)=\begin{cases}\dfrac{1}{800}\mathrm{e}^{-\frac{x}{800}}, & x\geqslant 0,\\ 0, & x<0,\end{cases}$$

求元件的寿命超过 400 h 的概率.

8. 设打 1 次电话所用的时间 $X$(单位：min)的密度函数为

$$f(x)=\begin{cases}\dfrac{1}{10}\mathrm{e}^{-\frac{x}{10}}, & x\geqslant 0,\\ 0, & x<0.\end{cases}$$

若有 1 人刚好在你前面走进公共电话间，求你等待下列时间的概率：

(1) 超过 10 min；　　(2) 在 10 min 到 20 min 之间.

## B 组

1. 某种电阻的阻值 $X$(单位：Ω)在区间[900,1100]上服从均匀分布，设某仪器内装有 3 只独立工作的这样的电阻，试求下列概率：

(1) 3 只电阻的阻值均大于 1050 Ω；

(2) 至少有 1 只电阻的阻值大于 1050 Ω.

2. 已知某仪器内装有 3 个独立工作的同型号电子元件，其寿命 $X$(单位：h)都服从指数分布，其概率密度为

$$f(x)=\begin{cases}\frac{1}{600}e^{-\frac{x}{600}}, & x\geqslant 0,\\ 0, & x<0.\end{cases}$$

试求在仪器使用的最初 200 h 内,至少有一个电子元件损坏的概率.

## §5.4 正态分布

**【学习本节要达到的目标】**

1. 掌握正态分布密度函数的表达式.
2. 理解标准正态分布密度函数的性质.
3. 熟练掌握正态分布概率的计算.

### 一、正态分布的密度函数

连续型随机变量的分布,我们已讲过均匀分布和指数分布.本节将介绍连续型随机变量中最重要的正态分布,特别是着重讲授标准正态分布.

**1. 正态分布的密度函数**

若随机变量 $X$ 的密度函数为

$$f(x)=\frac{1}{\sqrt{2\pi}\sigma}e^{-\frac{(x-\mu)^2}{2\sigma^2}}\quad(-\infty<x<+\infty),\tag{1}$$

其中 $\sigma>0$,$\mu$ 为任意常数,则称 $X$ 服从**参数为 $\mu,\sigma^2$ 的正态分布**,记为 $X\sim N(\mu,\sigma^2)$.

正态分布密度函数 $f(x)$ 的图形称为**正态曲线**(图 5-5).正态分布中的参数 $\mu$ 决定曲线的位置.正态曲线关于直线 $x=\mu$ 对称,且以 $x$ 轴为水平渐近线.参数 $\sigma$ 决定曲线的形状.当 $\mu$ 不变,$\sigma$ 越大时,曲线越平缓,$\sigma$ 越小时,曲线越陡峭,如图 5-6 所示.

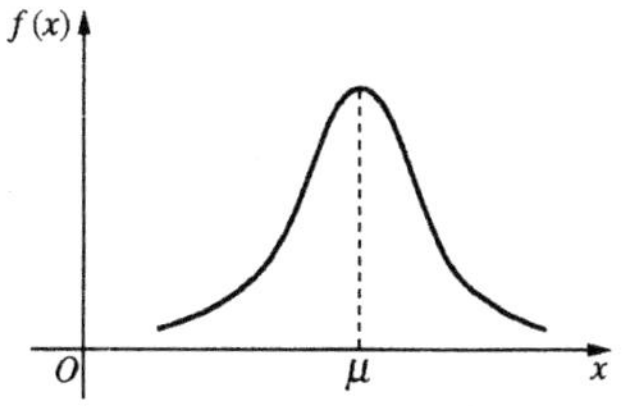


图 5-5

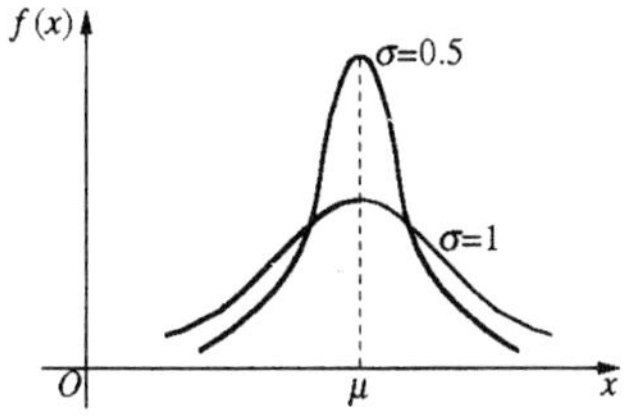


图 5-6

正态分布的密度函数满足连续型随机变量密度函数的**性质**:

(1) $f(x)=\frac{1}{\sqrt{2\pi}\sigma}e^{-\frac{(x-\mu)^2}{2\sigma^2}}>0\ (-\infty<x<+\infty)$;

(2) $\int_{-\infty}^{+\infty} f(x)\mathrm{d}x=1$.

正态分布是概率论与数理统计的理论与应用中最重要、最常用的分布. 许多随机现象，如测量误差，人的身高、体重、智商，一个地区的年降雨量，某城市每日的用水量、用电量和用气量，射击时弹着点与靶心的距离等都可以用正态分布或近似正态分布来描述.

**2. 标准正态分布的密度函数**

若随机变量 $X$ 的密度函数是

$$\varphi(x)=\frac{1}{\sqrt{2\pi}}\mathrm{e}^{-\frac{x^2}{2}}\quad(-\infty<x<+\infty),$$

则称 $X$ 服从**标准正态分布**，记为 $X\sim N(0,1)$. 这正是(1)式中当 $\mu=0,\sigma^2=1$ 的情形.

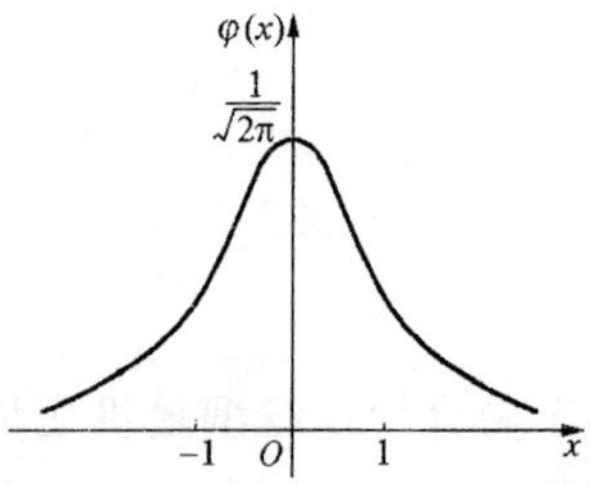

图 5-7

标准正态分布的密度函数 $\varphi(x)$ 的图形如图 5-7 所示.

标准正态分布的密度函数具有以下**性质**：

(1) $\varphi(x)$ 为偶函数，即 $\varphi(-x)=\varphi(x)$，它的图形关于 $y$ 轴对称；

(2) $\varphi(x)$ 在 $(-\infty,0)$ 内单调增加，在 $(0,+\infty)$ 内单调减少，在 $x=0$ 处取最大值

$$\varphi(0)=\frac{1}{\sqrt{2\pi}}\approx 0.3989;$$

(3) $\varphi(x)$ 的图形在 $x=\pm1$ 处有拐点，拐点为 $\left(-1,\frac{1}{\sqrt{2\pi}}\mathrm{e}^{-\frac{1}{2}}\right)$ 和 $\left(1,\frac{1}{\sqrt{2\pi}}\mathrm{e}^{-\frac{1}{2}}\right)$，其中

$$\frac{1}{\sqrt{2\pi}}\mathrm{e}^{-\frac{1}{2}}\approx 0.242;$$

(4) $\varphi(x)$ 的图形以 $x$ 轴为水平渐近线，即

$$\lim_{x\to\infty}\varphi(x)=\lim_{x\to\infty}\frac{1}{\sqrt{2\pi}}\mathrm{e}^{-\frac{x^2}{2}}=0.$$

## 二、正态分布概率的计算

**1. 标准正态分布概率的计算**

若记

$$\Phi(x)=P\{X\leqslant x\}=\int_{-\infty}^{x}\frac{1}{\sqrt{2\pi}}\mathrm{e}^{-\frac{t^2}{2}}\mathrm{d}t\quad(-\infty<x<+\infty),\tag{2}$$

则 $\Phi(x)$ 表示服从标准正态分布的随机变量 $X$ 在区间 $(-\infty,x]$ 内取值的概率. 由于实践中经常需要用到标准正态分布 $\Phi(x)$ 的值，书中附表 2(标准正态分布表)已给出了 $x\geqslant0$ 时 $\Phi(x)$ 的值，其几何意义是图 5-8 中阴影部分的面积.

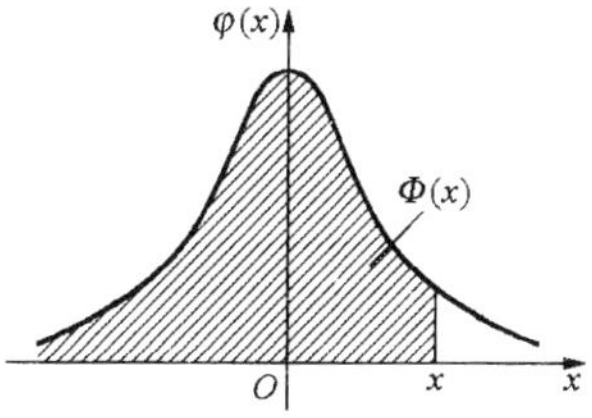


图 5-8

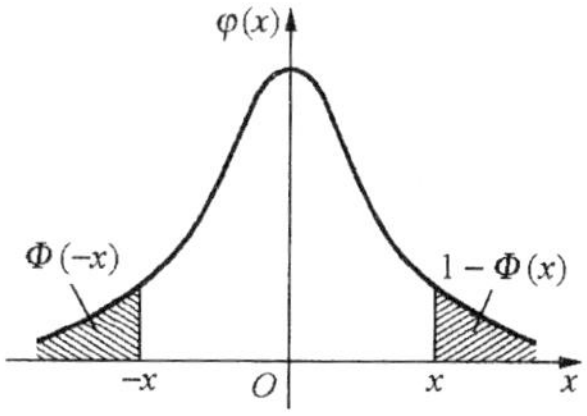


图 5-9

设 $X \sim N(0,1)$，由附表 2，可计算出随机变量 $X$ 在任一区间上取值的概率.

设 $a \geqslant 0$，且 $a < b$，用标准正态分布表时，有以下各种情况：

(1) 因表中 $x$ 的取值范围为 $[0,5)$，因此，当 $x \in [0,5)$ 时，可直接查表；对于 $x \geqslant 5$，取 $\Phi(x) \approx 1$.

(2) 对 $-x(x>0)$，可用公式

$$\Phi(-x) = 1 - \Phi(x)$$

来确定其值. 该公式的意义可由图 5-9 直观地看出.

(3) $P\{X<b\}=P\{X \leqslant b\}=\Phi(b)$.

(4) $P\{X \geqslant a\}=P\{X>a\}=1-P\{X \leqslant a\}=1-\Phi(a)$.

(5) $P\{a<X<b\}=P\{a \leqslant X \leqslant b\}=P\{a \leqslant X<b\}=P\{a<X \leqslant b\}=\Phi(b)-\Phi(a)$.

(6) $P\{|X|<b\}=P\{|X| \leqslant b\}=\Phi(b)-\Phi(-b)=2\Phi(b)-1$.

**例 1** 设随机变量 $X \sim N(0,1)$，查标准正态分布表求：

(1) $P\{X<2\}$；　　(2) $P\{X>2.12\}$；　　(3) $P\{X<-2\}$；

(4) $P\{X \geqslant -0.09\}$；　　(5) $P\{1.32<X<2.12\}$；　　(6) $P\{|X|<1.65\}$.

**解** 查表并用前述各式.

(1) $P\{X<2\}=\Phi(2)=0.97725$；

(2) $P\{X>2.12\}=1-P\{X<2.12\}=1-\Phi(2.12)=1-0.9830=0.0170$；

(3) $P\{X<-2\}=\Phi(-2)=1-\Phi(2)=1-0.97725=0.02275$；

(4) $P\{X \geqslant -0.09\}=1-\Phi(-0.09)=\Phi(0.09)=0.5359$；

(5) $P\{1.32<X \leqslant 2.12\}=\Phi(2.12)-\Phi(1.32)=0.9830-0.90658=0.07642$；

(6) $P\{|X|<1.65\}=2\Phi(1.65)-1=2 \cdot 0.95053-1=0.90106$.

**例 2** 设随机变量 $X \sim N(0,1)$，求下列各式中的 $x$：

(1) $P\{X \leqslant x\}=0.5281$；　　(2) $P\{X<x\}=0.2553$；

(3) $P\{X>x\}=0.5938$；　　(4) $P\{|X|<x\}=0.8365$.

**解** (1) 这是已知概率值，求未知数 $x$，使事件 $\{X \leqslant x\}$ 的概率为 0.5281.

由 $P\{X \leqslant x\}=\Phi(x)=0.5281$，查附表 2 得 $x \approx 0.07$.

(2) 因 $P\{X<x\}=\Phi(x)=0.2553$，而 $\Phi(0)=0.5$，知 $x<0$.

由 $1-\Phi(x)=\Phi(-x)=0.7447$,查附表 2 得 $-x\approx0.66$,故 $x\approx-0.66$.

(3) 因 $P\{X>x\}=0.5938$,知 $x<0$.

由 $P\{X>x\}=1-\Phi(x)=\Phi(-x)=0.5938$,查附表 2 得 $-x\approx0.24$,故 $x\approx-0.24$.

(4) 由 $P\{|X|<x\}=2\Phi(x)-1=0.8365$,得 $\Phi(x)=0.9138$. 查附表 2 得 $x\approx1.36$.

**2. 正态分布概率的计算**

正态分布 $N(\mu,\sigma^2)$概率的计算可化为标准正态分布 $N(0,1)$概率的计算. 可以证明:

$$\text{若 } X\sim N(\mu,\sigma^2),\quad \text{则有 } \frac{X-\mu}{\sigma}\sim N(0,1).$$

于是,若 $X\sim N(\mu,\sigma^2)$,则有

$$P\{X\leqslant x\}=P\left\{\frac{X-\mu}{\sigma}\leqslant\frac{x-\mu}{\sigma}\right\}=\Phi\left(\frac{x-\mu}{\sigma}\right);\tag{3}$$

$$P\{X>x\}=1-P\{X\leqslant x\}=1-\Phi\left(\frac{x-\mu}{\sigma}\right);\tag{4}$$

$$P\{a<X\leqslant b\}=\Phi\left(\frac{b-\mu}{\sigma}\right)-\Phi\left(\frac{a-\mu}{\sigma}\right).\tag{5}$$

**例 3** 设 $X\sim N(-2,4^2)$. 求 $P\{X\leqslant-4.2\}$,$P\{3<X<5\}$,$P\{|X|>1.5\}$.

**解** 依题设,$\mu=-2$,$\sigma=4$. 由(3)式得

$$\begin{aligned}P\{X\leqslant-4.2\}&=\Phi\left(\frac{-4.2-(-2)}{4}\right)=\Phi(-0.55)=1-\Phi(0.55)\\&=1-0.7088=0.2912.\end{aligned}$$

由(5)式得

$$\begin{aligned}P\{3<X<5\}&=\Phi\left(\frac{5-(-2)}{4}\right)-\Phi\left(\frac{3-(-2)}{4}\right)=\Phi(1.75)-\Phi(1.25)\\&=0.95994-0.8944=0.06554.\end{aligned}$$

由(4)式和(5)式得

$$\begin{aligned}P\{|X|>1.5\}&=1-P\{|X|\leqslant1.5\}\\&=1-\left[\Phi\left(\frac{1.5-(-2)}{4}\right)-\Phi\left(\frac{-1.5-(-2)}{4}\right)\right]\\&=1-\Phi(0.875)+\Phi(0.125)=1-0.8092+0.54975\\&=0.74055.\end{aligned}$$

**例 4** 某产品的长度(单位: mm)$X$ 服从参数 $\mu=10.05$,$\sigma=0.06$ 的正态分布,若规定长度在 $10.05\pm0.12$ mm 之间为合格品,求合格品的概率.

**解** 依题设,$X\sim N(10.05,0.06^2)$. 由公式(5)得产品为合格品的概率为

$$\begin{aligned}&P\{10.05-0.12<X\leqslant10.05+0.12\}\\&\quad=\Phi\left(\frac{10.05+0.12-10.05}{0.06}\right)-\Phi\left(\frac{10.05-0.12-10.05}{0.06}\right)\end{aligned}$$

$$= \Phi(2) - \Phi(-2) = 2\Phi(2) - 1$$
$$= 2 \cdot 0.97725 - 1 = 0.9545.$$

**例 5** 设成年男子身高(单位：cm) $X \sim N(170,36)$，某种公交车车门的高度是按成年男子碰头的概率在 1%以下来设计的，问：车门的高度最少应多高？

**解** 依题设 $\mu=170, \sigma=6$. 设车门的高度为 $x$ cm，男子的身高 $X$ 超过 $x$ cm 将会碰头，应考虑事件 $\{X>x\}$ 的概率. 由公式(4)

$$P\{X > x\} = 1 - \Phi\left(\frac{x-170}{6}\right) = 0.01,$$

即

$$\Phi\left(\frac{x-170}{6}\right) = 0.99,$$

查附表 2

$$\frac{x-170}{6} = 2.33, \quad x = 183.98.$$

当车门的高度为 184 cm 时，男子碰头的概率在 1%以下.

**例 6** 设随机变量 $X \sim N(\mu, \sigma^2)$. 求随机变量 $X$ 落在区间 $(\mu-\sigma, \mu+\sigma)$，$(\mu-2\sigma, \mu+2\sigma)$ 和 $(\mu-3\sigma, \mu+3\sigma)$ 的概率.

**解** 由公式(5)得

$$P\{\mu - k\sigma < X < \mu + k\sigma\} = \Phi\left(\frac{\mu+k\sigma-\mu}{\sigma}\right) - \Phi\left(\frac{\mu-k\sigma-\mu}{\sigma}\right)$$
$$= \Phi(k) - \Phi(-k) = 2\Phi(k) - 1.$$

查表 2，并计算得：

当 $k=1$ 时，$P\{\mu-\sigma<X<\mu+\sigma\}=2\Phi(1)-1=2 \cdot 0.8413-1=0.6826$；

当 $k=2$ 时，$P\{\mu-2\sigma<X<\mu+2\sigma\}=2\Phi(2)-1=2 \cdot 0.97725-1=0.9545$；

当 $k=3$ 时，$P\{\mu-3\sigma<X<\mu+3\sigma\}=2\Phi(3)-1=2 \cdot 0.99865-1=0.9973$.

可见，$X$ 的取值几乎全落在区间 $(\mu-3\sigma, \mu+3\sigma)$ 范围内(约 99.73%). 这在统计学上称作"$3\sigma$ 原则". 显然事件 $\{|X-\mu| \geqslant 3\sigma\}$ 的概率是很小的，只有 0.27%.

## 习 题 5.4

### A 组

1. 设随机变量 $X \sim N(\mu, \sigma^2)$，其密度函数 $f(x) = a\mathrm{e}^{-4(x^2-4x+b)}$，试确定 $a, b, \mu, \sigma$ 的值.

2. 设随机变量 $X \sim N(0,1)$，查表(附表 2)求：

(1) $P\{X<0\}$； (2) $P\{X \geqslant 0\}$； (3) $P\{X<-1\}$； (4) $P\{X>1.5\}$；

(5) $P\{-1 \leqslant X \leqslant 1.5\}$； (6) $P\{|X|<3\}$； (7) $P\{|X|<5\}$.

3. 设随机变量 $X\sim N(0,1)$，查表求下列各式中的 $x$：

(1) $P\{X\leqslant x\}=0.6331$； (2) $P\{X<x\}=0.102$；

(3) $P\{X>x\}=0.4054$； (4) $P\{|X|\leqslant x\}=0.9990$.

4. 设随机变量 $X\sim N(-1,5^2)$，查表求：

(1) $P\{X<-2.8\}$； (2) $P\{-1.5\leqslant X<2.4\}$；

(3) $P\{|X|\leqslant 4\}$； (4) $P\{|X|>1\}$.

5. 某批产品长度 $X$(单位：cm)服从正态分布，参数 $\mu=50,\sigma^2=(0.25)^2$：

(1) 求产品长度在 49.5 和 50.5 cm 之间的概率；

(2) 求产品长度在 49.2 cm 以下的概率.

6. 某年某地高等学校入学考试的数学成绩 $X$ 近似地服从正态分布 $N(65,10^2)$. 若 85 分以上为优秀，问数学成绩为优秀的考生大致占总人数的百分之几？

7. 某商店的日销售额 $X$(单位：万元)服从参数 $\mu=100,\sigma=20$ 的正态分布. 问日销售额在 90 万～110 万元之间的概率是多少？

8. 某一产品加工过程中，若采用甲种工艺条件，则完成时间(单位：h) $X\sim N(40,8^2)$；若采用乙种工艺条件，则完成时间(单位：h) $Y\sim N(50,4^2)$.

(1) 若允许在 60 h 内完成，应选何种工艺条件？

(2) 若只允许在 50 h 内完成，应选何种工艺？

### B 组

1. 设随机变量 $X\sim N(\mu,\sigma^2)$，已知 $P\{X\leqslant -1.6\}=0.036$，$P\{X\leqslant 5.9\}=0.758$. 求 $\mu,\sigma$，并求 $P\{X>0\}$.

2. 某产品的寿命 $X$ 服从参数 $\mu=160,\sigma^2$ 的正态分布，若要求 $P\{120<X<200\}\geqslant 0.80$，问允许 $\sigma$ 最大取何值？

3. 某产品的长度 $X$(单位：mm)服从参数 $\mu=50,\sigma^2=(0.75)^2$ 的正态分布. 若规定长度在 $50\pm 1.5$ mm 之间的为合格品，求

(1) 不合格品的概率；

(2) 任取 2 件产品，其中合格品数目 $Y$ 的概率分布.

## 总习题五

1. 填空题：

(1) 已知离散型随机变量 $X$ 的概率分布为 $P\{X=k\}=ak,k=1,2,\cdots,100$，则 $a=$ ________.

(2) 确定函数 $f(x)$ 中的常数 $a$，使之成为连续型随机变量的密度函数，若 $f(x)=\frac{a}{1+x^2}, x\in(-\infty,+\infty)$，则 $a=$__________.

(3) 袋内装有零件，其中 10 个正品，2 个次品，每次取 1 个，写出下列各种情况抽取次数 $X$ 的概率分布的表达式：

若有放回地抽取，直到取到次品为止，则 $P\{X=k\}=$__________；

若无放回地抽取，直到取到次品为止，则 $P\{X=k\}=$__________.

(4) 设离散型随机变量 $X\sim B(2,p)$，且 $P\{X\geqslant 1\}=\frac{5}{9}$，则 $P\{X=2\}=$__________.

(5) 某航线的航班常常有旅客预订票后又临时取消，每班平均为 4 人. 若预订了票而又取消的人数服从以平均人数为参数的泊松分布，则正好有 4 人取消票的概率为__________.

(6) 设连续型随机变量 $X$ 在区间$[a,b]$上服从均匀分布，其密度函数为 $f(x)$，则

$$\int_{-\infty}^{+\infty} xf(x)\mathrm{d}x = \_\_\_\_\_\_\_\_\_\_.$$

(7) 设连续型随机变量 $X$ 服从参数为$\lambda$ 的指数分布，其密度函数为 $f(x)$，则

$$P\left\{X>\frac{1}{\lambda}\right\}= \_\_\_\_\_\_\_\_\_\_.$$

(8) 设连续型随机变量 $X$ 的密度函数 $f(x)=\frac{1}{\sqrt{8\pi}}\mathrm{e}^{-\frac{x^2+6x+9}{8}}$，若

$$\int_{-\infty}^{a} f(x)\mathrm{d}x = \int_{a}^{+\infty} f(x)\mathrm{d}x,$$

则 $a=$__________.

2. 单项选择题：

(1) 设离散型随机变量 $X$ 的概率分布为

$$P\{X=k\}=a\sin\frac{k\pi}{6}\quad (k=1,5,13,17),$$

则常数 $a=$(　　).

(A) 1　　(B) 2　　(C) 1/2　　(D) 1/4

(2) 设每次试验的成功率为 0.7，重复试验 5 次，若失败次数记为 $X$，则下列描述错误的是(　　).

(A) $X\sim B(5,0.7)$　　(B) $X\sim B(5,0.3)$

(C) $P\{X=0\}=(0.7)^5$　　(D) $P\{X=5\}=(0.3)^5$

(3) 每个粮仓的老鼠数目 $X$ 服从泊松分布，若已知一个粮仓内，有一只老鼠的概率为有两只老鼠概率的两倍，则粮仓内无老鼠的概率是(　　).

(A) $\mathrm{e}^{-4}$　　(B) $\mathrm{e}^{-3}$　　(C) $\mathrm{e}^{-2}$　　(D) $\mathrm{e}^{-1}$

(4) 设随机变量 $X\sim N(0,1)$，其密度函数为 $\varphi(x)$，$\Phi(x)=\int_{-\infty}^{x}\frac{1}{\sqrt{2\pi}}e^{\frac{-t^2}{2}}dt(-\infty<x+\infty)$，则不正确的是(　　).

(A) 若 $x\neq 0$，则 $\varphi(0)>\varphi(x)$　　(B) $\varphi(-x)=\varphi(x)$

(C) $\Phi(-x)=\Phi(x)$　　(D) $\Phi(x)=1-\Phi(-x)$

3. 设离散型随机变量 $X$ 的概率分布为

$$P\{X=k\}=a(2+k)^{-1}\quad(k=0,1,2,3).$$

(1) 确定常数 $a$；　　(2) 写出 $X$ 的概率分布表；

(3) 求 $P\{X<1\}$，$P\{X\leqslant 1\}$，$P\{X>2\}$，$P\{1.5\leqslant X\leqslant 3\}$，$P\{X\leqslant 3\}$.

4. 某车间内有 12 台车床，每台车床由于装卸加工件等原因，时常要停车. 设各台车床停车或开车是相互独立的，每台车床在任一时刻处于停车状态的概率是 0.3. 求：

(1) 任一时刻车间内停车台数 $X$ 的概率分布；

(2) 任一时刻车间内车床全部工作的概率.

5. 设一小时内进入某图书馆的读者人数服从泊松分布. 已知一小时内无人进入图书馆的概率为 0.03. 求一小时内至少有 2 个读者进入图书馆的概率.

6. 设连续型随机变量 $X$ 的密度函数为

$$f(x)=ae^{-|x|},\quad x\in(-\infty,+\infty).$$

(1) 确定常数 $a$；　　(2) 求 $X$ 落在区间 $(0,1)$ 内的概率.

# 第六章 随机变量的数字特征

本章介绍随机变量的数学期望和方差，它们反映了随机变量的一些分布特征，并且也为处理概率统计问题提供了重要工具.

## §6.1 数学期望

**【学习本节要达到的目标】**

1. 理解数学期望的定义，并能用其熟练地计算随机变量的数学期望.

2. 掌握常用随机变量的数学期望.

3. 知道数学期望性质，并会用其计算数学期望.

### 一、数学期望概念

由前一章我们已经知道，随机变量的概率分布能全面完整地描述随机变量的概率性质. 不过，在实际问题中要求一个随机变量的概率分布往往是困难的，而且在很多场合下，并不需要知道随机变量的概率分布，只要知道随机变量的某些特征就够了. 例如，在某一天生产的一批灯管的使用寿命就是一个随机变量. 这批灯管的使用寿命与平均寿命的偏离程度则能反映灯管质量的稳定性. 这里，平均寿命及偏离程度描述了随机变量在某些方面的重要特征. 而平均寿命及偏离程度都是用数字表示的，所以称它们为随机变量的数字特征.

平均寿命(平均值)即数学期望，偏离程度即方差. 本节讲述数学期望.

**1. 离散型随机变量的数学期望**

在许多问题中，常常需要计算平均值. 例如，某百货公司，某天 100 名售货员的销售额如下表：

| 销售额(元) | 500 | 530 | 580 | 600 |
|---|---|---|---|---|
| 人数 | 15 | 20 | 35 | 30 |

于是，售货员的日平均销售额为

$$\begin{aligned}&\frac{500\cdot 15+530\cdot 20+580\cdot 35+600\cdot 30}{15+20+35+30}\\&=500\cdot\frac{15}{100}+530\cdot\frac{20}{100}+580\cdot\frac{35}{100}+600\cdot\frac{30}{100}\\&=500\cdot 0.15+530\cdot 0.20+580\cdot 0.35+600\cdot 0.30\\&=564(\text{元}).\end{aligned}\tag{1}$$

若引入随机变量来描述上式，将售货员的销售额理解成随机变量 $X$，则 $X$ 是离散型随机变量，$X$ 的取值为 500，530，580 和 600，取这些值相应的概率为

$$P\{X=500\}=0.15,\quad P\{X=530\}=0.20,$$
$$P\{X=580\}=0.35,\quad P\{X=600\}=0.30.$$

$X$ 的概率分布表为

| $X$ | 500 | 530 | 580 | 600 |
|---|---|---|---|---|
| $p$ | 0.15 | 0.20 | 0.35 | 0.30 |

显然(1)式正是 $X$ 的**所有可能取值与其相应的概率乘积之和**. 这是随机变量取值的平均值，它是以其概率为权的加权平均，在概率论中称其为随机变量的**数学期望**.

将这种计算平均值的方法一般化，便有如下定义.

**定义 1** 离散型随机变量 $X$ 的所有可能取值 $x_k$ 与其相应的概率 $p_k$ 的乘积之和，称为随机变量 $X$ 的**数学期望**，简称为**期望**或**均值**，记为 $E(X)$. 即

若 $P\{X=x_k\}=p_k(k=1,2,\cdots,n)$，则

$$E(X)=\sum_{k=1}^{n}x_kp_k;$$

若 $P\{X=x_k\}=p_k(k=1,2,\cdots)$，则

$$E(X)=\sum_{i=1}^{\infty}x_kp_k.$$

**说明** 当离散型随机变量 $X$ 的所有可能取值为可列个时，$E(X)$是随机变量 $X$ 的所有可能取值 $x_k(k=1,2,\cdots)$与其相对应的概率 $p_k(k=1,2,\cdots)$乘积之和，它是无穷多个数的和，这是无穷级数问题. 按数学期望的定义，这时应要求无穷级数 $\sum\limits_{k=1}^{\infty}x_kp_k$ 绝对收敛. 由于本系

列教材中的《新编微积分》分册，没有讲述无穷级数知识，所以在上述定义中，没有提及“级数 $\sum_{k=1}^{\infty} x_k p_k$ 绝对收敛”.

数学期望 $E(X)$ 作为随机变量 $X$ 的一个数字特征，它是一个**确定的常量**. 它是 $X$ 的所有可能取值以各自的相应概率为权（即占的比重）的加权平均. 在未掌握随机变量的概率分布时，数学期望是无法准确求出的. 因此，数学期望是随机变量所有可能取值在理论上的平均.

**例 1** 甲、乙两台自动机床，生产同一种零件，生产 1000 件产品所出的次品数分别用 $X$ 和 $Y$ 表示. 经过一段时间的考查，知 $X$ 和 $Y$ 的概率分布分别如下：

| $X$ | 0 | 1 | 2 | 3 |
|---|---|---|---|---|
| $p$ | 0.6 | 0.1 | 0.2 | 0.1 |

| $Y$ | 0 | 1 | 2 |
|---|---|---|---|
| $p$ | 0.5 | 0.3 | 0.2 |

试比较两台机床的优劣.

**解** 若只从 $X$ 与 $Y$ 的概率分布来看，很难得出答案，现分别计算其数学期望.

$$E(X) = 0\cdot 0.6 + 1\cdot 0.1 + 2\cdot 0.2 + 3\cdot 0.1 = 0.8,$$
$$E(Y) = 0\cdot 0.5 + 1\cdot 0.3 + 2\cdot 0.2 = 0.7.$$

这就表明：就平均而言，甲机床每生产 1000 件产品，所出废品数为 0.8 件；而乙机床每生产 1000 件产品，所出废品数为 0.7 件. 显然，乙机床优于甲机床.

**例 2** 一批产品有一、二、三等品，等外品及废品五种，它们分别占产品总数的 70%，10%，10%，6%，4%. 若其单位产品价值分别为 6 元、5.4 元、5 元、4 元及 0 元，求单位产品的平均价值.

**解** 设产品的价值为 $X$，它是随机变量. 由题设，$X$ 的概率分布为

| $X$ | 6 | 5.4 | 5 | 4 | 0 |
|---|---|---|---|---|---|
| $p$ | 0.70 | 0.10 | 0.10 | 0.06 | 0.04 |

产品的平均价值就是随机变量 $X$ 的数学期望，于是

$$\begin{aligned} E(X) &= 6\cdot 0.7 + 5.4\cdot 0.1 + 5\cdot 0.1 + 4\cdot 0.06 + 0\cdot 0.04 \\ &= 5.48(\text{元}). \end{aligned}$$

**例 3** 设随机变量 $X$ 服从 0-1 分布，求 $E(X)$.

**解** $X$ 的概率分布为

| $X$ | 0 | 1 |
|---|---|---|
| $p$ | $1-p$ | $p$ |

$(0<p<1)$.

于是

$$E(X) = 0 \cdot (1-p) + 1 \cdot p = p.$$

由数学期望的定义，可以推出二项分布和泊松分布的数学期望.

(1) 若随机变量 $X \sim B(n,p)$，其概率分布为

$$P\{X = k\} = C_n^k p^k (1-p)^{n-k} \quad (k = 0,1,2,\cdots,n),$$

则

$$E(X) = np.$$

由此可知，二项分布的数学期望 $E(X)$ 正是其**两个参数的乘积** $np$.

(2) 若随机变量 $X \sim P(\lambda)$，其概率分布为

$$P\{X = k\} = \frac{\lambda^k}{k!}e^{-\lambda} \quad (k = 0,1,2,\cdots),$$

则

$$E(X) = \lambda.$$

由此可知服从参数为 $\lambda$ 的泊松分布，其数学期望 $E(X)$ 就是其**参数** $\lambda$.

**例 4** 某人射击的命中率为 0.8，今连续射击 30 次，求命中的平均次数.

**解** 设 $X$ 表示射击 30 次命中的次数，则 $X \sim B(30, 0.8)$. 求命中的平均次数，就是求 $X$ 的数学期望. 因

$$E(X) = np = 30 \cdot 0.8 = 24,$$

故命中的平均次数为 24 次.

**例 5** 校对某书时，在 500 页内更正了 500 个错字. 若每页错字数服从泊松分布，求一页内不少于 3 个错字的概率.

**解** 设 $X$ 表示每页书上的错字数，则 $X$ 服从泊松分布. 泊松分布的参数 $\lambda$ 是数学期望，在这里，就是每页上平均更正的错字个数. 因此

$$\lambda = \frac{500}{500} = 1.$$

从而，由查表(附表 1)，得一页内不少于 3 个错字的概率为

$$\begin{aligned} P\{X \geqslant 3\} &= \sum_{k=3}^{500} P\{X = k\} \\ &= 0.061313 + 0.015328 + 0.003066 \\ &\quad + 0.000511 + 0.000073 + 0.000009 + 0.000001 \\ &= 0.080301. \end{aligned}$$

下述算法较为简单

$$\begin{aligned} P\{X \geqslant 3\} &= 1 - P\{X < 3\} \\ &= 1 - P\{X = 0\} - P\{X = 1\} - P\{X = 2\} \\ &= 1 - 0.367879 - 0.367879 - 0.183940 \\ &= 0.080302. \end{aligned}$$

**2. 连续型随机变量的数学期望**

对于连续型随机变量 $X$,若它的概率密度函数为 $f(x)$. 由于 $f(x)\mathrm{d}x$ 表示 $X$ 的取值落在无穷小区间 $[x,x+\mathrm{d}x]$ 内的概率,即 $P\{x<X\leqslant x+\mathrm{d}x\}$,因此它的作用相当于离散型随机变量中的 $p_k$(离散型随机变量 $X$ 取值 $x_k$ 的概率 $P\{X=x_k\}=p_k$). 而求和符号换成定积分符号,自然有如下数学期望的定义.

**定义 2** 设 $X$ 为连续型随机变量,其密度函数为 $f(x)$,则广义积分 $\int_{-\infty}^{+\infty} xf(x)\mathrm{d}x$ 称为随机变量 $X$ 的**数学期望**,简称为**期望**或**均值**. 记为 $E(X)$,即

$$E(X)=\int_{-\infty}^{+\infty} xf(x)\mathrm{d}x.$$

**说明** 在上述定义中,实际上还要求广义积分 $\int_{-\infty}^{+\infty} xf(x)\mathrm{d}x$ 绝对收敛.

**例 6** 已知随机变量 $X$ 的密度函数为

$$f(x)=\begin{cases}2x, & 0\leqslant x\leqslant 1,\\ 0, & \text{其他}.\end{cases}$$

求 $X$ 的数字期望 $E(X)$.

**解** 按连续型随机变量数学期望的定义,

$$E(X)=\int_{-\infty}^{+\infty} xf(x)\mathrm{d}x=\int_0^1 x\cdot 2x\mathrm{d}x=\frac{2}{3}.$$

**例 7** 设 $X$ 在区间 $[a,b]$ 上服从均匀分布,求 $E(X)$.

**解** $X$ 的密度函数为

$$f(x)=\begin{cases}\dfrac{1}{b-a}, & a\leqslant x\leqslant b,\\ 0, & \text{其他},\end{cases}$$

于是

$$E(X)=\int_{-\infty}^{+\infty} xf(x)\mathrm{d}x=\int_a^b \frac{x}{b-a}\mathrm{d}x=\frac{1}{2}(a+b).$$

**例 8** 一种无线电元件的使用寿命 $X$ 是一个随机变量,其密度函数为

$$f(x)=\begin{cases}\lambda\mathrm{e}^{-\lambda x}, & x\geqslant 0,\\ 0, & x<0,\end{cases}$$

其中 $\lambda>0$. 求这种元件的平均使用寿命.

**解** 这里,随机变量 $X$ 服从参数为 $\lambda$ 的指数分布. 平均使用寿命就是随机变量 $X$ 的数学期望. 于是

$$E(X)=\int_{-\infty}^{+\infty} xf(x)\mathrm{d}x=\int_0^{+\infty} x\cdot\lambda\mathrm{e}^{-\lambda x}\mathrm{d}x$$

$$\xlongequal{\text{分部积分法}} -xe^{-\lambda x}\Big|_0^{+\infty}+\int_0^{+\infty}e^{-\lambda x}dx$$

$$=\frac{1}{\lambda}.$$

该例说明，服从参数为 $\lambda$ 的指数分布的随机变量 $X$ 的数学期望是**其参数的倒数**.

对正态分布，也可以由数学期望的定义推出其数学期望. 设随机变量 $X\sim N(\mu,\sigma^2)$，其密度函数为

$$f(x)=\frac{1}{\sqrt{2\pi}\sigma}e^{-\frac{(x-\mu)^2}{2\sigma^2}}\quad(-\infty<x<+\infty),$$

则 $E(X)=\mu$，即正态分布中的**参数 $\mu$ 就是其数学期望**.

特别地，当随机变量 $X$ 服从标准正态分布时，即 $X\sim N(0,1)$，则 $E(X)=0$.

## 二、数学期望的性质

设 $X$ 与 $Y$ 都是随机变量，$C$ 是常数，则数学期望有以下**性质**：

**性质 1** 常数的数学期望就是这个常数，即

$$E(C)=C.$$

因为随机变量 $X$ 只取一个值，即

$$P\{X=C\}=1,$$

故由数学期望的定义

$$E(C)=C\cdot 1=C.$$

**性质 2** 和的数学期望等于数学期望的和，即

$$E(X+Y)=E(X)+E(Y).$$

特别地

$$E(X+C)=E(X)+C.$$

**性质 3** 若 $X$ 与 $Y$ 相互独立，则乘积的数学期望等于数学期望的乘积，即

$$E(X\cdot Y)=E(X)\cdot E(Y).$$

特别地

$$E(CX)=CE(X).$$

## 习 题 6.1

### A 组

1. 甲、乙二人打靶得分分别为随机变量 $X,Y$，其概率分布分别为

| $X$ | 0 | 1 | 2 |
|---|---|---|---|
| $p$ | 0.30 | 0.45 | 0.25 |

| $Y$ | 0 | 1 | 2 |
|---|---|---|---|
| $p$ | 0.15 | 0.80 | 0.05 |

其中脱靶为 0 分，1 环至 5 环为 1 分，6 环至 10 环为 2 分. 试问谁的射击水平好些?

2. 某农场有甲、乙、丙三种水稻品种，播种面积和亩产如下表：

| 品种 | 甲 | 乙 | 丙 |
|---|---|---|---|
| 面积(亩) | 30 | 50 | 20 |
| 亩产(kg) | 900 | 1000 | 1300 |

求水稻的平均亩产.

3. 设随机变量 $X$ 的概率分布为：

| $X$ | $-1$ | $0$ | $\frac{1}{2}$ | $1$ | $2$ |
|---|---|---|---|---|---|
| $p$ | $\frac{1}{3}$ | $\frac{1}{6}$ | $\frac{1}{6}$ | $\frac{1}{12}$ | $\frac{1}{4}$ |

求：(1) $E(X)$； (2) $E(-X+1)$.

4. 设随机变量 $X$ 的概率分布为：

| $X$ | $-1$ | $0$ | $1$ |
|---|---|---|---|
| $p$ | $\frac{1}{2}$ | $\frac{1}{4}$ | $\frac{1}{4}$ |

求：(1) $E(X)$； (2) $E(2X-1)$.

5. 设随机变量 $X$ 的密度函数为

$$f(x)=\begin{cases}\dfrac{1}{\pi\sqrt{1-x^2}}, & |x|<\dfrac{1}{2},\\ 0, & \text{其他}.\end{cases}$$

求：(1) $E(X)$； (2) $E(2-4X)$.

6. 设在某一规定时间内，电气设备用于最大负荷的时间 $X$(单位：min)是一个随机变量，其密度函数为

$$f(x)=\begin{cases}\dfrac{1}{1500^2}x, & 0\leqslant x\leqslant 1500,\\ \dfrac{1}{1500^2}(3000-x), & 1500<x\leqslant 3000,\\ 0, & \text{其他}.\end{cases}$$

求 $E(X)$.

7. 设一电路中电流 $I$ 和电阻 $R$ 是两个相互独立的随机变量，其密度函数分别为

$$f_I(i)=\begin{cases}2i, & 0\leqslant i\leqslant 1,\\ 0, & \text{其他};\end{cases}\qquad f_R(r)=\begin{cases}\dfrac{r^2}{9}, & 0\leqslant r\leqslant 3,\\ 0, & \text{其他}.\end{cases}$$

求电压 $V=IR$ 的数学期望 $E(V)$.

## B　组

1. 设从学校乘汽车到火车站途中有 3 个交通岗，在各个交通岗遇到红灯的事件是相互独立的，其概率均为 0.4. 设 $X$ 为在途中遇到红灯的次数，求途中遇到红灯次数的数学期望.

2. 某种产品每件表面上的疵点数 $X$ 服从泊松分布，平均每件上有 0.8 个疵点. 若规定疵点数不超过一个为一等品，价值 10 元；疵点数大于 1 个不多于 4 个为二等品，价值 8 元；疵点数 4 个以上为废品，没有价值. 求：

(1) 产品的废品率；

(2) 产品价值的平均值.

3. 某元件的使用寿命 $X$ 服从指数分布，其平均使用寿命为 1000 h，求该元件使用1000 h 没有坏的概率.

# §6.2　方　　差

**【学习本节要达到的目标】**

1. 理解方差的定义，会计算随机变量的方差.
2. 掌握常用随机变量的方差.
3. 知道方差的性质，并会用其计算方差.

## 一、方差概念

考查两批电子元件的使用寿命，每批各 6 件，它们的寿命分别是随机变量 $X,Y$，取值如下(单位：h)：

| $X$ | 964 | 954 | 1052 | 982 | 1040 | 1008 |
|---|---|---|---|---|---|---|
| $Y$ | 912 | 1200 | 1325 | 725 | 1049 | 789 |

厂方规定寿命在 950 h 以上为合格品，试比较两批元件的质量.

易算出两批元件的平均寿命都是 1000 h，单从这一点还不能判定它们的质量是否相同.

由于第一批元件都在 954～1052 之间，全为合格品；而第二批元件在 725～1325 之间，寿命比较分散，其中虽有一半质量较好，但有一半质量较差，是不合格品. 第一批元件的寿命与平均寿命偏离较小，质量水平较稳定；第二批元件的寿命与平均寿命偏离较大，质量水平不够稳定. 从实用价值看，第一批元件质量较好. 由此可见，判定一批产品质量优劣，只了解其平均值是不够的，还必须了解它们的取值与平均值之间的偏离程度.

随机变量 $X$ 与其数学期望 $E(X)$ 之差 $X-E(X)$ 称为随机变量 $X$ 的**离差**，离差也是一个随机变量. 由于数学期望 $E(X)$ 是 $X$ 的预期的平均结果，离差反映了随机变量的取值对数学期望的偏离程度. 但离差的值必定有正，有负，也可能是零，在求平均离差时，它们可能相互抵消.

由离差的定义可以推出，离差的数学期望等于零，即

$$E[X-E(X)]=0.$$

事实上

$$E[X-E(X)]=E(X)-E[E(X)]=E(X)-E(X)=0.$$

正因为如此，我们用离差的平方 $[X-E(X)]^2$ 来衡量随机变量 $X$ 与其数学期望 $E(X)$ 的偏离程度.

**定义** 随机变量 $X$ 离差的平方 $[X-E(X)]^2$ 的数学期望称为随机变量 $X$ 的**方差**，记为 $D(X)$ 或 $\sigma^2$，即

$$D(X)=E[X-E(X)]^2.$$

方差的算术平方根 $\sqrt{D(X)}$，称为随机变量 $X$ 的**均方差**或**标准差**.

可以推出**计算方差的公式**是

若 $X$ 是离散型随机变量，其概率分布为

$$P\{X=x_k\}=p_k \quad (k=1,2,\cdots),$$

则

$$D(X)=E[X-E(X)]^2=\sum_k [x_k-E(X)]^2 p_k; \tag{1}$$

若 $X$ 是连续型随机变量，其密度函数为 $f(x)$，则

$$D(X)=E[X-E(X)]^2=\int_{-\infty}^{+\infty}[x-E(X)]^2 f(x)\mathrm{d}x. \tag{2}$$

由方差的定义知，**方差是一个非负数**，它反映了随机变量 $X$ 对其数学期望 $E(X)$ 的偏差的预期平均结果. 当 $X$ 的所有可能取值密集在其数学期望 $E(X)$ 的附近时，方差较小，否则，方差较大. 因此，方差是表示随机变量分布特点的又一数字特征.

由于

$$\begin{aligned} E[X-E(X)]^2 &= E\{X^2-2XE(X)+[E(X)]^2\} \\ &= E(X^2)-2E(X)E(X)+[E(X)]^2 \end{aligned}$$

$$= E(X^2) - [E(X)]^2,$$

所以,又有**常用计算方差的公式**

$$D(X) = E(X^2) - [E(X)]^2, \tag{3}$$

其中 $E(X)^2$ 如下**计算**:

若 $X$ 是离散型随机变量,其概率分布为

$$P\{X = x_k\} = p_k \quad (k = 1,2,\cdots),$$

则
$$E(X^2) = \sum_k x_k^2 p_k;$$

若 $X$ 是连续型随机变量,其密度函数为 $f(x)$,则

$$E(X^2) = \int_{-\infty}^{+\infty} x^2 f(x)\mathrm{d}x.$$

**例 1** 设随机变量 $X$ 服从 0-1 分布,求 $D(X)$.

**解** 已经知道 $E(X)=p(0<p<1)$,故由方差的计算公式(1),

$$\begin{aligned} D(X) &= \sum_{k=1}^{2}[x_k - E(X)]^2 p_k = \sum_{k=1}^{2}(x_k - p)^2 p_k \\ &= (0-p)^2 \times (1-p) + (1-p)^2 \times p \\ &= p(1-p). \end{aligned}$$

**例 2** 试计算前述两批电子元件寿命的方差.

**解** 易算出 $E(X)=E(Y)=1000$,即两批元件的平均寿命都是 1000 h.

由方差的计算公式(1),

$$\begin{aligned} D(X) = {} & (964-1000)^2 \cdot \frac{1}{6} + (954-1000)^2 \cdot \frac{1}{6} \\ & + (1052-1000) \cdot \frac{1}{6} + (982-1000)^2 \cdot \frac{1}{6} \\ & + (1040-1000)^2 \cdot \frac{1}{6} + (1008-1000)^2 \cdot \frac{1}{6} \\ = {} & 1350.7. \end{aligned}$$

若用方差计算公式(3),因

$$\begin{aligned} E(X^2) &= (964^2 + 954^2 + 1052^2 + 982^2 + 1040^2 + 1008^2) \cdot \frac{1}{6} \\ &= 1001350.7, \end{aligned}$$

又 $E(X)=1000$,于是

$$D(X) = E(X^2) - [E(X)]^2 = 1350.7.$$

用方差计算公式(3)计算 $D(Y)$. 因

$$E(Y^2) = (912^2 + 1200^2 + 1325^2 + 725^2 + 1049^2 + 789^2) \cdot \frac{1}{6}$$

$$= 1045986,$$

又 $E(Y)=1000$,于是

$$D(Y) = E(Y^2) - [E(Y)]^2 = 45986.$$

由于 $D(X)<D(Y)$,所以,第一批元件质量较第二批稳定.

**例 3** 设随机变量 $X$ 的密度函数为

$$f(x) = \begin{cases} 2x, & 0 \leqslant x \leqslant 1, \\ 0, & \text{其他}. \end{cases}$$

求 $D(X)$.

**解** 由§6.1 例 6 知该随机变量的数学期望 $E(X)=\dfrac{2}{3}$.

由方差的计算公式(2),

$$D(X) = \int_{-\infty}^{+\infty} [x - E(x)]^2 f(x)\mathrm{d}x = \int_0^1 \left(x - \frac{2}{3}\right)^2 \cdot 2x\mathrm{d}x = \frac{1}{18}.$$

**例 4** 设随机变量 $X$ 服从均匀分布,其密度函数为

$$f(x) = \begin{cases} \dfrac{1}{b-a}, & a \leqslant x \leqslant b, \\ 0, & \text{其他}. \end{cases}$$

求 $D(X)$.

**解** 已经知道 $E(X)=\dfrac{1}{2}(a+b)$.

由方差计算公式(3),因

$$E(X^2) = \int_{-\infty}^{+\infty} x^2 f(x)\mathrm{d}x = \int_a^b \frac{x^2}{b-a}\mathrm{d}x = \frac{1}{3}(b^2 + ab + a^2),$$

于是

$$D(X) = E(X^2) - [E(X)]^2 = \frac{1}{12}(b-a)^2.$$

**可以算出:**

(1) 若随机变量 $X$ 服从二项分布,即 $X \sim B(n,p)$,其概率分布为

$$P\{X = k\} = \mathrm{C}_n^k p^k (1-p)^{n-k} \quad (k = 0,1,2,\cdots,n; 0 < p < 1),$$

则

$$D(X) = np(1-p).$$

(2) 若随机变量 $X$ 服从参数为 $\lambda$ 的泊松分布,即 $X \sim P(\lambda)$,其概率分布为

$$P\{X = k\} = \frac{\lambda^k}{k!}\mathrm{e}^{-\lambda} \quad (k = 0,1,2,\cdots; \lambda > 0),$$

则

$$D(X) = \lambda.$$

由此可知,泊松分布的数学期望和方差都是其参数 $\lambda$.

(3) 若随机变量 $X$ 服从参数为 $\lambda$ 的指数分布，即 $X\sim e(\lambda)$，其密度函数为

$$f(x)=\begin{cases}\lambda e^{-\lambda x}, & x\geqslant 0,\\ 0, & x<0,\end{cases}$$

则

$$D(X)=\frac{1}{\lambda^2}.$$

(4) 若随机变量 $X$ 服从参数为 $\mu,\sigma^2$ 的正态分布，即 $X\sim N(\mu,\sigma^2)$，其密度函数为

$$f(x)=\frac{1}{\sqrt{2\pi}\sigma}e^{-\frac{(x-\mu)^2}{2\sigma^2}}\quad(-\infty<x<+\infty),$$

则

$$D(X)=\sigma^2.$$

由此可知，正态分布的方差正是其**参数** $\sigma^2$.

特别地，当 $X$ 服从标准正态分布时，即 $X\sim N(0,1)$，则

$$D(X)=1.$$

## 二、方差的性质

设 $X$ 与 $Y$ 都是随机变量，$C$ 为常数.

**性质 1** 常数的方差为 0，即

$$D(C)=0.$$

**性质 2** $CX$ 的方差等于 $C^2$ 与 $X$ 的方差的乘积，即

$$D(CX)=C^2D(X).$$

**性质 3** 若 $X$ 与 $Y$ 相互独立，则

$$D(X+Y)=D(X)+D(Y).$$

特别地，由上述性质可推得如下两个公式：

$$D(X+C)=D(X),$$
$$D(X-Y)=D(X)+D(Y).$$

**例 5** 设 $X$ 是离散型随机变量，其概率分布为

| $X$ | $-2$ | $-1$ | 0 | 1 | 2 |
|---|---|---|---|---|---|
| $p$ | 0.2 | 0.2 | 0.3 | 0.2 | 0.1 |

求 $D(-2X+1)$.

**解** 先计算期望和方差，易算得

$$E(X)=-0.2,\quad D(X)=1.56.$$

于是，由方差的性质

$$D(-2X+1)=D(-2X)=(-2)^2D(X)$$
$$=4\cdot 1.56=6.24.$$

**例 6** 已知随机变量 $X$ 的数学期望 $E(X)$，方差 $D(X)=\sigma^2$，设随机变量

$$Y=\frac{X-E(X)}{\sigma},$$

证明：$E(Y)=0, D(Y)=1$.

**证** 应用数学期望和方差的性质，并注意到 $E(X)$ 和 $\sigma$ 都是常数，有

$$E(Y)=E\left[\frac{X-E(X)}{\sigma}\right]=\frac{1}{\sigma}E[X-E(X)]=0,$$

$$D(Y)=D\left[\frac{X-E(X)}{\sigma}\right]=\frac{1}{\sigma^2}D[X-E(X)]$$

$$=\frac{1}{\sigma^2}D(X)=\frac{1}{\sigma^2}\cdot\sigma^2=1.$$

这里由 $X$ 到 $Y$ 称为将随机变量 $X$ **标准化**，$Y$ 称为 $X$ 的**标准化随机变量**.

## 习 题 6.2

### A 组

1. 设随机变量 $X$ 的概率分布为

| $X$ | 1 | 2 | 3 |
|---|---|---|---|
| $p$ | 0.2 | 0.3 | 0.5 |

求 $X$ 的方差 $D(X)$.

2. 在相同的条件下，用两种方法测量某零件的长度（单位：mm），由大量测量结果得到它们的概率分布如下：

| 长度 $l$ | 4.8 | 4.9 | 5.0 | 5.1 | 5.2 |
|---|---|---|---|---|---|
| $p_1$ | 0.1 | 0.1 | 0.6 | 0.1 | 0.1 |
| $p_2$ | 0.2 | 0.2 | 0.2 | 0.2 | 0.2 |

其中 $p_k(k=1,2)$ 表示第 $k$ 种方法的概率. 试比较哪种方法的精确度好.

3. 设随机变量 $X$ 的密度函数为

$$f(x)=\begin{cases}\frac{x}{2}, & 0\leqslant x\leqslant 2,\\ 0, & \text{其他}.\end{cases}$$

求 $E(X), D(X)$.

4. 设随机变量 $X$ 的密度函数为

$$f(x)=\begin{cases}1+x, & -1\leqslant x\leqslant 0,\\ 1-x, & 0<x\leqslant 1,\\ 0, & \text{其他}.\end{cases}$$

求 $D(X)$,$D(1-2X)$,$D(2X-1)$.

5. 已知随机变量 $X\sim B(n,p)$,且 $E(X)=6$,$D(X)=4.2$,求二项分布的参数 $n$ 和 $p$.

6. 某种电子仪器的使用寿命 $X$(单位：h)是连续型随机变量,其密度函数为

$$f(x)=\begin{cases}\dfrac{1}{800}e^{-\frac{x}{800}}, & x\geqslant 0,\\ 0, & x<0.\end{cases}$$

试确定电子仪器的数学期望、方差和标准差.

7. 设随机变量 $X_1,X_2,\cdots,X_n$ 独立且同分布,数学期望为 $\mu$,方差为 $\sigma^2$. 若 $Y=\dfrac{1}{n}\sum\limits_{k=1}^{n}X_k$,求 $E(Y)$和 $D(Y)$.

## B 组

1. 设随机变量 $X$ 的密度函数为

$$\begin{cases}ax, & 0\leqslant x\leqslant 1,\\ 2-x, & 1<x\leqslant 2,\\ 0, & \text{其他},\end{cases}$$

其中 $a$ 为常数. 试求 $E(X)$和 $D(X)$.

2. 设 $X$ 是随机变量,$C$ 是常数,试证明：

$$D(CX)=C^2D(X).$$

# 总习题六

1. 填空题：

(1) 设 $X$ 服从参数为 $p(0<p<1)$ 的 0-1 分布,则 $E(X)=$________,$D(X)=$________.

(2) 设随机变量 $X\sim B(n,p)$,且 $E(X)=3$,$D(X)=2$,则 $X$ 的全部可能取值是________.

(3) 设随机变量 $X\sim P(\lambda)$,且 $E(X)=4$,则 $D(X)=$________,$P\{X=1\}=$________.

(4) 设随机变量 $X\sim U(2,6)$,则 $E(X)=$________,$D(X)=$________,$E(-3X+2)$

$=$__________, $D(2-3X)=$__________.

(5) 设随机变量 $X$ 与 $Y$ 的密度函数分别为

$$f_X(x)=\begin{cases}2e^{-2x}, & x\geqslant 0,\\ 0, & x<0,\end{cases}\qquad f_Y(y)=\begin{cases}4e^{-4y}, & y\geqslant 0,\\ 0, & y<0,\end{cases}$$

则 $E(X)=$__________, $D(X)=$__________, $E(X+Y)=$__________.

(6) 设随机变量 $X$ 的密度函数为

$$f(x)=\frac{1}{2\sqrt{2\pi}}e^{-\frac{(x-3)^2}{8}}\quad(-\infty<x<+\infty),$$

则 $E(X)=$__________, $D(X)=$__________.

2. 单项选择题:

(1) 设随机变量 $X,Y$ 服从区间 $[0,2]$ 上的均匀分布,则 $E(X+Y)=$(　　).

(A) 0.5　　(B) 1　　(C) 1.5　　(D) 2

(2) 设 $X$ 与 $Y$ 为随机变量,$C$ 为常数,则下列各式中正确的是(　　).

(A) $E(C)=0$　　(B) $E(CX)=C^2E(X)$

(C) $E(X+CY)=E(X)+CE(Y)$　　(D) $E(XY)=E(X)\cdot E(Y)$

(3) 设 $X$ 与 $Y$ 为随机变量,$C$ 为常数,则下列各式中正确的是(　　).

(A) $D(C)=C$　　(B) $D(CX)=C^2D(X)$

(C) $D(X+Y)=D(X)+D(Y)$　　(D) $D(X+C)=D(X)+C$

(4) 设 $X$ 为随机变量,则下列各式中正确的是(　　).

(A) $E[X-E(X)]=0$　　(B) $E[X-E(X)]<0$

(C) $D[X-E(X)]>D(X)$　　(D) $D[X-E(X)]<D(X)$

(5) 设 $X\sim N(\mu,\sigma^2)$, $Y\sim N(\mu,\sigma^2)$,且 $X$ 与 $Y$ 相互独立,则下列各式中正确的是(　　).

(A) $E(X-Y)=\mu$　　(B) $E(X-Y)=2\mu$

(C) $D(2X-Y)=\sigma^2$　　(D) $D(X-Y)=2\sigma^2$

3. 设离散型随机变量 $X$ 的概率分布为

| $X$ | 0 | 1 | 2 |
|---|---|---|---|
| $p$ | $\frac{2}{c}$ | $\frac{1}{c}$ | $\frac{3}{c}$ |

求:

(1) 常数 $c$ 的值;　　(2) 概率 $P\{0\leqslant X<2\}$;

(3) $E(X)$;　　(4) $D(X)$.

4. 设 $X$ 是离散型随机变量.若

$$P\{X=x_1\}=\frac{3}{5},\quad P\{X=x_2\}=\frac{2}{5},$$

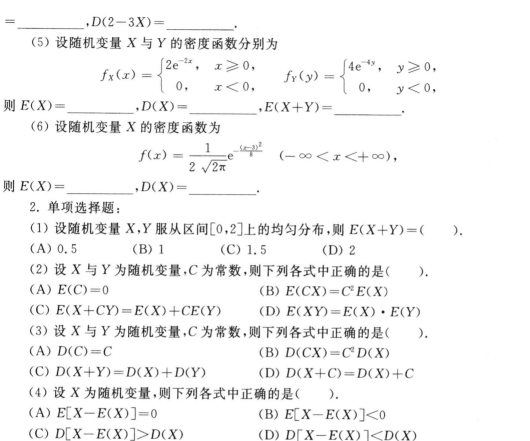

且 $x_1<x_2$，又知 $E(X)=\frac{7}{5}$，$D(X)=\frac{6}{25}$. 求 $X$ 的概率分布.

5. 设连续型随机变量 $X$ 的密度函数为

$$f(x)=\begin{cases} ax+b, & 1<x\leqslant 2, \\ 0, & \text{其他}, \end{cases}$$

且 $E(X)=\frac{19}{12}$. 求常数 $a$，$b$ 并求 $D(X)$.

6. 设随机变量 $X$ 的密度函数为

$$f(x)=\begin{cases} \frac{1}{2}\mathrm{e}^{x}, & x<0, \\ \frac{1}{4}, & 0\leqslant x<2, \\ 0, & x\geqslant 2. \end{cases}$$

求：(1) $E(3X+2)$；　　(2) $D(X)$，$D(3-3X)$.

# 第七章 统计推断

数理统计是以概率论为基础的具有广泛应用的一个数学分支.它研究如何有效地收集数据,并利用一定的统计模型对这些数据进行分析,提取数据中的相关信息,形成统计结论,为决策提供依据.

本章介绍数理统计中的一些基本概念、常用的统计量及其分布.重点讲述正态总体参数的点估计、区间估计和假设检验的基本知识.

## §7.1 统计量及其分布

**【学习本节要达到的目标】**

1. 了解总体、个体、样本、样本容量、简单随机样本及样本观察值的意义.

2. 理解统计量、抽样分布的概念,会计算样本均值、样本方差、样本标准差,知道 $U$ 统计量、$t$ 统计量及 $\chi^2$ 统计量的表达式及其分布.

3. 知道分位数的意义,会查表确定标准正态分布、$t$ 分布及 $\chi^2$ 分布的分位数.

### 一、总体与样本

#### 1. 总体与个体

通常,人们把所研究的对象的全体称为**总体**,而把组成总体的每个对象称为**个体**.比如,欲考查某厂生产的一批显像管的质量,这一批显像管就是总体,而其中的每一个显像管就是个体.在数理统计中,人们常关心的是研究对象的某项数值指标.这时,就把所研究的每个对象的该项**数值指标作为个体**,把所有对象的该项**数值指标的全体称为总体**.比如,衡量显像管的质量有多项数值指标,假若要考查的是它的寿命,寿命就是一个数值指标.这时,每个显像管的寿命值就是个体,该批显像管的寿命值的全体就是总体,若用 $X$ 表示该总体,易知,$X$ 是一个随机变量.

一般地,总体是一个随机变量,若用 $X$ 表示,就称为总体 $X$.

**2. 简单随机样本**

既然总体 $X$ 是一个随机变量,它的取值在客观上有一定的分布.为了解总体 $X$ 分布的有关情况,不可能对总体中的每个个体进行测试.这一方面是有些总体数量庞大,逐个测试不现实;另一方面有些测试是破坏性的,比如,测试显像管的寿命就是如此.通常采用抽样测试的方法.

从总体 $X$ 中抽取出来的部分个体称为**样本**;若抽取 $n$ 个个体,可记为 $X_1,X_2,\cdots,X_n$;样本中的个体数目 $n$ 称为**样本容量**.

用样本对总体的分布进行各种分析推断,为使其推断有效,要求抽取的样本能很好地反映总体的特性.满足以下两个条件的样本能很好地反映总体的特性,并称其为**简单随机样本**:

(1) **随机性** 总体中每个个体被抽取到的机会均等;

(2) **独立性** 从总体中抽取的每个个体对其他个体的抽取没有影响.

得到上述简单随机样本的方法称为**简单随机抽样**.本书所述的抽样,都是简单随机抽样,所得到的样本都是简单随机样本,简称**样本**.

从总体 $X$ 中抽取的样本 $X_1,X_2,\cdots,X_n$,其中的每一个都是随机变量,它们相互独立,且与总体 $X$ 具有相同的分布.

对样本 $X_1,X_2,\cdots,X_n$ 进行具体测试得到的一组数值,记为 $x_1,x_2,\cdots x_n$,称为**样本观察值**,简称**样本值**.在学习和书写时,表示样本及样本观察值的字母的大小写要分清楚.

## 二、统计量及其分布

**1. 统计量概念**

设 $X_1,X_2,\cdots,X_n$ 是总体 $X$ 容量为 $n$ 的样本,在用样本推断总体时,常常构造样本的数学表达式,或者说构造样本的函数.常用的数学表达式有:

**样本均值** 记为 $\overline{X}$,表达式是

$$\overline{X}=\frac{1}{n}\sum_{i=1}^{n}X_i. \tag{1}$$

**样本方差** 记为 $S^2$,表达式是

$$S^2=\frac{1}{n-1}\sum_{i=1}^{n}(X_i-\overline{X})^2. \tag{2}$$

**样本标准差** 记为 $S$,表达式是

$$S=\sqrt{\frac{1}{n-1}\sum_{i=1}^{n}(X_i-\overline{X})^2}. \tag{3}$$

样本均值、样本方差、样本标准差统称为**样本数字特征**. $\overline{X}, S^2, S$ 的观察值分别记为 $\bar{x}$, $s^2, s$;若已知样本观察值 $x_1, x_2, \cdots, x_n$,就可算出数值 $\bar{x}, s^2, s$.

(1)式,(2)式,(3)式都可看做是 $n$ 个随机变量 $X_1, X_2, \cdots, X_n$ 的函数,且函数式中不含有未知参数,这样的函数式称为**统计量**.

一般地,由总体 $X$ 的样本 $X_1, X_2, \cdots, X_n$ 构成的函数,且函数式中不含有任何未知的参数,统称为**统计量**.显然,统计量也是随机变量.

统计量作为随机变量,它必定有一定的分布.统计量的分布称为**抽样分布**.

这里仅给出后面将要用的 $U$ **统计量**,$t$ **统计量**和 $\chi^2$ **统计量**及其分布.

**2. $U$ 统计量**

设总体 $X \sim N(\mu, \sigma^2)$,由于样本与总体分布相同,故样本 $X_i \sim N(\mu, \sigma^2)(i=1,2,\cdots,n)$.

由数学期望和方差的性质,可推得样本的均值 $\overline{X} = \frac{1}{n}\sum_{i=1}^{n} X_i$ 服从正态分布,且 $E(\overline{X}) = \mu, D(\overline{X}) = \frac{\sigma^2}{n}$,即

$$\overline{X} \sim N\left(\mu, \frac{\sigma^2}{n}\right).$$

将其标准化,并将标准化后的统计量记为 $U$,有

$$U = \frac{\overline{X} - \mu}{\sigma / \sqrt{n}} \sim N(0,1).$$

上式是标准正态统计量,称为 $U$ **统计量**.

**3. $t$ 统计量**

用样本标准差 $S$ 代替 $U$ 统计量中的总体标准差 $\sigma$,可得统计量 $\frac{\overline{X}-\mu}{S/\sqrt{n}}$,记为 $T$,统计量 $T$ 服从自由度为 $n-1$ 的 $t$ **分布**,即

$$T = \frac{\overline{X} - \mu}{S / \sqrt{n}} \sim t(n-1).$$

$T$ 称为 $t$ **统计量**. $t$ 分布的密度曲线如图 7-1 所示.该曲线与标准正态曲线类似.曲线关于纵轴对称,且当 $n \to \infty$ 时渐近于标准正态曲线.密度曲线的形状与自由度 $n$ 的值有关.

**4. $\chi^2$ 统计量**

用总体方差 $\sigma^2$ 与样本方差 $S^2$ 构造统计量 $\frac{(n-1)S^2}{\sigma^2}$,记为 $\chi^2$,统计量 $\chi^2$ 服从自由度为 $n-1$ 的 $\chi^2$ 分布,即

$$\chi^2 = \frac{(n-1)S^2}{\sigma^2} \sim \chi^2(n-1).$$

$\chi^2$ 称为 $\chi^2$ **统计量**. $\chi^2$ 分布的密度曲线如图 7-2 所示,该曲线过原点,在纵轴右侧,且以横轴

为渐近线. 密度曲线的形状与自由度 $n$ 的值有关.

**说明** $t$ 分布和 $\chi^2$ 分布的密度函数 $f(x)$ 的表达式较复杂,这里均省略.

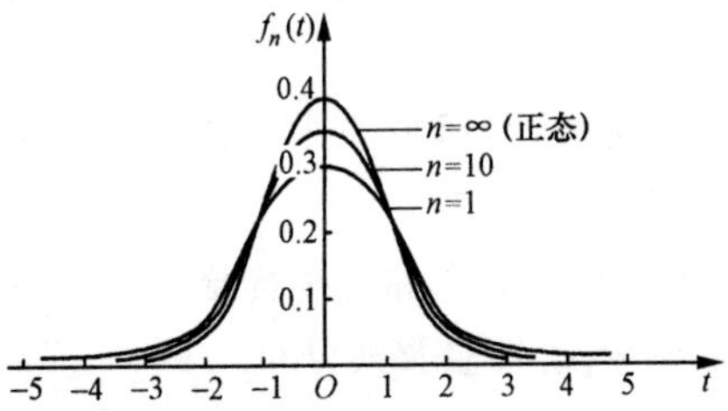


图 7-1

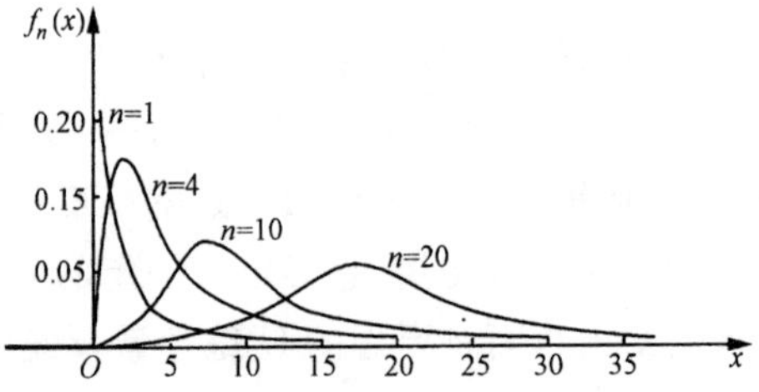


图 7-2

## 三、分位数

### 1. 标准正态分布的分位数

$U$ 统计量服从标准正态分布,即 $U \sim N(0,1)$. 对给定的 $\alpha(0<\alpha<1)$ 有以下两种情况:

(1) 若

$$P\{U > u_\alpha\} = \alpha \quad 或 \quad P\{U \leqslant u_\alpha\} = 1-\alpha$$

成立,则称数 $u_\alpha$ 是标准正态分布的 $\alpha$ **上侧分位数**或**上 $\alpha$ 分位点**,其几何意义如图 7-3 所示,即直线 $u=u_\alpha$ 把标准正态分布密度曲线下的面积(该面积为 1)分成左右两块,右侧的面积为 $\alpha$(图中有阴影部分);而左侧的面积为 $1-\alpha$.

(2) 若

$$P\{|U| > u_{\alpha/2}\} = \alpha \quad 或 \quad P\{|U| \leqslant u_{\alpha/2}\} = 1-\alpha$$

成立,则称数 $u_{\alpha/2}$ 是标准正态分布的 $\alpha$ **双侧分位数**或**上 $\alpha/2$ 分位点**. 其几何意义如图 7-4 所示.

例如,当 $\alpha=0.05$ 时,查附表 2 可知,$u_\alpha=u_{0.05}=1.645$,$u_{\alpha/2}=u_{0.025}=1.96$.

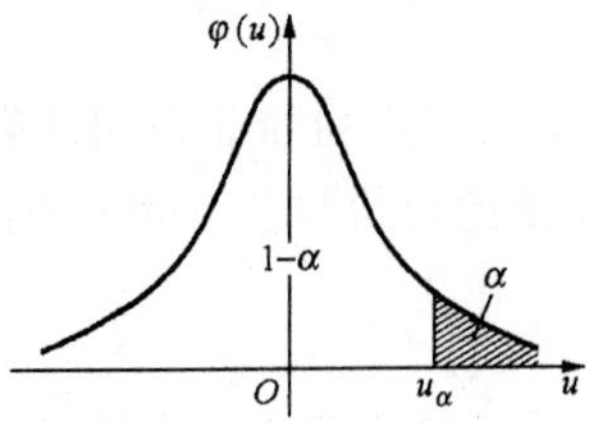


图 7-3

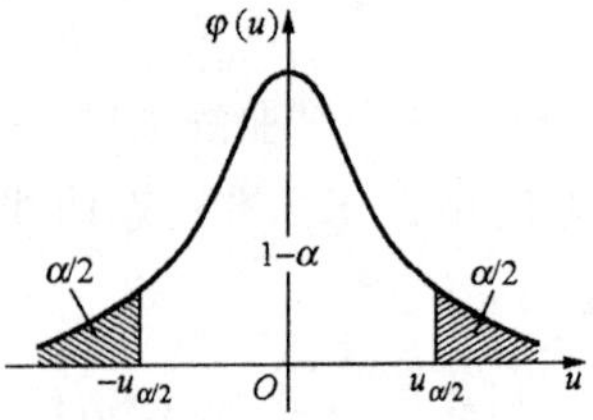


图 7-4

### 2. $t$ 分布的分位数

对 $t$ 统计量,设 $T \sim t(n)$,对给定的数 $\alpha(0<\alpha<1)$,若

$$P\{T > t_\alpha(n)\} = \alpha \quad 或 \quad P\{T \leqslant t_\alpha(n)\} = 1-\alpha$$

成立，则称数 $t_\alpha(n)$ 是自由度为 $n$ 的 $t$ 分布的 $\alpha$ **上侧分位数**，其几何意义如图 7-5 所示.

对一些较小的 $\alpha$ 值，附表 3 是 $t$ 分布上侧分位数表. 由于 $t$ 分布具有对称的密度曲线，当 $\alpha$ 值接近 1 时，可用下式

$$t_\alpha(n) = -t_{1-\alpha}(n)$$

求出相应的上侧分位数.

**例 1** 设随机变量 $T \sim t(10)$，分别就 $\alpha=0.05$ 与 $\alpha=0.95$ 确定 $\alpha$ 上侧分位数.

**解** 当 $\alpha=0.05$ 时，由附表 3 可以查到 $t_{0.05}(10)=1.8125$，即表示

$$P\{T > 1.8125\} = 0.05.$$

当 $\alpha=0.95$ 时，因附表 3 没有列出，由

$$t_{0.95}(10) = -t_{0.05}(10) = -1.8125,$$

即表示

$$P\{T > -1.8125\} = 0.95.$$

当 $n>45$ 时，$T$ 近似服从标准正态分布，这时可由附表 2 确定 $\alpha$ 上侧分位数.

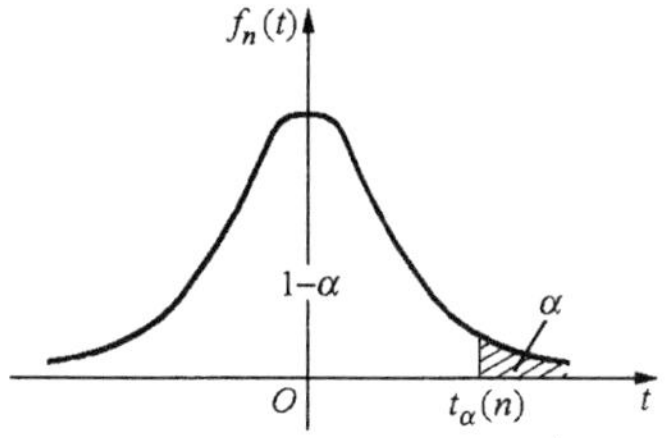


图 7-5

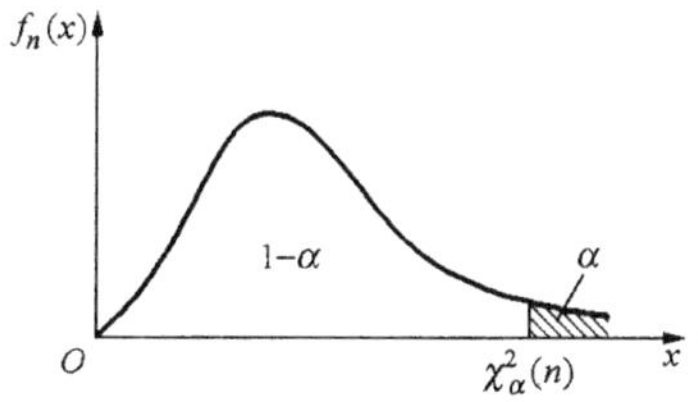


图 7-6

**3. $\chi^2$ 分布的分位数**

对 $\chi^2$ 统计量，设 $\chi^2 \sim \chi^2(n)$，对给定的数 $\alpha(0<\alpha<1)$，若

$$P\{\chi^2 > \chi^2_\alpha(n)\} = \alpha$$

成立，则称数 $\chi^2_\alpha(n)$ 是自由度为 $n$ 的 $\chi^2$ 分布的 $\alpha$ **上侧分位数**，其几何意义如图 7-6 所示.

附表 4 是 $\chi^2$ 分布上侧分位数表.

**例 2** 设随机变量 $\chi^2 \sim \chi^2(10)$，分别就 $\alpha=0.05$ 与 $\alpha=0.95$ 确定 $\alpha$ 上侧分位数.

**解** 当 $\alpha=0.05$ 时，查附表 4 得 $\chi^2_{0.05}(10)=18.307$，即表示

$$P\{\chi^2 > 18.307\} = 0.05.$$

当 $\alpha=0.95$ 时，查附表 4 得 $\chi^2_{0.95}(10)=3.94$，即表示

$$P\{\chi^2 > 3.94\} = 0.95.$$

## 习 题 7.1

1. 设甲、乙两地某年 12 个月的平均气温(单位：℃)记录如下：

甲地：16，18，19，20，21，22，24，24，23，20，18，15；

乙地：－20，－15，20，29，34，35，40，32，30，29，18，5.

求甲、乙两地的平均气温，气温的方差及标准差.

2. 在总体 $X \sim N(52, 6.5^2)$ 中抽取容量为 36 的样本，求样本均值 $\overline{X}$ 落在 50.8 至 53.8 之间的概率.

3. 在总体 $X \sim N(80, 400)$ 中抽取容量为 100 的样本，求样本均值 $\overline{X}$ 与总体均值之差的绝对值大于 3 的概率.

4. 查表确定分位数，并用数学式表示其概率意义：

(1) $u_{0.01}$，$u_{0.1}$；　(2) $t_{0.01}(10)$，$t_{0.025}(20)$；　(3) $\chi^2_{0.05}(15)$，$\chi^2_{0.99}(25)$.

## §7.2　点　估　计

**【学习本节要达到的目标】**

1. 理解点估计的含义.
2. 掌握点估计的样本数字特征法.

### 一、点估计概念

在许多实际问题中，总体 $X$ 的分布类型常常是已知的，但分布中的某些参数往往是未知的. 用总体的样本构造适当的统计量，对未知参数进行估计，就称为**参数估计**. 参数估计分为**点估计**和**区间估计**. 本节讲述点估计.

设总体 $X$ 的分布函数的类型已知，其中的未知参数，记为 $\theta$，$X_1, X_2, \cdots, X_n$ 是总体 $X$ 的样本，$x_1, x_2, \cdots, x_n$ 是相应的样本观察值.

用样本构造一个适当的统计量，记为 $\hat{\theta}(X_1, X_2, \cdots, X_n)$，$\hat{\theta}$ 是未知参数 $\theta$ 的估计量，用估计量 $\hat{\theta}$ 的值 $\hat{\theta}(x_1, x_2, \cdots, x_n)$ 作为未知参数的估计值，就是未知参数的**点估计**.

### 二、点估计的方法

点估计的方法有多种，这里仅介绍比较直接，且便于应用的**样本数字特征法**. **即用样本数字特征估计相应的总体数字特征**. 具体地说，就是**以样本均值 $\overline{X}$、样本方差 $S^2$、样本标准差 $S$ 作为估计量**，用它们的**观察值** $\bar{x}, s^2, s$ **作为总体均值、总体方差、总体标准差的估计值**. 由于总体的数字特征中往往含有未知参数，当对总体的数字特征进行了估计，总体的未知参数的估计也就迎刃而解.

例如，对正态总体 $X$，$X \sim N(\mu, \sigma^2)$，总体均值 $E(X) = \mu$，总体方差 $D(X) = \sigma^2$. 若用样本均值 $\overline{X}$，样本方差 $S^2$ 作相应的估计量，便得到

$$\hat{\mu} = \overline{X} = \frac{1}{n}\sum_{i=1}^{n} X_i,$$

$$\hat{\sigma}^2 = S^2 = \frac{1}{n-1}\sum_{i=1}^{n}(X_i - \overline{X})^2.$$

又如，对二项分布，总体 $X \sim B(N,p)$，其中 $N,p$ 是参数，总体均值 $E(X)=Np$，总体方差 $D(X)=Np(1-p)$. 若用样本均值 $\overline{X}$，样本方差 $S^2$ 作相应的估计量，即令

$$\hat{N}\hat{p} = \overline{X}, \quad \hat{N}\hat{p}(1-\hat{p}) = S^2,$$

由此可解得

$$\hat{p} = 1 - \frac{S^2}{\overline{X}}, \quad \hat{N} = \frac{\overline{X}^2}{\overline{X} - S^2}.$$

这就得到了二项分布两个参数的估计量.

**例 1** 某农场同类谷物种植 500 亩，在收获前欲估计产量. 随机选取 10 亩，测得亩产量（单位：kg）分别为

1050，1120，1200，1100，1040，1080，1200，1130，1250，1300.

假设谷物的亩产量 $X$ 服从正态分布，试用样本数字特征法估计谷物亩产量的均值与标准差，并估计该谷物的总产量及亩产量超过 1200 kg 的概率.

**解** 依题设，亩产量 $X \sim N(\mu,\sigma^2)$，其中参数 $\mu,\sigma^2$ 均未知. 将样本值代入下式，可得亩产量均值的估计值

$$\hat{\mu} = \bar{x} = \frac{1}{10}\sum_{i=1}^{10} x_i = 1147(\text{kg}).$$

将样本值与 $\bar{x}=1147$ 代入下式，可得亩产量标准差的估计值

$$\hat{\sigma} = \sqrt{s^2} = \sqrt{\frac{1}{10-1}\sum_{i=1}^{10}(x_i - \bar{x})^2} = 87(\text{kg}).$$

谷物的总产量 $W$ 可按亩产量均值的估计值进行估算，即

$$w = 500\bar{x} = 43500(\text{kg}).$$

由参数的估计值得到总体的分布，$X \sim N(1147, 87^2)$，于是所求概率为

$$P\{X > 1200\} = P\left\{\frac{X-1147}{87} > \frac{1200-1147}{87}\right\}$$
$$= 1 - \Phi(0.61) = 1 - 0.7291 = 0.2709.$$

即一亩产量超过 1200 kg 的可能性约为 27%.

**例 2** 某厂生产的一种型号的电子元件使用寿命 $X$ 服从指数分布，概率密度函数为

$$f(x) = \begin{cases} \lambda e^{-\lambda x}, & x \geqslant 0, \\ 0, & x \leqslant 0 \end{cases} \quad (\lambda > 0).$$

(1) 其中 $\lambda$ 未知，用样本数字特征法求参数 $\lambda$ 的估计量；

(2) 随机抽取 20 个元件，测得其寿命（单位：h）分别为

188，17，31，54，62，98，134，147，272，289，

241，334，413，452，525，721，321，1321，1140，459.

试估计 $\lambda$ 的值.

**解** (1) 由于 $X$ 服从参数为 $\lambda$ 的指数分布，即 $X\sim e(\lambda)$，故 $E(X)=\frac{1}{\lambda}$，从而参数 $\lambda$ 的估计量

$$\hat{\lambda}=\frac{1}{\overline{X}}=\frac{n}{\sum_{i=1}^{n}X_i},$$

其中 $X_1,X_2,\cdots,X_n$ 是总体 $X$ 的样本.

(2) 将 20 个样本值代入下式，可算得

$$\sum_{i=1}^{20}x_i=7219.$$

于是，$\lambda$ 的估计值

$$\hat{\lambda}=\frac{1}{\overline{x}}=\frac{20}{7219}=0.0028.$$

这里，我们还要说明样本数字特征法的**无偏性**.

总体 $X$ 的未知参数 $\theta$ 是一个确定的常量，而估计 $\theta$ 的估计量 $\hat{\theta}$ 是一个随机变量. 样本数字特征法所用到的估计量，样本均值 $\overline{X}$ 和样本方差 $S^2$ 也是随机变量. 对于不同的样本观察值，$\overline{X}$ 和 $S^2$ 取不同的估计值 $\overline{x}$ 和 $s^2$，它们都是总体均值 $E(X)$ 和总体方差 $D(X)$ 的近似值. 尽管人们不知道近似程度如何，但可以证明：无论总体 $X$ 服从何种分布，只要它的期望和方差存在，都有估计量的均值等于被估计量，即

$$E(\overline{X})=E(X),\quad E(S^2)=D(X).$$

这表明，估计量的取值在被估计量的真值附近波动，不会产生系统偏差. 这就是样本数字特征法的**无偏性**，即样本均值和样本方差是总体均值和总体方差的**无偏估计量**. 由此知，作为点估计，样本数字特征法还是较好的方法.

## 习 题 7.2

1. 已知某种白炽灯泡的寿命 $X$ 服从正态分布. 在某天内所生产的该种灯泡中随机抽取 10 只，测得其寿命(单位：h)为

1067，919，1196，785，1126，936，918，1156，920，948.

试用样本数字特征法，求寿命总体均值 $\mu$ 和方差 $\sigma^2$ 的估计值，并估计这种灯泡的寿命大于 1300 h 的概率.

2. 设总体 $X$ 在区间 $[0,\theta]$ 上服从均匀分布：

(1) 用样本数字特征法确定未知参数 $\theta$ 的估计量；

(2) 从总体中随机抽取容量为 10 的样本

$$0.5, 1.3, 0.6, 1.7, 2.2, 1.2, 0.8, 1.5, 2.0, 1.6.$$

试用样本数字特征法对未知参数 $\theta$ 进行估计.

3. 设某种灯泡的使用寿命 $X$ 服从参数为 $\lambda$ 的指数分布,其中 $\lambda$ 未知,今随机抽取 6 只灯泡,测得寿命(单位: h)为

$$1812, 1890, 1789, 1921, 2054, 1967.$$

试用样本数字特征法估计参数 $\lambda$ 的值.

4. 设总体 $X$ 服从二项分布,即 $X \sim B(N, p)$,其中参数 $N$ 已知,而 $p$ 未知,试用样本数字特征法确定 $p$ 的估计量.

5. 某部门的电话在单位时间内接到的呼叫次数 $X$ 服从参数为 $N, p$($N, p$ 均未知)的二项分布,今在一个工作日内记录了 100 个数据:

| 呼叫次数 | 0 | 1 | 2 | 3 | 4 | 5 | 6 | 7 |
|---|---|---|---|---|---|---|---|---|
| 频数 | 2 | 17 | 30 | 20 | 14 | 9 | 7 | 1 |

试用样本数字特征法确定 $N, p$ 的估计值.

6. 据统计,铁路与公路交叉路口在一年内发生交通事故的次数服从泊松分布.

(1) 用样本数字特征法确定泊松总体 $X \sim P(\lambda)$ 中,参数 $\lambda$ 的估计量;

(2) 下面是对 122 个交叉路口一年内发生交通事故的统计:

| 事故次数 | 0 | 1 | 2 | 3 | 4 | 5 |
|---|---|---|---|---|---|---|
| 观察路口数 | 44 | 42 | 21 | 9 | 4 | 2 |

试确定未知参数 $\lambda$ 的估计值.

## §7.3 区间估计

**【学习本节要达到的目标】**

1. 理解区间估计的含义.
2. 掌握正态总体,当已知方差或未知方差时对均值的区间估计.
3. 掌握正态总体,当未知均值时对方差的区间估计.

### 一、区间估计概念

点估计给出了待估的未知参数的近似值,但未涉及误差估计. 区间估计是希望找出一个

区间，使其包含待估的未知参数，并且知道这个区间包含未知参数的可信程度. **区间估计可如下具体叙述.**

设总体 $X$ 的分布类型已知，$\theta$ 是其未知参数，$X_1,X_2,\cdots,X_n$ 是总体 $X$ 的样本. 对于给定的 $\alpha(0<\alpha<1)$，由样本确定两个统计量 $\underline{\theta}=\underline{\theta}(X_1,X_2,\cdots,X_n)$ 与 $\bar{\theta}=\bar{\theta}(X_1,X_2,\cdots,X_n)$，得到一个随机区间 $(\underline{\theta},\bar{\theta})$. 若有

$$P\{\underline{\theta}<\theta<\bar{\theta}\}=1-\alpha, \tag{1}$$

则称 $1-\alpha$ 为**置信度**，$\underline{\theta}$ 为**置信下限**，$\bar{\theta}$ 为**置信上限**，$(\underline{\theta},\bar{\theta})$ 为**置信区间**. 统称**区间 $(\underline{\theta},\bar{\theta})$ 是 $\theta$ 的置信度为 $1-\alpha$ 的置信区间.**

这里，须注意(1)式的统计含义. 对于随机区间 $(\underline{\theta},\bar{\theta})$，由于每次抽样得到不同的样本观察值 $x_1,x_2,\cdots,x_n$，将得到不同的置信下限 $\underline{\theta}=\underline{\theta}(x_1,x_2,\cdots,x_n)$ 与置信上限 $\bar{\theta}=\bar{\theta}(x_1,x_2,\cdots,x_n)$，从而得到多个确定的区间 $(\underline{\theta},\bar{\theta})$. 在这些区间中，有的包含 $\theta$ 的真值，有的不包含 $\theta$ 的真值. (1)式表示，在这些区间中，大约有 $100(1-\alpha)\%$ 包含 $\theta$ 的真值，而 $100\alpha\%$ 不包含 $\theta$ 的真值. 换句话说，对于随机区间 $(\underline{\theta},\bar{\theta})$，它有 $100(1-\alpha)\%$ 的可能性是属于那些包含真值 $\theta$ 的区间，而有 $100\alpha\%$ 的可能性是属于不包含真值 $\theta$ 的区间.

比如，当 $\alpha=0.05$，$1-\alpha=0.95$ 时，式子

$$P\{\underline{\theta}<\theta<\bar{\theta}\}=0.95$$

表示：在由样本观察值得到多个确定的区间 $(\underline{\theta},\bar{\theta})$ 中，大约有 95% 包含 $\theta$ 的真值，而 5% 不包含 $\theta$ 的真值.

## 二、正态总体均值的区间估计

考虑正态总体 $X\sim N(\mu,\sigma^2)$，分为已知方差 $\sigma^2$ 和未知方差 $\sigma^2$ 两种情况讨论对均值 $\mu$ 的区间估计.

### 1. 已知方差 $\sigma^2$，对均值 $\mu$ 的区间估计

在§7.2 中已讲过，参数 $\mu$ 的点估计量是样本均值 $\bar{X}$，二者误差估计自然是不等式

$$|\bar{X}-\mu|<\delta.$$

注意到方差 $\sigma^2$ 已知，可得到与上式等价的不等式

$$\left|\frac{\bar{X}-\mu}{\sigma/\sqrt{n}}\right|<\frac{\delta}{\sigma/\sqrt{n}}. \tag{2}$$

由此，进一步选 $U$ 统计量估计 $\mu$ 值. 由于 $U=\dfrac{\bar{X}-\mu}{\sigma/\sqrt{n}}\sim N(0,1)$，对于给定的置信度 $1-\alpha$，有

$$P\left\{\left|\frac{\bar{X}-\mu}{\sigma/\sqrt{n}}\right|<u_{\alpha/2}\right\}=1-\alpha,$$

即
$$P\left\{\bar{X}-u_{\alpha/2}\frac{\sigma}{\sqrt{n}}<\mu<\bar{X}+u_{\alpha/2}\frac{\sigma}{\sqrt{n}}\right\}=1-\alpha.$$

于是，对正态总体，在已知方差 $\sigma^2$ 时，$\mu$ 的置信度为 $1-\alpha$ 的置信区间是

$$\left(\overline{X}-u_{\alpha/2}\frac{\sigma}{\sqrt{n}},\ \overline{X}+u_{\alpha/2}\frac{\sigma}{\sqrt{n}}\right).$$

该置信区间的中点是 $\overline{X}$，长度为 $2u_{\alpha/2}\frac{\sigma}{\sqrt{n}}$. 显然，当样本容量 $n$ 固定时，置信区间的长度由置信度确定.

**例 1** 某厂在正常条件下生产的化纤纤度(表示纤维粗细程度的量)$X$ 服从正态分布 $N(\mu,\sigma^2)$，且长期生产资料表明 $\sigma=0.048$. 今抽取 9 根纤维，测得纤度如下：

$$1.47,\ 1.42,\ 1.36,\ 1.53,\ 1.39,\ 1.43,\ 1.37,\ 1.44,\ 1.45.$$

试求平均纤度 $\mu$ 的置信度为 $1-\alpha$ 的置信区间，$1-\alpha$ 分别为

(1) $1-\alpha=0.95$； (2) $1-\alpha=0.99$.

**解** 这是正态总体在已知方差 $\sigma^2$ 的条件下，对均值 $\mu$ 的区间估计. 选统计量 $U=\frac{\overline{X}-\mu}{\sigma/\sqrt{n}}$.

已知 $n=9,\sigma=0.048$；由所给样本值计算得 $\bar{x}=1.4289$.

(1) 由 $1-\alpha=0.95$，查表(附表 2)得 $u_{\alpha/2}=u_{0.025}=1.96$. 于是，平均纤度 $\mu$ 的置信度为 0.95 的置信区间是

$$\left(1.4289-1.96\cdot\frac{0.048}{3},\ 1.4289+1.96\cdot\frac{0.048}{3}\right)=(1.3975,\ 1.4603).$$

(2) 由 $1-\alpha=0.99$，查表(附表 2)得 $u_{\alpha/2}=u_{0.005}=2.58$. 于是，平均纤度 $\mu$ 的置信度为 0.99 的置信区间是

$$\left(1.4289-2.58\cdot\frac{0.048}{3},\ 1.4289+2.58\cdot\frac{0.048}{3}\right)=(1.3876,\ 1.4702).$$

比较本例所给出的两个置信度与所得到的相应的两个置信区间，可看出，置信度越大，则相应的置信区间也越大，一般情况均如此.

在参数的区间估计中，置信度标志估计的可靠程度，置信区间长度标志估计的精确程度. 当样本容量 $n$ 固定时，通常可靠程度与精确程度是相互制约的. 所以，对实际问题进行参数的区间估计时，要兼顾置信度与置信区间.

**2. 未知方差 $\sigma^2$，对均值 $\mu$ 的区间估计**

当方差 $\sigma^2$ 未知时，参数 $\sigma^2$ 的点估计量是样本方差 $S^2$，这时，在前述(2)式中，以 $S$ 来代替 $\sigma$，得 $\frac{\overline{X}-\mu}{S/\sqrt{n}}$，这是 $t$ 统计量. 由于

$$T=\frac{\overline{X}-\mu}{S/\sqrt{n}}\sim t(n-1),$$

由 $t$ 分布的 $\alpha$ 上侧分位数的定义，对于给定的置信度 $1-\alpha$，有

$$P\left\{\left|\frac{\overline{X}-\mu}{S/\sqrt{n}}\right|<t_{\alpha/2}(n-1)\right\}=1-\alpha,$$

即

$$P\left\{\overline{X}-t_{\alpha/2}(n-1)\frac{S}{\sqrt{n}}<\mu<\overline{X}+t_{\alpha/2}(n-1)\frac{S}{\sqrt{n}}\right\}=1-\alpha,$$

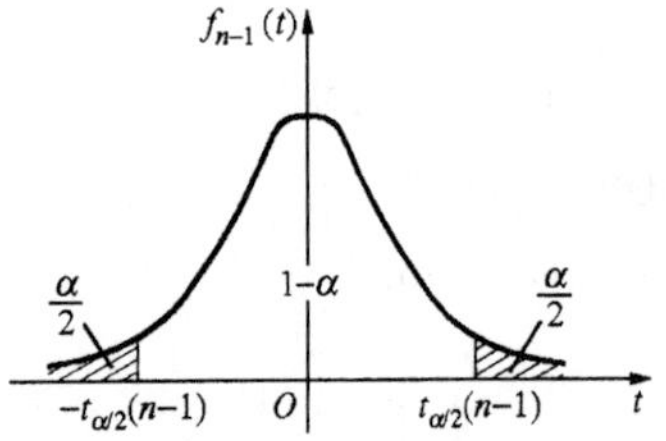


图　7-7

其中 $t_{\alpha/2}(n-1)$是 $t$ 分布的上 $\alpha/2$ 分位数(见图 7-7). 于是,对正态总体,在未知方差 $\sigma^2$ 时,$\mu$ 的置信度为 $1-\alpha$ 的置信区间是

$$\left(\overline{X}-t_{\alpha/2}(n-1)\frac{S}{\sqrt{n}},\ \overline{X}+t_{\alpha/2}(n-1)\frac{S}{\sqrt{n}}\right).$$

**例 2**　某商店为了解居民对某种商品的需求,调查了 100 户居民,得出每户每月平均需求量为 10 kg,标准差为 3 kg. 根据经验,居民对该种商品的需求量服从正态分布$N(\mu,\sigma^2)$.

(1) 试求居民对该种商品的平均需求量的置信度为 0.99 的置信区间;

(2) 若该商品供应 1 万户,最少要准备多少该种商品才能以 99%的概率满足需求.

**解**　(1) 这是正态总体在未知方差 $\sigma^2$ 的条件下,对均值 $\mu$ 的区间估计. 选统计量

$$T=\frac{\overline{X}-\mu}{S/\sqrt{n}}.$$

已知 $n=100, s=3, \bar{x}=10$,又 $1-\alpha=0.99$. 由于 $n>45$,$T$ 近似服从正态分布. 这时可查标准正态分布表,即

$$t_{\alpha/2}(100-1)\approx u_{\frac{0.01}{2}}=2.58.$$

于是,居民对该商品平均需求 $\mu$ 的置信度为 0.99 的置信区间是

$$\left(10-2.58\cdot\frac{3}{10},\ 10+2.58\cdot\frac{3}{10}\right)=(9.226,\ 10.774)..$$

(2) 对 1 万户居民,若以 99%的概率满足需求,由置信区间的下限知最少要准备商品

$$9.226\ \text{kg/户}\times 10000\ \text{户}=92260\ \text{kg}.$$

## 三、正态总体方差的区间估计

考虑正态总体 $X\sim N(\mu,\sigma^2)$,只讨论未知均值 $\mu$,对方差 $\sigma^2$ 的区间估计.

由于方差 $\sigma^2$ 的点估计量是样本方差 $S^2$,且联系 $\sigma^2$ 与 $S^2$ 的关系式是 $\chi^2$ 统计量,即

$$\chi^2=\frac{(n-1)S^2}{\sigma^2}\sim\chi^2(n-1).$$

若 $\chi^2_{\alpha/2}(n-1),\chi^2_{1-\alpha/2}(n-1)$分别为 $\chi^2$ 分布的上 $\alpha/2$ 分位数及 $1-\alpha/2$ 分位数,见图 7-8. 对给定的置信度 $1-\alpha$,有

$$P\left\{\chi^2_{1-\alpha/2}(n-1)<\frac{(n-1)S^2}{\sigma^2}<\chi^2_{\alpha/2}(n-1)\right\}=1-\alpha,$$

即

$$P\left\{\frac{(n-1)S^2}{\chi^2_{\alpha/2}(n-1)}<\sigma^2<\frac{(n-1)S^2}{\chi^2_{1-\alpha/2}(n-1)}\right\}=1-\alpha.$$

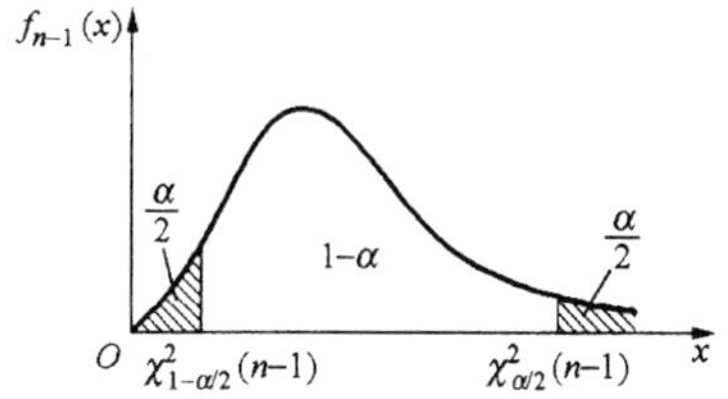


图 7-8

于是，对正态总体，在未知均值 $\mu$ 时，$\sigma^2$ 的置信度为 $1-\alpha$ 的置信区间是

$$\left(\frac{(n-1)S^2}{\chi^2_{\alpha/2}(n-1)},\ \frac{(n-1)S^2}{\chi^2_{1-\alpha/2}(n-1)}\right).$$

**例 3** 一大批袋装大米，随机抽取 16 袋，称得重量(单位：kg)为

50.6，50.8，49.9，50.3，50.4，51.0，49.7，51.2，

51.4，50.5，49.3，49.6，50.6，50.2，50.9，49.6.

设袋装大米重量服从正态分布，试求标准差 $\sigma$ 的置信度为 0.95 的置信区间.

**解** 这是正态总体，未知均值对方差 $\sigma^2$ 的区间估计. 选取统计量

$$\chi^2=\frac{(n-1)S^2}{\sigma^2}.$$

已知 $n=16$，可算得样本方差观察值 $s^2=0.62^2$. 由 $\alpha=0.05$，查附表 4，得 $\chi^2_{\alpha/2}(16-1)=\chi^2_{0.025}(15)=27.488$，$\chi^2_{1-\alpha/2}(16-1)=\chi^2_{0.975}(15)=6.262$. 于是，标准差 $\sigma$ 的置信度为 0.95 的置信区间是

$$\left(\sqrt{\frac{15\cdot 0.62^2}{27.488}},\ \sqrt{\frac{15\cdot 0.62^2}{6.262}}\right)=(0.46,\ 0.96).$$

表 7-1 列出了正态总体参数估计所用的统计量及其置信区间.

**表 7-1 正态总体参数的置信区间(置信度为 $1-\alpha$)**

| 估计参数 | 总体条件 | 统计量及其分布 | 置信区间 |
|---|---|---|---|
| $\mu$ | $\sigma^2$ 已知 | $U=\frac{\overline{X}-\mu}{\sigma/\sqrt{n}}\sim N(0,1)$ | $\left(\overline{X}-u_{\alpha/2}\frac{\sigma}{\sqrt{n}},\ \overline{X}+u_{\alpha/2}\frac{\sigma}{\sqrt{n}}\right)$ |
| | $\sigma^2$ 未知 | $T=\frac{\overline{X}-\mu}{S/\sqrt{n}}\sim t(n-1)$ | $\left(\overline{X}-t_{\alpha/2}(n-1)\frac{S}{\sqrt{n}},\ \overline{X}+t_{\alpha/2}(n-1)\frac{S}{\sqrt{n}}\right)$ |
| $\sigma^2$ | $\mu$ 未知 | $\chi^2=\frac{(n-1)S^2}{\sigma^2}\sim\chi^2(n-1)$ | $\left(\frac{(n-1)S^2}{\chi^2_{\alpha/2}(n-1)},\ \frac{(n-1)S^2}{\chi^2_{1-\alpha/2}(n-1)}\right)$ |

## 习 题 7.3

1. 设某苹果园单株果树的产量 $X$ 服从正态分布 $N(\mu,\sigma^2)$，由经验知 $\sigma^2=64\ \mathrm{kg}^2$. 现随机抽取 6 株统计当年产量(单位：kg)为

120，161，182，208，176，234.

试以置信度为 0.90 估计该果园每株果树的平均产量.

2. 某旅行社为调查当地每一位旅游者的平均消费额，随机访问了 100 名旅游者，得知他们的平均消费额 $\bar{x}=500$ 元. 根据经验，旅游者的消费额服从正态分布 $N(\mu,\sigma^2)$，且 $\sigma=200$ 元. 试求该地旅游者平均消费额的置信度为 $1-\alpha$ 的置信区间，$1-\alpha$ 分别为

(1) $1-\alpha=90\%$； (2) $1-\alpha=95\%$.

3. 从一大批同型号的金属线中，随机抽取 10 根，测得它们的直径(单位：mm)为

$$1.28,\ 1.23,\ 1.24,\ 1.26,\ 1.29,\ 1.20,\ 1.32,\ 1.23,\ 1.23,\ 1.29.$$

(1) 设金属线直径 $X\sim N(\mu,0.04^2)$，试求平均直径 $\mu$ 的置信度为 0.95 的置信区间；

(2) 设金属线直径 $X\sim N(\mu,\sigma^2)$，其中 $\sigma^2$ 是未知参数，试求平均直径 $\mu$ 的置信度为 0.95 的置信区间.

4. 假定初生男婴的体重服从正态分布，随机抽取 12 名新生男婴，测得其体重(单位：g)为

$$3100,\ 2510,\ 3000,\ 3000,\ 3600,\ 3160,$$
$$3560,\ 3320,\ 2880,\ 2600,\ 3400,\ 2540.$$

试以 0.95 的置信度估计新生男婴的平均体重.

5. (1) 设某单位每天职工的总医疗费服从正态分布. 要估计平均每天职工的总医疗费. 观察了 30 天，总金额的平均值为 170 元，样本标准差为 30 元. 试求职工每天总医疗费均值的置信度为 0.95 的置信区间；

(2) 在以上观察数据的基础上，求标准差的置信度为 0.95 的置信区间.

6. 抽测某批烟草的尼古丁含量(单位：mg)，得到 10 个样本值：

$$18,\ 24,\ 27,\ 21,\ 26,\ 28,\ 22,\ 31,\ 19,\ 20.$$

假定烟草的尼古丁含量服从正态分布.

(1) 试求烟草尼古丁平均含量 $\mu$ 的置信度为 0.90 的置信区间；

(2) 试求烟草尼古丁含量标准差 $\sigma$ 的置信度为 0.90 的置信区间.

## §7.4 假设检验

**【学习本节要达到的目标】**

1. 理解假设检验的推断原理和推理的方法.
2. 掌握参数假设检验问题的程序.

### 一、假设检验问题

为说明假设检验问题，我们先看例题.

**例 1** 某工厂用自动包装机将食品装袋，每袋额定标准为 100 g. 由长期检测表明，每袋

重量(单位：g)服从正态分布，且标准差为 1.15 g. 某日开工后，从生产的一批食品中随机抽取 9 袋，其重量分别为

$$99.8,\ 99.4,\ 102.0,\ 100.3,\ 100.1,\ 101.4,\ 101.5,\ 102.7,\ 99.2.$$

试问当日包装机工作是否正常？

包装机包装食品，每袋食品的重量不会是额定标准 100 g，上下总有一些波动. 若设当日包装机所包装的食品每袋重量为 $X$，则 $X$ 是总体，$X \sim N(\mu, \sigma^2)$，且已知 $\sigma = 1.15$ g，而 $\mu$ 未知. 若以 $\mu_0 = 100$ g 表示当日每袋食品的额定标准，则**上述问题的实质是**：先**假设**当日袋装食品的平均重量 $\mu = \mu_0 = 100$ g，然后再依据抽样的结果来**推断** $\mu = \mu_0$，还是 $\mu \neq \mu_0$. 即当 $\mu = 100$ g 时，说明包装机当日工作正常；否则，不正常.

在数理统计中，若已知总体 $X$ 的分布函数的类型，而未知其中的参数(我们这里只讨论一个未知参数的情形)，先对总体的未知参数提出假设，然后通过抽样并根据样本提供的有关信息对假设的正确与否做出推断，称为**假设检验**. 由于我们所讨论的仅是对总体的参数的假设检验，通常称为**参数假设检验**.

在数理统计中，把待检验假设称为**原假设**，记为 $H_0$；与之对立的假设称为**备择假设**，记为 $H_1$. 例 1 中的原假设是 $H_0: \mu = 100$，备择假设是 $H_1: \mu \neq 100$. 通常为了叙述简洁，也可以不列出备择假设.

## 二、假设检验的基本思想

### 1. 推断的原理

假设检验的**推断原理**　**小概率事件的实际不可能原理**，即小概率事件在一次试验中几乎是不可能发生的. 这就是说，在一次试验中，用小概率事件是否发生来检验原假设的正确与否. 这是人们实践经验的总结，称之为**实际推断原理**.

当然，“小概率事件”是一个相对的概念，概率小到什么程度的事件才算做小概率事件呢？这没有统一标准，要视实际问题而定.

### 2. 推理的思想方法

假设检验的**推理方法**　**概率意义下的反证法**. 该方法的**简要思路**如下.

首先对总体 $X$ 的未知参数提出原假设 $H_0$ 和备择假设 $H_1$. 在假定原假设成立的前提下，由待检验的原假设 $H_0$ 给定一个小概率事件，按推断原理“小概率事件的实际不可能原理”，在一次试验中，该小概率事件几乎是不可能发生的. 现在进行一次试验，若该小概率事件发生了，即一个不太可能发生的事件发生了，这显然是“假定原假设 $H_0$ 成立的前提”不合理，从而怀疑原假设 $H_0$ 的正确性，于是否定原假设 $H_0$，而接受备择假设 $H_1$. 相反，在一次试验中，若该小概率事件没有发生，这时，没有理由怀疑原假设的正确性，不能否定原假设，就认为原假设 $H_0$ 正确.

### 三、假设检验的程序

在例 1 中，袋装食品的重量服从正态分布，即总体 $X\sim N(\mu,\sigma^2)$，在已知方差 $\sigma^2=1.15^2\,g^2$ 的条件下，假设检验均值 $\mu$ 是否与规定的 100 g 一致. 结合这种情况分析并说明**假设检验的程序**.

(1) 提出待检验假设

由于我们的问题是要假设检验未知参数 $\mu$ 是否等于 $\mu_0=100\,g$，因此，要对待检验的问题提出一个**原假设** $H_0$ 和**备择假设** $H_1$，

$$H_0:\mu=\mu_0,\quad H_1:\mu\neq\mu_0.$$

一般情况下，$H_0$ 要取在实践中应该受到保护的论断，这个论断不应轻易受到否定. 若要否定它，就必须有足够的理由.

(2) 选取检验统计量

根据待检验问题的性质，选取一个含待检验参数且在原假设 $H_0$ 成立的条件下，该统计量的分布为已知的检验统计量.

由于总体 $X$ 的均值 $\mu$ 是待检验参数，而样本均值 $\overline{X}$ 是 $\mu$ 的点估计量，自然可用 $\overline{X}$ 的观察值 $\overline{x}=\frac{1}{n}\sum\limits_{i=1}^{n}x_i$ 来检验对 $\mu$ 的假设. 但不能简单的根据是否有 $\overline{x}=\mu_0$ 来推断 $H_0:\mu=\mu_0$ 是否成立；这是因为 $\overline{X}$ 是一个随机变量，不管 $H_0:\mu=\mu_0$ 是否成立，都几乎不可能有 $\overline{x}=\mu_0$.

现假定原假设 $H_0:\mu=\mu_0$ 成立. 这时，$\overline{x}$ 偏离 $\mu_0$ 仅仅是随机误差的原因，因此误差 $|\overline{X}-\mu_0|$ 一般应较小，当 $|\overline{X}-\mu_0|$ 较大时应是小概率事件.

由于 $X\sim N(\mu,\sigma^2)$，$\overline{X}\sim N\left(\mu,\frac{\sigma^2}{n}\right)$，其中，已假设 $\mu=\mu_0$，且 $\sigma^2$（例题中 $\sigma^2=1.15^2$）和 $n$（样本容量）为已知，所以选取检验统计量

$$U=\frac{\overline{X}-\mu_0}{\sigma/\sqrt{n}},$$

在原假设 $H_0:\mu=\mu_0$ 成立的条件下，$U$ 统计量服从标准正态分布，即

$$U=\frac{\overline{X}-\mu_0}{\sigma/\sqrt{n}}\sim N(0,1).$$

(3) 对给定的显著性水平 $\alpha$，确定拒绝域

如前所述，在假定原假设 $H_0$ 成立时，$|\overline{X}-\mu_0|$ 较大是小概率事件. 而在选取了检验统计量 $U=\frac{\overline{X}-\mu_0}{\sigma/\sqrt{n}}$ 之后，$|U|$ 较大就是小概率事件. 为了给出 $|U|$ 大到什么程度才算是小概率事件，需要先给定一个小正数 $\alpha$，它表示小概率的数值，称为检验的**显著性水平**. $\alpha$ 是根据具体问题的需要而选定，比如，$\alpha=0.1$，$\alpha=0.05$，$\alpha=0.01$ 等，查标准正态分布表（附表 2），得 $\alpha$ 的上 $\alpha/2$ 分位点 $u_{\alpha/2}$，使

$$P\{|U|>u_{\alpha/2}\}\leqslant\alpha.$$

这样，$\{|U|>u_{\alpha/2}\}$就是小概率事件. $u_{\alpha/2}$界定了拒绝原假设 $H_0$ 的区域：$|U|>u_{\alpha/2}$，此区域称为**拒绝域**. 图 7-9 中有阴影的部分是拒绝域.

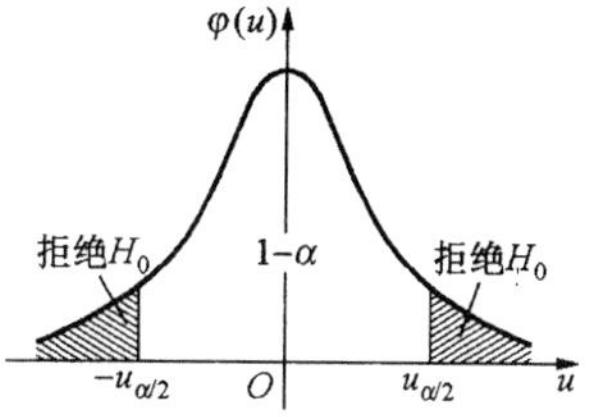


图 7-9

(4) 计算统计量的值，得出结论

将样本观察值代入 $U$ 统计量的表达式，即计算

$$U=\frac{\bar{x}-\mu_0}{\sigma/\sqrt{n}}$$

的值. $|U|$与 $u_{\alpha/2}$ 比较，可判定小概率事件是否发生，从而决定是接受原假设 $H_0$：$\mu=\mu_0$，还是拒绝 $H_0$.

按上述程序，例 1 应如下书写与计算：

(1) 提出原假设和备择假设

$$H_0:\mu=100,\quad H_1:\mu\neq 100\quad (单位：g).$$

(2) 选取 $U$ 统计量

$$U=\frac{\overline{X}-100}{1.15/\sqrt{9}},$$

在 $H_0$：$\mu=100$ 成立时，$U\sim N(0,1)$.

(3) 对给定的显著性水平 $\alpha=0.05$，确定拒绝域

由

$$P\{|U|>u_{0.025}\}=0.05\quad (此处取等号即可)$$

查标准正态分布表(附表 2)可得 $u_{0.025}=1.96$，拒绝域为$|U|>1.96$.

(4) 计算统计量的值，得出结论

由所抽取的 9 袋的重量，可算得 $\bar{x}=100.71$. 于是

$$U=\frac{100.71-100}{1.15/3}=1.85.$$

由于$|U|=1.85<u_{0.025}=1.96$，样本值不在拒绝域中，应接受原假设 $H_0$，即认为当日包装机工作正常.

最后，还要说明一点，由于假设检验问题是由样本提供的信息来推断总体的性质，因此，推断的结论未必总是正确的. 可能犯“**弃真**”或“**纳伪**”的错误. 假定原假设 $H_0$ 是成立的，在此前提下，按推断原理，由样本构成的小概率事件在一次试验中几乎是不可能发生的.“几乎不可能发生”不是绝对不可能发生. 万一发生了，我们就拒绝接受原假设 $H_0$，这就犯了“弃真”的错误. 同样，原假设 $H_0$ 本来是不成立的，但检验结果却接受了 $H_0$，这就犯了“纳伪”的错误.

## 习 题 7.4

1. 简述假设检验的推断原理.
2. 某旅行社根据过去资料对国内旅游者的旅游费用进行分析，发现在同类产品的 5 日

旅游时间中，旅游者用在交通、住宿、膳食及购物等方面的费用近似服从正态分布，其平均值为 2500 元，标准差为 300 元. 而某研究所抽取了样本容量为 400 的样本，作了同样内容的调查，得到样本均值 $\bar{x}=2525$ 元. 若把旅行社的分析结果看做是对总体参数的一种假设，这种假设能否接受？（$\alpha=0.05$，仿照本节例 1 的书写过程）

## §7.5 正态总体的假设检验

**【学习本节要达到的目标】**

1. 掌握正态总体在已知方差或未知方差时，对均值的假设检验问题.
2. 掌握正态总体在未知均值时，对方差的假设检验问题.

### 一、正态总体均值的假设检验

考虑一个正态总体 $X\sim N(\mu,\sigma^2)$，在已知方差 $\sigma^2$ 或未知方差 $\sigma^2$ 的条件下，假设检验均值.

**1. 已知方差假设检验均值**

正态总体 $X$ 的方差 $\sigma^2$ 已知，假设检验总体 $X$ 的均值 $\mu$.

待检验假设

$$H_0: \mu=\mu_0, \quad H_1: \mu\neq\mu_0.$$

这种情况，在 §7.4 已讨论过. 由于选取 $U$ 统计量，在 $H_0: \mu=\mu_0$ 成立时，

$$U=\frac{\overline{X}-\mu_0}{\sigma/\sqrt{n}}\sim N(0,1),$$

这称为 $U$ **检验**.

对给定的 $\alpha$，拒绝域是 $|U|>u_{\alpha/2}$.

**例 1** 某厂生产的袋装食品，额定重量是每袋 50 g，根据长期经验，每袋重量 $X$ 服从正态分布，且标准差 $\sigma=1.2$ g. 某日抽查了 16 袋，得样本均值 $\bar{x}=50.72$ g. 按规定检验水平 $\alpha=0.05$，试问：这日袋装食品的重量是否合乎额定标准？

**解** 这是正态总体在已知方差 $\sigma^2$ 时，假设检验均值 $\mu$.

待检验假设

$$H_0: \mu=50.$$

选取 $U$ 统计量

$$U=\frac{\overline{X}-50}{1.2/\sqrt{16}}\sim N(0,1).$$

由

$$P\{|U|>u_{0.025}\}=0.05$$

查标准正态分布表(附表 2)，得 $u_{0.025}=1.96$，拒绝域是 $|U|>1.96$.

将 $\bar{x}=50.72$ 代入 $U$ 统计量，得

$$U=\frac{50.72-50}{1.2/4}=2.4.$$

由于 $|U|=2.4>u_{0.025}=1.96$，样本值落入拒绝域中，所以拒绝原假设 $H_0$. 即认为这日袋装食品的重量不合乎额定标准.

**2. 未知方差假设检验均值**

正态总体 $X$ 的方差 $\sigma^2$ 未知，假设检验总体 $X$ 的均值 $\mu$，按 §7.4 所述程序.

提出原假设和备择假设

$$H_0: \mu=\mu_0, \quad H_1: \mu\neq\mu_0.$$

选取 $t$ 统计量，在 $H_0: \mu=\mu_0$ 成立时，

$$T=\frac{\overline{X}-\mu_0}{S/\sqrt{n}}\sim t(n-1).$$

对给定的 $\alpha$，由

$$P\{|T|>t_{\alpha/2}(n-1)\}=\alpha$$

知拒绝域为 $|T|>t_{\alpha/2}(n-1)$（见图 7-10）. 这称为 $t$ **检验**.

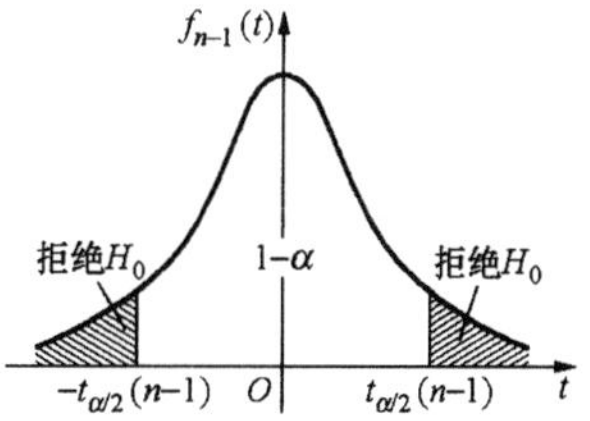


图 7-10

由样本观察值 $\bar{x}, s$ 计算 $T$ 的值. 比较 $|T|$ 和 $t_{\alpha/2}(n-1)$，可得出结论.

**例 2** 设一次期末考试，学生成绩服从正态分布，从考卷中抽取 36 份，算得平均成绩为 66.5 分，样本标准差为 15 分. 问在显著性水平 0.05 下，是否可以认为这次考试全体考生的平均成绩为 70 分？

**解** 这是正态总体在未知方差 $\sigma^2$ 时，假设检验均值 $\mu$.

提出原假设与备择假设

$$H_0: \mu=70, \quad H_1: \mu\neq 70.$$

选取 $t$ 统计量

$$T=\frac{\overline{X}-70}{S/\sqrt{n}}\sim t(36-1).$$

当 $\alpha=0.05$ 时，由

$$P\{|T|>t_{0.025}(35)\}=0.05,$$

查 $t$ 分布表（附表 3）得 $t_{0.025}(35)=2.0301$.

由题设，$s=15$，$\bar{x}=66.5$ 可算得

$$T=\frac{66.5-70}{15/\sqrt{36}}=-1.4.$$

因 $|T|=1.4<t_{0.025}(35)=2.0301$，所以接受 $H_0$，即可以认为全体考生期末考试平均成绩为 70 分.

## 二、正态总体方差的假设检验

只讨论正态总体 $X$ 的均值 $\mu$ 未知，假设检验总体 $X$ 的方差 $\sigma^2$. **假设检验的程序是**

提出原假设和备择假设

$$H_0: \sigma^2 = \sigma_0^2, \quad H_1: \sigma^2 \neq \sigma_0^2.$$

选取 $\chi^2$ 统计量，在 $H_0: \sigma^2=\sigma_0^2$ 成立时，

$$\chi^2 = \frac{(n-1)S^2}{\sigma_0^2} \sim \chi^2(n-1).$$

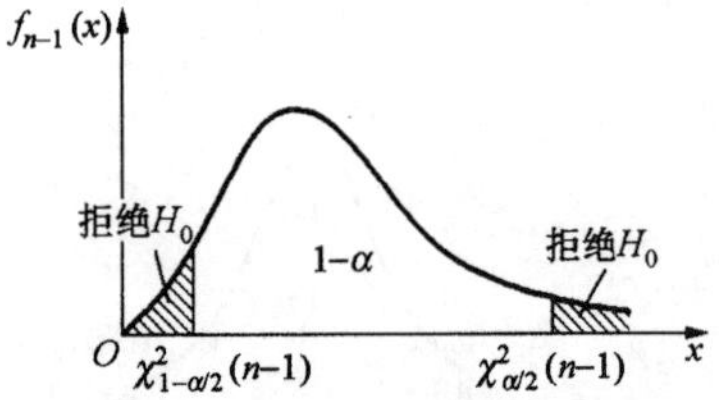


图 7-11

对给定的 $\alpha$，由

$$P\{\chi^2 < \chi^2_{1-\alpha/2}(n-1)\} = P\{\chi^2 > \chi^2_{\alpha/2}(n-1)\} = \frac{\alpha}{2}$$

知拒绝域为 $\chi^2 < \chi^2_{1-\alpha/2}(n-1)$ 或 $\chi^2 > \chi^2_{\alpha/2}(n-1)$（见图 7-11）. 这称为 $\chi^2$ **检验**.

由样本观察值 $s^2$ 计算 $\chi^2$ 的值. $\chi^2$ 的值与 $\chi^2_{1-\alpha/2}(n-1)$ 或 $\chi^2_{\alpha/2}(n-1)$ 比较，可得出结论.

**例 3** 设某棉纺厂所生产的某种细纱每缕支数的标准差为 1.2. 现从该厂某日生产的一批产品中，随机抽取 16 缕进行支数测量，求得样本标准差为 2.1. 设每缕细纱的支数服从正态分布，问细纱的均匀度有无显著变化. 设检验水平 $\alpha=0.05$.

**解** 细纱的均匀度是否有显著变化，即检验方差 $\sigma^2$. 这是正态总体在未知均值 $\mu$ 时，假设检验方差 $\sigma^2$.

提出原假设与备择假设

$$H_0: \sigma^2 = 1.2^2, \quad H_1: \sigma^2 \neq 1.2^2.$$

选取 $\chi^2$ 统计量

$$\chi^2 = \frac{(16-1)S^2}{\sigma^2} \sim \chi^2(16-1).$$

当 $\alpha=0.05$ 时，由

$$P\{\chi^2 < \chi^2_{1-0.025}(15)\} = 0.025, \quad P\{\chi^2 > \chi^2_{0.025}(15)\} = 0.025,$$

查自由度为 15 的 $\chi^2$ 分布表(附表 4)，得 $\chi^2_{0.975}(15)=6.262$，$\chi^2_{0.025}(15)=27.488$.

由题设，$\sigma^2=1.2^2$，$s^2=2.1^2$，可算得

$$\chi^2 = \frac{15 \cdot 2.1^2}{1.2^2} = 45.938.$$

因 $\chi^2=45.938>\chi^2_{0.025}(15)=27.488$，所以应拒绝 $H_0$，即细纱的均匀度有显著性变化.

表 7-2 列出了正态总体参数假设检验所用的统计量及拒绝域.

表 7-2 正态总体均值、方差的假设检验表(显著性水平为 $\alpha$)

| 检验参数 | 总体条件 | 原假设 $H_0$ | 备择假设 $H_1$ | 检验统计量及其分布 | 拒绝域 |
|---|---|---|---|---|---|
| $\mu$ | $\sigma^2$ 已知 | $\mu=\mu_0$ | $\mu\neq\mu_0$ | $U=\dfrac{\overline{X}-\mu_0}{\sigma/\sqrt{n}}\sim N(0,1)$ | $\lvert U\rvert>u_{\alpha/2}$ |
| | $\sigma^2$ 未知 | $\mu=\mu_0$ | $\mu\neq\mu_0$ | $T=\dfrac{\overline{X}-\mu_0}{S/\sqrt{n}}\sim t(n-1)$ | $\lvert T\rvert>t_{\alpha/2}(n-1)$ |
| $\sigma^2$ | $\mu$ 未知 | $\sigma^2=\sigma_0^2$ | $\sigma^2\neq\sigma_0^2$ | $\chi^2=\dfrac{(n-1)S^2}{\sigma_0^2}\sim\chi^2(n-1)$ | $\chi^2>\chi^2_{\alpha/2}(n-1)$ 或 $\chi^2<\chi^2_{1-\alpha/2}(n-1)$ |

## 习 题 7.5

1. 某厂生产罐装食品,标准规格是每罐净重 250 g. 根据长期经验,每罐净重 $X$ 服从正态分布,且标准差 $\sigma=3$ g. 现从一批产品中抽取 25 罐进行检验,其平均重量是 251 g,按规定检验水平 $\alpha=0.001$,问:这批罐装食品的重量是否合乎标准?

2. 已知某器件组装时间(单位:min) $X\sim N(\mu,\sigma^2)$, $\mu_0=7$ 为 $\mu$ 的额定值, $\sigma=0.43$,现从中抽测 9 件,其组装时间为

$$6.9,\ 7.0,\ 7.5,\ 6.4,\ 5.8,\ 5.6,\ 5.8,\ 8.1,\ 7.3.$$

试问这批器件的平均组装时间是否就是 7 min? 检验用两个不同的显著性水平:

(1) $\alpha=0.05$;　　(2) $\alpha=0.01$.

3. 5 个人彼此独立地测量同一块地,分别测得其面积(单位:$\mathrm{km}^2$)为

$$1.27,\ 1.24,\ 1.21,\ 1.28,\ 1.23.$$

设测量值 $X$ 服从正态分布 $N(\mu,\sigma^2)$. 根据这些数据并以 $\alpha=0.05$ 检验假设:这块土地的实际面积为 $1.23\ \mathrm{km}^2$.

4. 正常人的脉搏平均 72 次/min. 某医生测得 10 例慢性中毒者的脉搏(单位:次/min)为

$$54,\ 67,\ 68,\ 78,\ 70,\ 66,\ 67,\ 70,\ 65,\ 69.$$

设中毒者的脉搏服从正态分布,问中毒者和正常人的脉搏有无显著性差异?以显著性水平 $\alpha=0.05$ 检验.

5. 某厂生产的某种型号的电池,其使用寿命(单位:h) $X\sim N(\mu,\sigma^2)$,其中 $\sigma^2=5000$. 今有一批这种型号的电池,从生产情况看,使用寿命波动性较大. 为判断这种看法是否合乎实际,从中抽取了 26 只电池,测出使用寿命,得到样本方差 $s^2=7200$. 问根据这个数据能否断定这批电池使用寿命的波动性与以往相比有显著性变化? 取 $\alpha=0.02$.

6. 某厂生产的发动机部件的直径服从正态分布. 现抽取 5 个部件,测得它们的直径(单位:cm)为

$$1.32,\ 1.55,\ 1.36,\ 1.40,\ 1.44.$$

以显著性水平 $\alpha=0.05$，问能否认为发动机部件的直径的标准差为 0.048?

## 总习题七

1. 填空题：

(1) 从某总体中抽取容量为 5 的样本，测得样本值为

$$417.3,\ 418.1,\ 419.4,\ 420.1,\ 421.5,$$

则样本均值 $\bar{x}=$________，样本方 $s^2=$________，样本标准差 $s=$________.

(2) 设 $X_1,X_2,\cdots,X_n$ 是正态总体 $X\sim N(\mu,\sigma^2)$ 的样本，$\overline{X}$ 是样本均值，$S^2$ 是样本方差，试确定下述统计量的分布：$\overline{X}\sim$________，$U=\dfrac{\overline{X}-\mu}{\sigma/\sqrt{n}}\sim$________，$T=\dfrac{\overline{X}-\mu}{S/\sqrt{n}}\sim$________，$\chi^2=\dfrac{(n-1)S^2}{\sigma^2}\sim$________.

(3) 设总体 $X$ 服从均匀分布，其密度函数为

$$f(x)=\begin{cases}\dfrac{1}{\theta}, & \theta<x<2\theta,\\ 0, & \text{其他}.\end{cases}$$

用样本数字特征法，其未知参数 $\theta$ 的估计量 $\hat{\theta}=$________.

(4) 随机抽取某种炮弹 9 发做试验，得炮口速度的样本标准差 $s=11$. 设炮口速度服从正态分布，则炮口速度标准差的置信度为 95% 的置信区间是________.

(5) 正态总体 $X$ 的方差 $\sigma^2$ 未知，假设检验其均值 $\mu$，即 $H_0:\mu=\mu_0$，$H_1:\mu\neq\mu_0$，对给定的显著性水平 $\alpha$，拒绝域是________.

2. 单项选择题：

(1) 设正态总体 $X\sim N(4,40)$，$X_1,X_2,\cdots,X_{10}$ 是总体 $X$ 的样本，则总体均值 $\overline{X}$ 的密度函数 $f(x)=($ $)$.

(A) $\dfrac{1}{\sqrt{32\pi}}e^{-\frac{(x-4)^2}{32}}(-\infty<x<+\infty)$ (B) $\dfrac{1}{\sqrt{8\pi}}e^{-\frac{(x-4)^2}{8}}(-\infty<x<+\infty)$

(C) $\dfrac{1}{\sqrt{32\pi}}e^{-\frac{(x-1)^2}{32}}(-\infty<x<+\infty)$ (D) $\dfrac{1}{\sqrt{8\pi}}e^{-\frac{(x-1)^2}{8}}(-\infty<x<+\infty)$

(2) 设正态总体 $X\sim N(0,1)$ 的样本是 $X_1,X_2,\cdots,X_n$，$\overline{X}$ 是样本均值，$S$ 是样本标准差，则下列不正确的是( ).

(A) $\overline{X}\sim N\left(0,\dfrac{1}{n}\right)$ (B) $n\overline{X}\sim N(0,1)$

(C) $\dfrac{\sqrt{n}\,\overline{X}}{S}\sim t(n-1)$ (D) $(n-1)S^2\sim\chi^2(n-1)$

(3) 设正态总体 $X\sim N(\mu,2^2)$，则利用容量为 $n$ 的同一样本，得到 $\mu$ 的置信度为 $1-\alpha_1$ 与 $1-\alpha_2$ 的置信区间长度之比为(　　).

(A) $\dfrac{u_{\alpha_1}}{u_{\alpha_2}}$　　(B) $\dfrac{u_{1-\alpha_1}}{u_{1-\alpha_2}}$　　(C) $\dfrac{u_{\alpha_1/2}}{u_{\alpha_2/2}}$　　(D) $\dfrac{u_{1-\alpha_1/2}}{u_{1-\alpha_2/2}}$

(4) 正态总体均值 $\mu$ 未知，假设检验方差，即 $H_0: \sigma^2=\sigma_0^2, H_1: \sigma^2\neq\sigma_0^2$，对给定的显著性水平 $\alpha$，其拒绝域是(　　).

(A) $\chi^2<\chi^2_{1-\alpha/2}(n-1)$ 或 $\chi^2>\chi^2_{\alpha/2}(n-1)$　　(B) $\chi^2<\chi^2_{1-\alpha/2}(n-1)$ 或 $\chi^2<\chi^2_{\alpha/2}(n-1)$

(C) $\chi^2>\chi^2_{1-\alpha/2}(n-1)$ 或 $\chi^2<\chi^2_{\alpha/2}(n-1)$　　(D) $\chi^2>\chi^2_{1-\alpha/2}(n-1)$ 或 $\chi^2>\chi^2_{\alpha/2}(n-1)$

3. 设正态总体 $X\sim N(61,4.9)$，从 $X$ 中抽取容量为 10 的样本，求样本均值 $\overline{X}$ 小于 60 的概率.

4. 对某型号的 20 辆汽车记录其每 5 L 汽油的行驶里程(单位：km)，观测数据如下：

29.8，27.6，28.3，27.9，30.1，28.7，29.9，28.0，27.9，28.7，

28.4，27.2，29.5，28.5，28.0，30.0，29.1，29.8，29.6，26.9.

设该型号的汽车每 5 L 汽油的行驶里程服从正态分布 $N(\mu,0.98^2)$. 试用样本数字特征法估计该型号的汽车每 5 L 汽油的平均行驶里程 $\mu$ 及行驶里程的标准差 $\sigma$，并求平均行驶里程 $\mu$ 的置信度为 95％的置信区间.

5. 已知木材横纹抗压力的实验值服从正态分布，对 9 个试件做横纹抗压力试验得数据(单位：$\mathrm{N/cm^2}$)为

482，493，457，471，510，446，435，418，469.

试就下面情况分别求出平均横纹抗压力的 95％的置信区间：

(1) 已知方差 $\sigma=25$；　　(2) 未知方差.

6. 为管理的需要，银行要测定在业务柜台上每笔业务平均所需的时间. 假设每笔业务所需时间服从正态分布，现随机抽取容量为 16 的样本，测得平均时间 $\bar{x}=13$ min，标准差 $s=5.6$ min，试以下述置信度确定置信区间：

(1) 99％的置信度；　　(2) 90％的置信度.

7. 投资的回收利润率常常用来衡量投资的风险. 随机地调查了 26 年回收利润率，得样本标准差 $s=15(\%)$. 设回收利润率服从正态分布，以置信度 0.95 求它的方差的区间估计.

8. 某切割机正常工作时，切割的金属棒长度(单位：mm)服从正态分布 $N(100,12^2)$. 今从中抽取 15 根，测得其长度为

99，101，96，100，103，98，102，95，97，104，101，99，102，97，100.

试在显著性水平 $\alpha=0.05$ 下，考查下列问题：

(1) 若已知方差 $\sigma^2$ 不变，则切割机工作是否正常？

(2) 若无法确定总体方差 $\sigma^2$ 是否变化，则切割机工作是否正常？

# 习题参考答案及解法提示

## 习　题　1.1

**A组**　**1.** (1) 5；　(2) $-14$；　(3) 0；　(4) 16；　(5) 38；　(6) $-29$.

**2.** (1) 10；　(2) $-\lambda^3$；　(3) $6a-a^2$；　(4) 64.

**3.** $x_1=0, x_2=1$.　**4.** (1) 2；(2) $\lambda=0$ 或 $\lambda=1$；(3) $x^3-13x+13$.　**5.** (1) (A)；(2) (C).

**B组**　**1.** (1) $-x_1x_2x_3x_4$；　(2) 11.

## 习　题　1.2

**A组**　**1.** (1) 相等；　(2) 0；　(3) 不变；　(4) 1；　(5) 30.

**2.** (1) (A)；　(2) (C).

**3.** (1) 0；　(2) 0；　(3) 0；　(4) 0.

**4.** (1) 70.　(2) $-12$.　**提示**　先进行 $r_1 \leftrightarrow r_3$.

(3) $-60$.　(4) 4.　**提示**　先进行 $r_1 \leftrightarrow r_2$.

**5.** (1) $ad-bc$.　(2) $-143$.　(3) $-9$.　**提示**　先将第 3 列的元素化为只有一个非零元素 1.

(4) $-2$.　**提示**　先将第 3 行的元素化为只有一个非零元素 1.

**6.** (1) 1；　(2) 160.

**B组**　**1.** (1) $-24$.　(2) $-20$.

(3) $a^4$.　**提示**

$$D \xrightarrow[\substack{-r_1+r_4}]{\substack{-r_1+r_2\\ -r_1+r_3}} \begin{vmatrix} a & b & c & d \\ 0 & a & a+b & a+b+c \\ 0 & 2a & 3a+2b & 4a+3b+2c \\ 0 & 3a & 6a+3b & 10a+6b+3c \end{vmatrix} \xrightarrow[-3r_2+r_4]{-2r_2+r_3} \begin{vmatrix} a & b & c & d \\ 0 & a & a+b & a+b+c \\ 0 & 0 & a & 2a+b \\ 0 & 0 & 3a & 7a+3b \end{vmatrix}$$

$$\xrightarrow{-3r_3+r_4} \begin{vmatrix} a & b & c & d \\ 0 & a & a+b & a+b+c \\ 0 & 0 & a & 2a+b \\ 0 & 0 & 0 & a \end{vmatrix} = a^4.$$

**2.** $x_1=1, x_2=2, \cdots, x_{n-1}=n-1$.　**提示**

$$D \xrightarrow[\substack{\vdots\\ -r_1+r_n}]{\substack{-r_1+r_2\\ -r_1+r_3}} \begin{vmatrix} 1 & 2 & 3 & \cdots & n \\ 0 & x-1 & 0 & \cdots & 0 \\ 0 & 0 & x-2 & \cdots & 0 \\ \vdots & \vdots & \vdots & & \vdots \\ 0 & 0 & 0 & \cdots & x+1-n \end{vmatrix} = (x-1)(x-2)\cdots[x-(n-1)]=0.$$

## 习 题 1.3

**A组** **1.** (1) $x_1=2,x_2=-1$； (2) $x_1=\frac{19}{8},x_2=-\frac{29}{16},x_3=-\frac{9}{16}$； (3) $x_1=2,x_2=1,x_3=-1$；

(4) $x_1=11,x_2=4,x_3=-3$； (5) $x=-a,y=b,z=c$.

**2.** $\lambda\neq-3$ 且 $\lambda\neq2$ 时.

**B组** **1.** (1) $x_1=x_2=1,x_3=x_4=-1$； (2) $x_1=-1,x_2=-1,x_3=1,x_4=0$.

**2.** $\lambda\neq7$ 且 $\lambda\neq-2$.

## 总 习 题 一

**1.** (1) $-4$ 或 2； (2) 30； (3) 24.

**2.** (1) (C)； (2) (B)； (3) (B).

**3.** (1) 91. (2) $4abcdef$. (3) $-48$.

(4) $[x+(n-1)a](x-a)^{n-1}$.

**提示** 各行加到第一行上，再从第一行提取公因子 $x+(n-1)a$，得

$$D=[x+(n-1)a]\begin{vmatrix}1&1&1&\cdots&1\\a&x&a&\cdots&a\\a&a&x&\cdots&a\\\vdots&\vdots&\vdots&&\vdots\\a&a&a&\cdots&x\end{vmatrix}\xlongequal[-ar_1+r_n]{\substack{-ar_1+r_2\\-ar_1+r_3\\\vdots}}[x+(n-1)a]\begin{vmatrix}1&1&1&\cdots&1\\0&x-a&0&\cdots&0\\0&0&x-a&\cdots&0\\\vdots&\vdots&\vdots&&\vdots\\0&0&0&\cdots&x-a\end{vmatrix}$$

$$=[x+(n-1)a](x-a)^{n-1}.$$

**4.** (1) $x=3,y=-1$； (2) $x_1=-8,x_2=3,x_3=6,x_4=0$.

**5.** $a=1,b=-4,c=4$. **6.** $\lambda\neq1$，且 $\lambda\neq2$，且 $\lambda\neq-3$.

## 习 题 2.1

**A组** **1.** (1) 否； (2) 主对角线上的元素都为 1，其余元素都为 0 的方阵.

**2.** (1)为列矩阵； (2)为零矩阵，也为行矩阵； (4)为单位矩阵； (5)，(6)为方阵.

**B组** **1.** $\begin{bmatrix}2&3&4&5\\3&4&5&6\\4&5&6&7\end{bmatrix}$. **2.** $a=1,b=0,c=3,d=0$.

## 习 题 2.2

**A组** **1.** (1) $m=2,n=3,2,3$；$m=3,n=$任意正整数$,2,n$.

(2) $\begin{bmatrix}6&4&8\\10&2&-4\end{bmatrix}$，$\begin{bmatrix}0&-3&6\\-15&3&9\end{bmatrix}$，$\begin{bmatrix}6&3&10\\5&3&-1\end{bmatrix}$，$\begin{bmatrix}3&4&0\\15&-1&-8\end{bmatrix}$.

(3) 1，$\begin{bmatrix}0&0\\0&1\end{bmatrix}$. (4) $\begin{bmatrix}3&4\\-1&-2\\6&5\end{bmatrix}$.

(5) $\begin{bmatrix}0&0\\0&0\end{bmatrix}$, $\begin{bmatrix}0&0\\0&0\end{bmatrix}$. **提示** 有 $\boldsymbol{AB}=\boldsymbol{AC}$，但 $\boldsymbol{B}\neq\boldsymbol{C}$，即不能消去 $\boldsymbol{A}$.

(6) $\begin{bmatrix}-2&-1\\-1&0\end{bmatrix}$, $\begin{bmatrix}1&4\\0&1\end{bmatrix}$, $\begin{bmatrix}0&1\\1&0\end{bmatrix}$, $\begin{bmatrix}5&2\\2&1\end{bmatrix}$, $\begin{bmatrix}4&1\\1&0\end{bmatrix}$. **提示** $(\boldsymbol{AB})^2\neq\boldsymbol{A}^2\boldsymbol{B}^2$.

**2.** $\begin{bmatrix}0&2\\-2&-5/4\\0&0\end{bmatrix}$.

**3.** (1) $\begin{bmatrix}4&3\\1&2\end{bmatrix}$; (2) $\begin{bmatrix}1&2&3\\2&4&6\\3&6&9\end{bmatrix}$; (3) $-12$; (4) $\begin{bmatrix}-1&4&3\\5&5&5\\5&4&0\end{bmatrix}$;

(5) $\begin{bmatrix}22&-28\\-28&36\\13&-17\end{bmatrix}$; (6) $\begin{bmatrix}2&7&6&8\\-5&3&5&3\end{bmatrix}$.

**4.** (1) $\begin{bmatrix}a^3&0&0\\0&b^3&0\\0&0&c^3\end{bmatrix}$; (2) $\boldsymbol{O}_3$.

**5.** $(\boldsymbol{AB})^T=\begin{bmatrix}1&13\\-3&3\end{bmatrix}$, $\boldsymbol{B}^T\boldsymbol{A}^T=\begin{bmatrix}1&13\\-3&3\end{bmatrix}$.

**6.** $\boldsymbol{AB}=\begin{bmatrix}-3&-2&8\\-5&6&17\\5&20&8\end{bmatrix}$, $(\boldsymbol{AB})^T=\begin{bmatrix}-3&-5&5\\-2&6&20\\8&17&8\end{bmatrix}$,

$\boldsymbol{A}^T\boldsymbol{B}^T=\begin{bmatrix}-4&-17&7\\5&14&17\\7&22&1\end{bmatrix}$, $\boldsymbol{B}^T\boldsymbol{A}^T=\begin{bmatrix}-3&-5&5\\-2&6&20\\8&17&8\end{bmatrix}$.

**B组** **1.** 4,2;3,5.

**2.** (1) $\begin{bmatrix}8&15\\5&8\end{bmatrix}$, $\begin{bmatrix}1&6\\8&15\end{bmatrix}$; (2) 否，因为矩阵乘法不满足交换律；

(3) $\begin{bmatrix}6&10\\15&21\end{bmatrix}$, $\begin{bmatrix}6&10\\15&21\end{bmatrix}$.

**3.** 成立. **4.** **提示** 从右端向左端推证.

## 习 题 2.3

**A组** **1.** (1) $\begin{bmatrix}2&3\\0&0\end{bmatrix}$; (2) $\begin{bmatrix}1&1&2\\0&1&-3\\0&0&7\end{bmatrix}$; (3) $\begin{bmatrix}2&-3&1\\0&1&0\\0&0&-11/2\end{bmatrix}$;

(4) $\begin{bmatrix}1&2&1&2\\0&-2&2&-4\\0&0&-5&12\end{bmatrix}$; (5) $\begin{bmatrix}2&-4&1&3\\0&-1&3&2\\0&0&0&0\end{bmatrix}$.

**2.** (1) $\begin{bmatrix}1&0\\0&1\end{bmatrix}$;　(2) $\begin{bmatrix}1&0&0\\0&1&0\\0&0&1\end{bmatrix}$;　(3) $\begin{bmatrix}1&0&0&\frac{8}{5}\\0&1&0&-\frac{1}{5}\\0&0&1&-4/5\end{bmatrix}$;

(4) $\begin{bmatrix}1&0&0&2\\0&1&0&1\\0&0&1&1\end{bmatrix}$;　(5) $\begin{bmatrix}1&0&0&1\\0&1&0&-2\\0&0&1&5/3\\0&0&0&0\end{bmatrix}$.

**3.** (1) $r(\boldsymbol{A})=2$;　(2) $r(\boldsymbol{A})=2$;　(3) $r(\boldsymbol{A})=4$.

**B组　1.** 当 $a\neq1$ 时,$r(\boldsymbol{A})=4$;当 $a=1$ 时,$r(\boldsymbol{A})=2$.　**提示**

$$\boldsymbol{A}\xrightarrow{\text{初等行变换}}\begin{bmatrix}1&0&2&2\\0&-1&1&1\\0&0&a-1&0\\0&0&0&a-1\end{bmatrix}.$$

**2.** 当 $a\neq-2$ 且 $a\neq1$ 时,$r(\boldsymbol{A})=3$;当 $a=-2$ 时,$r(\boldsymbol{A})=2$;当 $a=1$ 时,$r(\boldsymbol{A})=1$.　**提示**

$$\boldsymbol{A}\xrightarrow{\text{初等行变换}}\begin{bmatrix}1&1&a\\0&a-1&1-a\\0&0&2-a-a^2\end{bmatrix},\quad \text{其中 } 2-a-a^2=-(a-1)(a+2).$$

## 习　题　2.4

**A组　1.** (1) $\begin{bmatrix}-2&1\\\frac{3}{2}&-\frac{1}{2}\end{bmatrix}$;　(2) $\begin{bmatrix}1/a&0&0\\0&1/b&0\\0&0&1/c\end{bmatrix}$;　(3) $\begin{bmatrix}1&-4&-3\\1&-5&-3\\-1&6&4\end{bmatrix}$;

(4) $\begin{bmatrix}1&3/2&-1\\-3/2&-3/2&5/4\\1&1/2&-1/2\end{bmatrix}$;　(5) $\begin{bmatrix}1&-4&-1\\1&-5&-1\\-1&6&4/3\end{bmatrix}$;　(6) $\begin{bmatrix}1&-2&1&0\\0&1&-2&1\\0&0&1&-2\\0&0&0&1\end{bmatrix}$.

**2.** (1) $\begin{bmatrix}-1&1\\\frac{3}{4}&-\frac{1}{2}\end{bmatrix}$;　(2) $\begin{bmatrix}1&-1&7/2\\0&1/2&-1\\0&0&1/2\end{bmatrix}$;　(3) $\begin{bmatrix}-5/2&1&-1/2\\5&-1&1\\7/2&-1&1/2\end{bmatrix}$.

**3.** $(\boldsymbol{A}^{-1})^{\mathrm{T}}=\begin{bmatrix}2&-1\\-5&3\end{bmatrix}=(\boldsymbol{A}^{\mathrm{T}})^{-1}$.

**B组　1.** (C).　例如,$\boldsymbol{A}=\begin{bmatrix}1&0\\0&1\end{bmatrix}$,$\boldsymbol{B}=\begin{bmatrix}0&1\\1&0\end{bmatrix}$均可逆,而 $\boldsymbol{A}+\boldsymbol{B}=\begin{bmatrix}1&1\\1&1\end{bmatrix}$却不可逆.即一般情况,$\boldsymbol{A}+\boldsymbol{B}$ 未必可逆.

对(A),(B),(D),可用可逆矩阵的性质验证均成立.

**2.** (1) $X=\begin{bmatrix}1 & 0\\ -1 & 2\end{bmatrix}$；　(2) $X=\begin{bmatrix}\frac{4}{9} & 1\\ -\frac{19}{18} & 0\\ \frac{25}{18} & 0\end{bmatrix}$；　(3) $\begin{bmatrix}\frac{1}{4} & \frac{5}{2} & 7\\ -\frac{3}{8} & \frac{1}{4} & -\frac{1}{2}\end{bmatrix}$.

**3.** **提示**　按可逆矩阵的定义，需证明$(E-A)(E+A+A^2)=E$和$(E+A+A^2)(E-A)=E$. 若按本节所述重要结论，只需证明其中一个等式即可.

## 总习题二

**1.** (1) 2,3;2,任意正整数.　(2) $\frac{1}{2}$.　(3) 3.　(4) 4.

(5) $E$.　**提示**　由$ABC=E$有$A^{-1}=BC$，两端右乘$A$得$A^{-1}A=(BC)A$，即$E=BCA$.

**2.** (1) (D)；　(2) (D)；　(3) (C)；　(4) (A).

**提示**　(1) (A) 当$A\neq O,B\neq O$时，可以有$AB=O$；

(B) 当方阵$C$可逆时，用$C^{-1}$右乘$AC=BC$可得$A=B$；

(C) 由题设知$A^2-B^2=O$，但$A^2-B^2\neq(A+B)(A-B)$，故$(A+B)(A-B)\neq O$，从而$A\neq B$或$A\neq -B$；

(D) $(AB+BA)^{\mathrm T}=(AB)^{\mathrm T}+(BA)^{\mathrm T}=B^{\mathrm T}A^{\mathrm T}+A^{\mathrm T}B^{\mathrm T}$.

(2) $C_{5\times4}^{\mathrm T}A_{4\times5}^{\mathrm T}$是$5\times5$矩阵，而$D_{2\times5}^{\mathrm T}D_{5\times2}$是$2\times2$矩阵.

(3) $A$可逆，其经初等行变换可化为单位矩阵$E_n$，$|E_n|=1$.

(4) 数$k$乘行列式等于用$k$乘此行列式某一行(列)的元素；而数$k$乘矩阵等于用$k$乘此矩阵的所有元素，所以有$|kA|=k^n|A|$，而不是$|kA|=k|A|$. 故(A)正确. 因为行列式转置其值不变，对(C)应有$|kA^{\mathrm T}|=k^n|A^{\mathrm T}|=k^n|A|$. 若$|A|\neq0$，则$A$可逆，从而$AA^{-1}=E$，故$|AA^{-1}|=|E|=1$.

**3.** (1) $\begin{bmatrix}0 & -1\\ -1 & 0\end{bmatrix}$；　(2) 0；　(3) $\begin{bmatrix}2 & -4 & 4\\ -1 & 2 & -2\\ 3 & -6 & 6\end{bmatrix}$；　(4) $\begin{bmatrix}-10 & 11\\ 32 & 24\end{bmatrix}$.

**4.** $AB=\begin{bmatrix}6 & 2 & -2\\ 6 & 1 & 0\\ 8 & -1 & 2\end{bmatrix}$，　$BA=\begin{bmatrix}4 & 0 & 0\\ 4 & 1 & 0\\ 4 & 3 & 4\end{bmatrix}$，　$AB-BA=\begin{bmatrix}2 & 2 & -2\\ 2 & 0 & 0\\ 4 & -4 & -2\end{bmatrix}$.

**5.** $AB\begin{bmatrix}1 & 0\\ 0 & 1\end{bmatrix}$，　$AB^{\mathrm T}=\begin{bmatrix}\cos2\theta & \sin2\theta\\ -\sin2\theta & \cos2\theta\end{bmatrix}$，

$A^{\mathrm T}B=\begin{bmatrix}\cos2\theta & -\sin2\theta\\ \sin2\theta & \cos2\theta\end{bmatrix}$，　$(AB)^{\mathrm T}=\begin{bmatrix}1 & 0\\ 0 & 1\end{bmatrix}$，　$B^{\mathrm T}A^{\mathrm T}=\begin{bmatrix}1 & 0\\ 0 & 1\end{bmatrix}$.

**6.** 化为$\begin{bmatrix}1 & 0 & 0 & 10\\ 0 & 1 & 0 & -7\\ 0 & 0 & 1 & 1\end{bmatrix}$，$\mathrm r(A)=3$.

**7.** (1) $\begin{bmatrix} 2 & -7 \\ -1 & 4 \end{bmatrix}$; (2) $\begin{bmatrix} 0 & 1 & \frac{1}{30} \\ 1 & 0 & 0 \\ 0 & 0 & -\frac{1}{30} \end{bmatrix}$; (3) $\begin{bmatrix} 1 & -2 & 7 \\ 0 & 1 & -2 \\ 0 & 0 & 1 \end{bmatrix}$; (4) $\begin{bmatrix} -\frac{5}{2} & 1 & -\frac{1}{2} \\ \frac{3}{2} & -\frac{2}{5} & \frac{3}{10} \\ -\frac{1}{2} & \frac{1}{5} & \frac{1}{10} \end{bmatrix}$.

**8.** (1) $\boldsymbol{X}=\begin{bmatrix} 2 & -23 \\ 0 & 8 \end{bmatrix}$; (2) $\boldsymbol{X}=\begin{bmatrix} -3 & 2 & 0 \\ -4 & 5 & -2 \\ -5 & 3 & 0 \end{bmatrix}$; (3) $\boldsymbol{X}=\begin{bmatrix} 10 & 3 \\ -23 & -7 \end{bmatrix}$.

## 习　题　3.1

**A 组　1.** (1) $\begin{cases} x_1=1-c, \\ x_2=-c, \\ x_3=-1+c, \\ x_4=c \end{cases}$ ($c$ 为任意常数)； (2) $\begin{cases} x_1=0, \\ x_2=1, \\ x_3=1; \end{cases}$ (3) 无解；

(4) $\begin{cases} x=\frac{1}{2}-\frac{1}{2}c_1+\frac{1}{2}c_2, \\ y=c_1, \\ z=c_2, \\ w=0 \end{cases}$ ($c_1,c_2$ 为任意常数).

**2.** (1) $\begin{cases} x_1=-\frac{5}{14}c_1+\frac{1}{2}c_2, \\ x_2=\frac{3}{14}c_1-\frac{1}{2}c_2, \\ x_3=c_1, \\ x_4=c_2 \end{cases}$ ($c_1,c_2$ 为任意常数)； (2) $\begin{cases} x_1=0, \\ x_2=0, \\ x_3=0, \\ x_4=0. \end{cases}$

**B 组　1.** (1) 当 $k\neq1$ 且 $k\neq3$ 时，有唯一解.

(2) 当 $k=1$ 时，方程组有无穷多解，其全部解为

$$\begin{cases} x_1 = 3+c, \\ x_2 = 2-2c, \\ x_3 = c \end{cases} \quad (c\text{ 为任意常数}).$$

(3) 当 $k=3$ 时，$\mathrm{r}(\boldsymbol{A})=2<3=\mathrm{r}(\widetilde{\boldsymbol{A}})$，方程组无解.

**2.** 当 $k=1$ 或 $k=3$ 时，方程组有非零解；

当 $k=1$ 时，方程组的全部解为 $\begin{cases} x_1=-2c, \\ x_2=0, \\ x_3=c \end{cases}$ ($c$ 为任意常数)；

当 $k=3$ 时，方程组的全部解为 $\begin{cases} x_1=c/2, \\ x_2=-c/2, \\ x_3=c \end{cases}$ ($c$ 为任意常数).

**提示**

$$A\xrightarrow{\text{初等行变换}}\begin{bmatrix}-1 & k-8 & -2\\ 0 & k^2+3 & 3k-3\\ 0 & 0 & \dfrac{(k-1)(k-3)^2}{k^2+3}\end{bmatrix},$$

所以当 $k=1$ 或 $k=3$ 时，$\mathrm{r}(\boldsymbol{A})=2<3$，方程组有非零解.

## 习　题　3.2

**A 组**　**1.** $\boldsymbol{\gamma}=(-4,0,-5,-9)$；　(2) $\boldsymbol{\gamma}=\left(7,-5,\frac{11}{2},\frac{27}{2}\right)$.

**2.** $(1,0,-1)^{\mathrm{T}}$；　$(0,1,2)^{\mathrm{T}}$.

**3.** (1) 基础解系为 $\boldsymbol{\xi}_1=\begin{bmatrix}2\\1\\0\\0\end{bmatrix}$，$\boldsymbol{\xi}_2=\begin{bmatrix}2\\0\\-5\\7\end{bmatrix}$，全部解为 $\boldsymbol{X}=c_1\boldsymbol{\xi}_1+c_2\boldsymbol{\xi}_2$（$c_1,c_2$ 为任意常数）；

(2) 基础解系为 $\boldsymbol{\xi}=\begin{bmatrix}-1/3\\-2/3\\-1/3\\1\end{bmatrix}$，全部解为 $\boldsymbol{X}=c\,\boldsymbol{\xi}$（$c$ 为任意常数）；

(3) 基础解系为 $\boldsymbol{\xi}_1=\begin{bmatrix}1\\-2\\0\\1\\0\end{bmatrix}$，$\boldsymbol{\xi}_2=\begin{bmatrix}5\\-6\\0\\0\\1\end{bmatrix}$，全部解为 $\boldsymbol{X}=c_1\boldsymbol{\xi}_1+c_2\boldsymbol{\xi}_2$（$c_1,c_2$ 为任意常数）；

(4) 仅有零解，无基础解系.

**4.** (1) $\begin{bmatrix}x_1\\x_2\\x_3\\x_4\end{bmatrix}=\begin{bmatrix}1\\-2\\0\\0\end{bmatrix}+c_1\begin{bmatrix}-9\\1\\7\\0\end{bmatrix}+c_2\begin{bmatrix}1\\-1\\0\\2\end{bmatrix}$　（$c_1,c_2$ 为任意常数）；

(2) $\begin{bmatrix}x_1\\x_2\\x_3\\x_4\end{bmatrix}=\begin{bmatrix}12/5\\6/5\\0\\0\end{bmatrix}+c_1\begin{bmatrix}-7/5\\4/5\\1\\0\end{bmatrix}+c_2\begin{bmatrix}1\\0\\0\\1\end{bmatrix}$　（$c_1,c_2$ 为任意常数）；

(3) $\begin{bmatrix}x_1\\x_2\\x_3\\x_4\\x_5\end{bmatrix}=\begin{bmatrix}0\\16\\-9\\0\\0\end{bmatrix}+c_1\begin{bmatrix}0\\-1\\0\\1\\0\end{bmatrix}+c_2\begin{bmatrix}0\\-5\\4\\0\\1\end{bmatrix}$　（$c_1,c_2$ 为任意常数）；

(4) $\begin{bmatrix}x_1\\x_2\\x_3\\x_4\\x_5\end{bmatrix}=\begin{bmatrix}5/9\\2/9\\5/9\\-8/9\\0\end{bmatrix}+c\begin{bmatrix}1\\1\\0\\1\\1\end{bmatrix}$ （$c$ 为任意常数）.

**B 组** **1.** (1) 当 $a\neq-4$ 时，无解，因 $\mathrm{r}(\boldsymbol{A})=3\neq\mathrm{r}(\widetilde{\boldsymbol{A}})=4$；

(2) 当 $a=-4$ 时，有解；基础解系为 $\boldsymbol{\xi}=(2,1,0,0)^{\mathrm{T}}$，全部解为

$$\begin{bmatrix}x_1\\x_2\\x_3\\x_4\end{bmatrix}=\begin{bmatrix}\frac{12}{7}\\0\\-\frac{9}{7}\\1\end{bmatrix}+c\begin{bmatrix}2\\1\\0\\0\end{bmatrix}\quad（c\text{ 为任意常数}）.$$

**2.** (1) $a\neq-1$，$b$ 取任意值时，方程组有唯一解；

(2) $a=-1$ 且 $b\neq0$ 时，方程组无解；

(3) $a=-1$ 且 $b=0$ 时，方程组有无穷多解，特解为 $\boldsymbol{\xi}_0=(0,1,0,0)^{\mathrm{T}}$，其导出组的一个基础解系为

$$\boldsymbol{\xi}_1=\begin{bmatrix}-2\\1\\1\\0\end{bmatrix},\quad \boldsymbol{\xi}_2=\begin{bmatrix}1\\-2\\0\\1\end{bmatrix},$$

全部解为 $\boldsymbol{X}=\boldsymbol{\xi}_0+c_1\boldsymbol{\xi}_1+c_2\boldsymbol{\xi}_2$（$c_1,c_2$ 为任意常数）.

## 总 习 题 三

**1.** (1) $m-r$；　(2) $r=n$；　(3) 2；　(4) 2.

**2.** (1) (A)；　(2) (C)；　(3) (B).

**提示** (1) 当 $r=m$ 时，必有 $\mathrm{r}(\widetilde{\boldsymbol{A}})=m$；

(2) 若 $\boldsymbol{AX}=\boldsymbol{b}$ 有无穷多组解，必有 $\mathrm{r}(\boldsymbol{A})=\mathrm{r}(\widetilde{\boldsymbol{A}})=r<n$，从而 $\boldsymbol{AX}=\boldsymbol{0}$ 有非零解；

(3) 当 $m<n$ 时，必有 $\mathrm{r}(\boldsymbol{A})=r<n$.

**3.** (1) 当 $a\neq1$ 且 $b\neq0$ 时，有唯一解，其解为

$$x_1=\frac{2b-1}{b(a-1)},\quad x_2=\frac{1}{b},\quad x_3=4-\frac{1}{b}-\frac{a(2b-1)}{b(a-1)};$$

(2) 当 $a=1$ 且 $b=\frac{1}{2}$ 时，有无穷多组解，其全部解为

$$x_1=2-c,\quad x_2=2,\quad x_3=c\quad（c\text{ 为任意常数}）;$$

(3) 当 $b=0$ 或 $a=1$ 且 $b\neq\frac{1}{2}$ 时，无解.

**提示** $\widetilde{\boldsymbol{A}}=\begin{bmatrix}a&1&1&4\\1&b&1&3\\1&2b&1&4\end{bmatrix}\xrightarrow{\text{初等行变换}}\begin{bmatrix}a&0&1&4-\frac{1}{b}\\1-a&0&0&\frac{1-2b}{b}\\0&b&0&1\end{bmatrix}$.

(1) $r(\boldsymbol{A})=r(\widetilde{\boldsymbol{A}})=3$； (2) $r(\boldsymbol{A})=r(\widetilde{\boldsymbol{A}})=2$； (3) $r(\boldsymbol{A})=2, r(\widetilde{\boldsymbol{A}})=3$.

**4.** (1) $x_1=-2+c, x_2=3-2c, x_3=c$ ($c$ 为任意常数)；

(2) $x_1=2, x_2=1, x_3=0, x_4=-1$.

**5.** 有非零解，其全部解为 $x_1=\frac{1}{10}c, x_2=-\frac{7}{10}c, x_3=0, x_4=c$ ($c$ 为任意常数).

**6.** (1) $\begin{bmatrix} x_1 \\ x_2 \\ x_3 \\ x_4 \end{bmatrix}=\begin{bmatrix} \frac{3}{7} \\ \frac{1}{7} \\ 0 \\ 0 \end{bmatrix}+c_1\begin{bmatrix} -\frac{6}{7} \\ -\frac{16}{7} \\ 1 \\ 0 \end{bmatrix}+c_2\begin{bmatrix} \frac{1}{7} \\ \frac{12}{7} \\ 0 \\ 1 \end{bmatrix}$ ($c_1, c_2$ 为任意常数)；

(2) $\begin{bmatrix} x_1 \\ x_2 \\ x_3 \\ x_4 \\ x_5 \end{bmatrix}=\begin{bmatrix} 6 \\ -4 \\ 0 \\ 0 \\ 0 \end{bmatrix}+c_1\begin{bmatrix} -2 \\ 1 \\ 1 \\ 0 \\ 0 \end{bmatrix}+c_2\begin{bmatrix} -2 \\ 1 \\ 0 \\ 1 \\ 0 \end{bmatrix}+c_3\begin{bmatrix} -6 \\ 5 \\ 0 \\ 0 \\ 1 \end{bmatrix}$ ($c_1, c_2$ 为任意常数).

## 习 题 4.1

**A 组 1.** (1) $\Omega=\{111,110,101,011,100,010,001,000\}$，其中 1,0 分别表示出现正面，出现反面；

(2) $\Omega=\{5,6,7,\cdots\}$，其中 5,6,7,… 表示试制产品的总件数；

(3) $\Omega=\{t \mid 0<t\leqslant 6\}$.

**2.** (1) $A=B$ 或 $B\subset A$； (2) $A=B$ 或 $A\subset B$.

**3.** (1) $\overline{A_1}+\overline{A_2}+\overline{A_3}$； (2) $A_1A_2A_3$；

(3) $A_1A_2+A_1A_3+A_2A_3$； (4) $A_1A_2\overline{A_3}+A_1\overline{A_2}A_3+\overline{A_1}A_2A_3$.

**4.** (1) $A$ 与 $C$、$B$ 与 $C$ 互斥，$A$ 与 $C$ 对立； (2) $A+B=A, A+C=\Omega$；

(3) $AB=B$, $AC=\varnothing$.

**B 组 1.** (1),(2),(4)正确，(3)不正确.

**2.** (1) $\bigcup_{i=1}^{5} A_i$ 与 $\bigcup_{i=1}^{5} B_i$ 均为至少击中目标 1 次，二者相等；

(2) $\bigcup_{i=2}^{5} A_i$ 为第 2 次至第 5 次至少击中目标 1 次，$\bigcup_{i=2}^{5} B_i$ 为至少击中目标 2 次；

(3) $\bigcup_{i=1}^{2} A_i$ 为前 2 次至少击中目标 1 次，$\bigcup_{i=3}^{5} A_i$ 为后 3 次至少击中目标 1 次；

(4) $\bigcup_{i=1}^{2} B_i$ 为至少击中目标 1 次，至多击中目标 2 次，$\bigcup_{i=3}^{5} B_i$ 为至少击中目标 3 次，至多击中目标 5 次，二者互斥.

## 习 题 4.2

**A 组 1.** $\frac{1}{12}$. **2.** $\frac{5}{33}$. **提示** $\frac{A_6^1 A_5^1 A_5^1}{A_{11}^3}$.

**3.** (1) 0.8560；　(2) 0.0059；　(3) 0.1440.

**4.** (1) $\frac{12}{33}$；　(2) $\frac{2}{33}$；　(3) $\frac{26}{165},\frac{16}{33},\frac{59}{165}$.

**5.** (1) $\frac{4}{9},\frac{4}{9}$；　(2) $\frac{2}{5},\frac{8}{15}$；　(3) $\frac{2}{5},\frac{8}{15}$.

**6.** (1) 0.8513；　(2) 25539；　(3) 5873.

**B组**　**1.** 0.3684.

**2.** $\frac{a}{a+b}$.　**提示**　$a+b$ 张彩券依次抽取，涉及取彩券的次序，总取法 $n=(a+b)!$. 第 $k$ 个位置有一张中奖彩券，其余 $(a+b-1)$ 张彩券的取法为 $(a+b-1)!$，所求概率为 $\frac{a(a+b-1)!}{(a+b)!}$.

## 习　题　4.3

**A组**　**1.** 0.72.　　**2.** $\frac{2}{3}$.

**3.** (1) 0.48；　(2) 0.69；　(3) 0.15.

**4.** (1) $\frac{N-1}{N+M-1}$；　(2) $\frac{N}{N+M-1}$.

**5.** (1) 0.9333；　(2) 0.7；　(3) 0.42.

**6.** (1) $\frac{1}{120}$；　(2) $\frac{17}{24}$.　　**7.** 0.2.

**B组**　**1.** **提示**　(1) $P(A+B)=1-P(\overline{A+B})$；　(2) $B=(B-A)+A$ 且 $B-A$ 与 $A$ 互斥.

**2.** $\frac{41}{96}$.　**提示**　设 $A$ 表示 4 个人的生日不在同一月份，则 $P(A)=\frac{A_{12}^4}{12^4}=\frac{55}{96}$，所求 $P(\overline{A})=1-P(A)$.

**3.** 0.72.　**提示**　设 $A,B$ 分别表示合格品和一级品. 因一级品一定是合格品，即 $B\subset A$. 从而 $B=AB$，$P(B)=P(AB)=P(A)P(B|A)=0.96\times0.75$.

## 习　题　4.4

**A组**　**1.** (1) 0.56；　(2) 0.14；　(3) 0.38；　(4) 0.94.

**2.** 0.37.　　**3.** 0.6.　　**4.** 0.25088.

**5.** 0.36015.　　**6.** (1) 0.2048；　(2) 0.2627.

**B组**　**1.** 第一种工艺保证得到一级品率较大.　**提示**　设 $A_i(i=1,2,3)$ 表示第一种工艺中，第 $i$ 道工序生产的合格品；$B_i(i=1,2)$ 表示第二种工艺中，第 $i$ 道工序生产的合格品.

$$P(A_1A_2A_3)\times0.9=P(A_1)P(A_2)P(A_3)\times0.9=0.9\times0.8\times0.7\times0.9=0.4536,$$

$$P(B_1B_2)\times0.8=P(B_1)P(B_2)\times0.8=0.7\times0.7\times0.8=0.392.$$

**2.** 0.328.　**提示**　设 $A,B,C$ 分别表示电池 $a,b,c$ 损坏，$D$ 表示电路断电，则 $D=A+BC$，且 $A,B,C$ 相互独立.

$$\begin{aligned}P(D)&=P(A+BC)=P(A)+P(BC)-P(ABC)\\&=P(A)+P(B)P(C)-P(A)P(B)P(C)=0.328.\end{aligned}$$

**3.** 0.0000737. **提示** 这是10重伯努利试验. $p=\frac{12}{60}=0.2$, $\frac{60}{7.5}=8=k$,即有8台机床处于开车状态.

$$P(8\text{台机床处于开车状态})=C_{10}^{8}\times(0.2)^{8}\times(0.8)^{2}.$$

## 习 题 4.5

**A组** **1.** 86.5%. **2.** 生产新产品(盈利的概率是0.69).

**3.** 0.9843. **4.** 0.9. **5.** 0.2222.

**6.** (1) 94.28%; (2) 99.8%.

**B组** **1.** (1) 0.056; (2) 0.0556.

**提示** (1) 设 $B$ 表示任取一箱,从中任取一个为废品;$A_1,A_2$ 分别表示任取一箱为甲厂和乙厂产品.

$$P(A_1)=0.6,\quad P(A_2)=0.4,\quad P(B|A_1)=0.06,\quad P(B|A_2)=0.05,$$

则

$$P(B)=P(A_1)P(B|A_1)+P(A_2)P(B|A_2)=0.056.$$

(2) 设 $A$ 表示任取一个为废品.

$$n=100\times30+120\times20=5400,\quad m=100\times30\times0.06+120\times20\times0.05,\quad P(A)=\frac{m}{n}.$$

**2.** 0.5. **提示** 设 $B$ 表示取的笔是红芯的,$A_1,A_2,A_3$ 分别表示取的笔是甲、乙、丙盒的.

$$P(A_1)=P(A_2)=P(A_3)=\frac{1}{3},\quad P(B|A_1)=\frac{1}{3},\quad P(B|A_2)=\frac{2}{3},\quad P(B|A_3)=\frac{1}{2},$$

则

$$P(B)=\sum_{i=1}^{3}P(A_i)P(B|A_i)=0.5.$$

## 总 习 题 四

**1.** (1) $AB+\overline{A}\,\overline{B}$. (2) 1° $\frac{3}{8}$; 2° $\frac{3}{8}$; 3° $\frac{1}{8}$.

(3) 1° $\frac{2}{3}$; 2° $\frac{1}{2}$; 3° $\frac{1}{3}$; 4° $\frac{5}{9}$; 5° $\frac{8}{9}$.

(4) 1° $\frac{5}{6}$,0; 2° $\frac{2}{3}$,$\frac{1}{6}$; 3° $\frac{1}{2}$,$\frac{1}{3}$.

(5) 1° 0.3; 2° 0.5. **提示** 2° 由题设条件,有

$$P(A+B)=P(A)+P(B)-P(A)P(B),\quad P(B)=\frac{P(A+B)-P(A)}{1-P(A)}.$$

**2.** (1) (D); (2) (C); (3) (C); (4) (A); (5) (B).

**提示** 根据题设条件,

(1) $B=\Omega B=(A+\overline{A})B=AB+\overline{A}B=A+\overline{A}B$.

(2) $AB+\overline{AB}=\Omega$, $AB+A\overline{B}+\overline{A}B+\overline{A}\,\overline{B}=\Omega$.

(3) 由 $AB\subset A\subset A+B$ 和概率的加法公式知

$$P(AB)\leqslant P(A)\leqslant P(A+B)\leqslant P(A)+P(B).$$

(4) 注意 $A$ 与 $B$ 互斥,$\overline{A+B}=\overline{A}\,\overline{B}$.

$$P(A|(A+B))=\frac{P(A(A+B))}{P(A+B)}=\frac{P(AA+AB)}{1-P(\overline{A+B})}=\frac{P(A+\varnothing)}{1-P(\overline{A}\,\overline{B})}=\frac{P(A)}{1-P(\overline{A}\,\overline{B})}.$$

(5) 由题设知 $A$ 与 $B$ 相互独立，从而 $\bar{A}$ 与 $\bar{B}$，$\bar{A}$ 与 $B$ 也相互独立，又 $A$ 与 $B$ 相容.

**3.** (1) $\frac{3}{11}$；　(2) $\frac{27}{220}$；　(3) $\frac{13}{55}$.　**提示**　(3) $\frac{C_4^2C_3^1+C_4^2C_5^1+C_4^3}{C_{12}^3}$.

**4.** 0.16.　　**5.** (1) 0.27；　(2) 0.15.

**6.** 0.23.　**提示**　设 $A$ 表示这批产品被拒收，$A_i(i=1,2,3,4,5)$ 表示第 $i$ 个被抽查的产品合格，则 $\bar{A}=A_1A_2A_3A_4A_5$，

$$\begin{aligned}P(\bar{A})&=P(A_1A_2A_3A_4A_5)\\&=P(A_1)P(A_2|A_1)P(A_3|A_1A_2)P(A_4|A_1A_2A_3)P(A_5|A_1A_2A_3A_4)\\&=\frac{95}{100}\cdot\frac{94}{99}\cdot\frac{93}{98}\cdot\frac{92}{97}\cdot\frac{91}{96}=0.77,\end{aligned}$$

$$P(A)=1-P(\bar{A}).$$

用古典概型：设 $A$ 表示这批产品被拒收. 则

$$P(\bar{A})=\frac{C_{95}^5}{C_{100}^5}=0.77,\quad P(A)=1-P(\bar{A}).$$

**7.** (1) 0.504；　(2) 0.398；　(3) 0.902.　**提示**　设 $A_i(i=1,2,3)$ 分别表示在一天内甲、乙、丙设备不发生故障；$B_0$ 表示三台设备不发生故障；$B_1$ 表示三台设备有一台发生故障.

(1) $P(B_0)=P(A_1A_2A_3)=P(A_1)P(A_2)P(A_3)=0.7\times0.8\times0.9=0.504$；

(2) 三个事件 $\bar{A}_1A_2A_3$，$A_1\bar{A}_2A_3$，$A_1A_2\bar{A}_3$ 互斥，且 $B_1=\bar{A}_1A_2A_3+A_1\bar{A}_2A_3+A_1A_2\bar{A}_3$；

(3) $B_0$ 与 $B_1$ 互斥，所求为 $P(B_0+B_1)$.

**8.** 0.5432.　**提示**　5 重伯努利试验，每个人活不到 30 年就要偿付保险金，活不到 30 年的概率 $p=\frac{1}{3}$.

**9.** (1) 0.38；　(2) 0.3947.

**提示**　(1) 用全概率公式；　(2) 用逆概率公式.

## 习　题　5.1

**A 组**　**1.** 0，1，2，3；$\frac{1}{6}$；$\frac{1}{2}$；$\frac{3}{10}$；$\frac{1}{30}$；0；$\frac{1}{6}$；0；$\frac{1}{30}$；1；1；$\frac{1}{3}$.

**提示**　$P\{X\leqslant 0\}$ 和 $P\{X>3\}$ 是不可能事件；

$$P\{X\leqslant 3\}=P\{X=0\}+P\{X=1\}+P\{X=2\}+P\{X=3\}.$$

**2.** 0.85；0.15.

**B 组**　**1.** $0,1,2,\cdots,l$，$l=\min\{n,N_1\}$.　　**2.** $[0,+\infty)$.

## 习　题　5.2

**A 组**　**1.**

| $X$ | 0 | 1 | 2 | 3 |
|---|---|---|---|---|
| $p$ | 0.75 | 0.20 | 0.04 | 0.01 |

.

**2.** (1) 0.1；　(2)

| $X$ | $-1$ | 0 | 1 | 2 | 3 |
|---|---|---|---|---|---|
| $p$ | 0.1 | 0.2 | 0.1 | 0.2 | 0.4 |

**3.**

| $X$ | 0 | 1 |
|---|---|---|
| $p$ | 0.85 | 0.15 |

.

**4.**

| $X$ | 0 | 1 |
|---|---|---|
| $p$ | 0.4 | 0.6 |

.

**5.** (1) $P\{X=k\}=C_{10}^{k}\left(\frac{1}{10}\right)^{k}\left(1-\frac{1}{10}\right)^{10-k}$，$k=0,1,2,\cdots,10$，

| $X$ | 0 | 1 | 2 | 3 | 4 | 5 | 6 | 7 |
|---|---|---|---|---|---|---|---|---|
| $p$ | 0.3487 | 0.3874 | 0.1937 | 0.0574 | 0.0112 | 0.0015 | 0.0001 | $\approx 0$ |

；

(2) 0.7361.

**6.** (1) $P\{X=k\}=C_{3}^{k}(0.8)^{k}(0.2)^{3-k}$，$k=0,1,2,3$，

| $X$ | 0 | 1 | 2 | 3 |
|---|---|---|---|---|
| $p$ | 0.008 | 0.096 | 0.384 | 0.512 |

；　(2) 0.104.

**7.** 0.2508.

**8.** 0.1937.　**提示**　设 $X$ 表示发芽种子的粒数，按二项分布计算，则 $X\sim B(10,0.9)$.

**9.** (1) $P\{X=k\}=\frac{(0.2)^{k}}{k!}e^{-0.2}$，$k=0,1,2,\cdots$；　(2) 0.9825.

**10.** (1) 0.02977；　(2) 0.00284.

**11.** $\frac{2}{3}e^{-2}\approx 0.0902$.

**12.** 0.0000454，0.000454，0.00227.

**提示**　设 $X$ 表示生三胞胎的次数，则 $X\sim B(100000,0.0001)$. 用泊松分布近似计算，取 $\lambda=100000\times 0.0001=10$. 可计算

$$P\{X=0\}=0.0000454,\quad P\{X=1\}=0.000454,\quad P\{X=2\}=0.00227.$$

**B组　1.**

| $X$ | 1 | 2 | 3 |
|---|---|---|---|
| $p$ | 0.8 | 0.18 | 0.02 |

**提示**　$P\{X=1\}=\frac{8}{10}$；$P\{X=2\}=\frac{2}{10}\cdot\frac{9}{10}$；

$$P\{X=3\}=\frac{2}{10}\cdot\frac{1}{10}\cdot\frac{10}{10}.$$

**2.** $P\{X=k\}=C_{n}^{k}\left(\frac{M}{N}\right)^{k}\left(\frac{N-M}{N}\right)^{n-k}$，$k=0,1,2,\cdots,n$.

**提示**　取到白球的概率 $p=\frac{M}{N}$，$X\sim B\left(n,\frac{M}{N}\right)$.

**3.** 0.2060.　**提示**　设 $X$ 表示开动的机床数，则 $X\sim B(20,0.8)$. 因 $\frac{270}{15}=18$，所求概率

$$\begin{aligned}P\{X\geqslant 18\}&=C_{20}^{18}(0.8)^{18}(0.2)^{2}+C_{20}^{19}(0.8)^{19}(0.2)+C_{20}^{20}(0.8)^{20}\\&=0.1369+0.0576+0.0115.\end{aligned}$$

**4.** 0.2424.　**提示**　所求为 $P\{X>3\}$. 查表(附表 1)得

$$P\{X\leqslant 3\}=0.7576,\quad P\{X>3\}=1-P\{X\leqslant 3\}.$$

## 习 题 5.3

**A组** **1.** (1) 0； (2) 1. **2.** (1) $-0.5, 1$； (2) 0.0625.

**3.** (1) $f(x)=\begin{cases}\frac{1}{8}, & 0\leqslant x\leqslant 8,\\ 0, & \text{其他}；\end{cases}$ (3) 0.375.

**4.** 0，0.3，0.4，0.5. **5.** (1) 3； (2) 2.

**6.** $a=b=\frac{2}{3}$. **7.** $e^{-0.5}\approx 0.6065$. **8.** (1) 0.3679； (2) 0.2325.

**B组** **1.** (1) $\frac{1}{64}$； (2) $\frac{37}{64}$. **提示** 一个电阻的阻值大于 1050 Ω 的概率为

$$P\{X>1050\}=\int_{1050}^{+\infty}\frac{1}{200}\mathrm{d}x=\int_{1050}^{1100}\frac{1}{200}\mathrm{d}x=\frac{1}{4}.$$

(1) 所求概率为 $\left(\frac{1}{4}\right)^3$；

(2) 3 只电阻的阻值不超过 1050 Ω 的概率为 $\left(\frac{3}{4}\right)^3$，所求概率为 $1-\left(\frac{3}{4}\right)^3$.

**2.** $1-e^{-1}$. **提示** 一个元件使用 200 小时未损坏的概率为

$$P\{X>200\}=\int_{200}^{+\infty}\frac{1}{600}e^{-\frac{x}{600}}\mathrm{d}x=e^{-\frac{1}{3}},\quad \text{所求概率为 } 1-(e^{-\frac{1}{3}})^3.$$

## 习 题 5.4

**A组** **1.** $a=\frac{2}{\sqrt{\pi}}, b=4, \mu=2, \sigma=\frac{1}{2\sqrt{2}}$.

**2.** (1) 0.5； (2) 0.5； (3) 0.1587； (4) 0.0688；

(5) 0.7745； (6) 0.9973； (7) $\approx 1$.

**3.** (1) 0.34； (2) $-2.32$； (3) 0.24； (4) 3.8.

**4.** (1) 0.3594； (2) 0.2916； (3) 0.5671； (4) 0.6892.

**5.** (1) 0.9545； (2) 0.000687.

**6.** 2.3%. **7.** 0.3830.

**8.** (1) 两种工艺条件均可，因为

$$P\{0<X\leqslant 60\}=P\{0<Y\leqslant 60\}=0.99379;$$

(2) 选甲种工艺条件，因为

$$P\{0<X\leqslant 50\}=0.8944,\qquad P\{0<Y\leqslant 50\}=0.5.$$

**B组** **1.** 3.8，3，0.898. **提示** 根据题意有

$$P\{X\leqslant -1.6\}=1-\Phi\left(\frac{1.6+\mu}{\sigma}\right)=0.036,\quad \Phi\left(\frac{1.6+\mu}{\sigma}\right)=0.964,$$

$$P\{X\leqslant 5.9\}=\Phi\left(\frac{5.9-\mu}{\sigma}\right)=0.758.$$

查附表 2 得

$$\begin{cases}\dfrac{1.6+\mu}{\sigma}=1.8,\\ \dfrac{5.9-\mu}{\sigma}=0.7.\end{cases}$$

解方程组得 $\mu=3.8$，$\sigma=3$.

**2.** 31.25. **提示** 根据题意有

$$P\{120<X<200\}=\Phi\left(\frac{200-160}{\sigma}\right)-\Phi\left(\frac{120-160}{\sigma}\right)=2\Phi\left(\frac{40}{\sigma}\right)-1\geqslant 0.80,$$

即 $\Phi\left(\frac{40}{\sigma}\right)\geqslant 0.90$，查附表 2，$\frac{40}{\sigma}\geqslant 1.28$，$31.25\geqslant\sigma$.

**3.** (1) 0.0455；

(2) $P\{X=k\}=C_2^k(0.95)^k(0.05)^{2-k}(k=0,1,2)$，或

| $X$ | 0 | 1 | 2 |
|---|---|---|---|
| $p$ | 0.0025 | 0.095 | 0.9025 |

**提示** 取 $0.9545\approx 0.95$，$Y\sim B(2,0.95)$.

## 总 习 题 五

**1.** (1) $\frac{1}{5050}$. **提示** $\sum_{k=1}^{100}p_k=a+2a+\cdots+100a=1$.

(2) $\frac{1}{\pi}$. **提示** $\int_{-\infty}^{+\infty}\frac{a}{1+x^2}dx=a\arctan x\Big|_{-\infty}^{+\infty}=a\pi=1$.

(3) $\left(\frac{10}{12}\right)^{k-1}\times\frac{2}{12}\ (k=1,2,\cdots)$； $\frac{A_{10}^{k-1}C_2^1}{A_{12}^k}\ (k=1,2,\cdots,11)$.

**提示** 无放回的抽取，取到次品为止：$X$ 的可能取值为 $1,2,\cdots,11$.

$$P\{X=1\}=\frac{2}{12},\quad P\{X=2\}=\frac{10}{12}\times\frac{2}{11},$$

$$P\{X=3\}=\frac{10}{12}\times\frac{9}{11}\times\frac{2}{10}=\frac{A_{10}^2C_2^1}{A_{12}^3},\quad\cdots,$$

一般地，$P\{X=k\}=\frac{A_{10}^{k-1}C_2^1}{A_{12}^k}$.

(4) $\frac{1}{9}$. **提示** $P\{X=k\}=C_2^kp^k(1-p)^{2-k}(k=0,1,2)$. 由

$$P\{X=0\}=C_2^0p^0(1-p)^{2-0}=1-P\{X\geqslant 1\}=1-\frac{5}{9}=\frac{4}{9},\quad 知\ p=\frac{1}{3}.$$

(5) 0.1954. **提示** $X\sim P(4)$，$P\{X=4\}=\frac{4^4}{4!}e^{-4}$，然后查附表 1.

(6) $\frac{a+b}{2}$. **提示** $\int_a^b x\frac{1}{b-a}dx$.

(7) $e^{-1}$. **提示** $P\left\{X>\frac{1}{\lambda}\right\}=1-P\left\{X\leqslant\frac{1}{\lambda}\right\}=1-\int_0^{\frac{1}{\lambda}}\lambda e^{-\lambda x}dx$.

(8) $-3$. **提示** $f(x)=\frac{1}{2\sqrt{2\pi}}e^{-\frac{(x+3)^2}{2\cdot 2^2}}$, $\mu=-3$.

**2.** (1) (C); (2) (A); (3) (D); (4) (C).

**提示** 根据题意,

(1) $a\left(\sin\frac{1\cdot\pi}{6}+\sin\frac{5\pi}{6}+\sin\frac{13\pi}{6}+\sin\frac{17\pi}{6}\right)=1$.

(2) $X\sim B(5,0.3)$.

(3) 由 $\frac{\lambda^1}{1!}e^{-\lambda}=2\times\frac{\lambda^2}{2!}e^{-\lambda}$,得 $\lambda=1$, $P\{X=0\}=\frac{\lambda^0}{0!}e^{-\lambda}=e^{-1}$.

(4) 查看标准正态分布密度函数的性质及其图形.

**3.** (1) $\frac{60}{77}$; (2)

| $X$ | 0 | 1 | 2 | 3 |
|---|---|---|---|---|
| $p$ | $\frac{30}{77}$ | $\frac{20}{77}$ | $\frac{15}{77}$ | $\frac{12}{77}$ |

; (3) $\frac{30}{77},\frac{50}{77},\frac{12}{77},\frac{27}{77},1$.

**4.** (1) $P\{X=k\}=C_{12}^k(0.3)^k(0.7)^{12-k}(k=0,1,2,\cdots,12)$; (2) 0.0138.

**提示** 根据题意,

(1) $X\sim B(12,0.3)$; (2) 当 $k=0$ 时,即 $P\{X=0\}$.

**5.** 0.8197. **提示** 由题设得 $e^{-\lambda}=0.03$,可求得 $\lambda\approx 3.5$.

**6.** (1) $\frac{1}{2}$; (2) $\frac{1}{2}(1-e^{-1})=0.316$.

**提示** 根据题意,

(1) 由 $\int_{-\infty}^{+\infty}f(x)dx=\int_{-\infty}^{+\infty}ae^{-|x|}dx=2a\int_0^{+\infty}e^{-x}dx=2a=1$ 得 $a=\frac{1}{2}$.

## 习 题 6.1

**A 组** **1.** 甲好. **2.** 1030 kg/亩. **3.** (1) $\frac{1}{3}$; (2) $\frac{2}{3}$.

**4.** (1) $-\frac{1}{4}$; (2) $-\frac{3}{2}$. **5.** (1) 0; (2) 2. **6.** 1500.

**7.** $\frac{3}{2}$. **提示** $E(V)=E(IR)=E(I)E(R)$.

**B 组** **1.** 1.2. **提示** $X\sim B(3,0.4)$.

**2.** (1) 0.001411; (2) 9.61 元.

**提示** 平均每件上有 0.8 个疵点,即 $X$ 服从参数 $\lambda=0.8$ 的泊松分布,产品的一等品率为(查泊松概率分布表)

$$P\{X\leqslant 1\}=P\{x=0\}+P\{X=1\}=0.808792;$$

产品的二等品率为

$$P\{1<X\leqslant 4\}=P\{X=2\}+P\{X=3\}+P\{X=4\}=0.189797.$$

(1) 产品的废品率为

$$P\{X>4\}=1-P\{X\leqslant 4\}=0.001411.$$

(2) 产品的平均价值为

$$10\times 0.808792+8\times 0.189797+0\times 0.001411=9.61(\text{元}).$$

**3.** $e^{-1}$. **提示** 平均使用寿命 1000 h,即 $E(X)=1000$. 由此 $X$ 服从参数 $\lambda=\dfrac{1}{1000}$ 的指数分布. 于是 $X$ 的密度函数为

$$f(x)=\begin{cases}\dfrac{1}{1000}e^{-\frac{x}{1000}}, & x\geqslant 0,\\ 0, & x<0.\end{cases}$$

元件使用 1000 h 没有坏的概率为

$$P\{X>1000\}=\int_{1000}^{+\infty}\frac{1}{1000}e^{-\frac{x}{1000}}dx=e^{-1}.$$

## 习 题 6.2

**A 组** **1.** 0.61. **2.** 第一种方法好.

**3.** $\dfrac{4}{3},\dfrac{2}{9}$. **4.** $\dfrac{1}{6},\dfrac{2}{3},\dfrac{2}{3}$.

**5.** $n=20,p=0.3$. **提示** 求解方程组

$$\begin{cases}E(X)=np=6,\\ D(X)=np(1-p)=4.2.\end{cases}$$

**6.** $800,800^2,800$. **7.** $\mu,\dfrac{\sigma^2}{n}$.

**B 组** **1.** $a=1,E(X)=1,D(X)=\dfrac{1}{6}$. **提示** 由密度函数的性质确定 $a$:

$$\int_{-\infty}^{+\infty}f(x)dx=\int_0^1 ax\,dx+\int_1^2(2-x)dx=1.$$

**2.** **提示** $D(CX)=E[CX-E(CX)]^2=E[CX-CE(X)]^2$
$=C^2E[X-E(X)]^2=C^2D(X)$.

## 总 习 题 六

**1.** (1) $p,p(1-p)$; (2) $0,1,2,\cdots,9$; (3) $4,4e^{-4}$;

(4) $4,\dfrac{4}{3},-10,12$; (5) $\dfrac{1}{2},\dfrac{1}{4},\dfrac{3}{4}$; (6) 3,4.

**提示** (2) 确定 $p,n$.

**2.** (1) (D); (2) (C); (3) (B); (4) (A); (5) (D).

**3.** (1) 6; (2) $\dfrac{1}{2}$; (3) $\dfrac{7}{6}$; (4) $\dfrac{29}{36}$.

**4.**

| $X$ | 1 | 2 |
|---|---|---|
| $p$ | $\dfrac{3}{5}$ | $\dfrac{2}{5}$ |

. **提示** 由

$$\begin{cases} E(X)=\frac{3}{5}x_1+\frac{2}{5}x_2=\frac{7}{5}, \\ D(X)=\left(x_1-\frac{7}{5}\right)^2\times\frac{3}{5}+\left(x_2-\frac{7}{5}\right)^2\times\frac{2}{5}=\frac{6}{25} \end{cases}$$ 解出 $x_1,x_2$.

**5.** $a=1,b=-\frac{1}{2},D(X)=\frac{11}{144}$. **提示** 由

$$\begin{cases} \int_{-\infty}^{+\infty}f(x)\mathrm{d}x=\int_1^2(ax+b)\mathrm{d}x=1, \\ E(X)=\int_1^2 x(ax+b)\mathrm{d}x=\frac{19}{12} \end{cases}$$ 确定 $a,b$.

**6.** (1) 2; (2) $\frac{5}{3}$,15. **提示** $E(X)=0$.

## 习 题 7.1

**1.** $\bar{x}_甲=20℃,s_甲^2=8.7273℃^2$, $s_甲=2.9542℃$; $\bar{x}_乙=19.75℃$, $s_乙^2=389.1136℃^2$, $s_乙=19.7260℃$.

**2.** 0.8293. **提示** $\overline{X}\sim N\left(52,\frac{6.3^2}{36}\right)$,

$$P\{50.8<\overline{X}<53.8\}=P\left\{\frac{50.8-52}{6.3/6}<\frac{\overline{X}-52}{6.3/6}<\frac{53.8-52}{6.3/6}\right\}$$
$$=\Phi\left(\frac{53.8-52}{6.3/6}\right)-\Phi\left(\frac{50.8-52}{6.3/6}\right),$$ 然后查附表 2.

**3.** 0.1336. **提示** $\overline{X}\sim N(80,4)$,

$$P\{|\overline{X}-80|>3\}=P\left\{\left|\frac{\overline{X}-80}{2}\right|>\frac{3}{2}\right\}=2-2\Phi\left(\frac{3}{2}\right).$$

**4.** (1) 2.33, $P\{U>2.33\}=0.01$; 1.28, $P\{U>1.28\}=0.1$.

(2) 2.7638, $T\sim t(10)$, $P\{T>2.7638\}=0.01$;

2.0860, $T\sim t(20)$, $P\{T>2.0860\}=0.025$.

(3) 24.996, $\chi^2\sim\chi^2(15)$, $P\{\chi^2>24.996\}=0.05$;

11.524, $\chi^2\sim\chi^2(25)$, $P\{\chi^2>11.524\}=0.99$.

## 习 题 7.2

**1.** $\hat{\mu}=997.1\ \mathrm{h},\hat{\sigma}^2=17304.8\ \mathrm{h}^2$, 0.0107.

**2.** (1) $\hat{\theta}=2\overline{X}$; (2) 2.68. **提示** $E(X)=\frac{0+\theta}{2}$, 令 $\frac{\theta}{2}=\overline{X}$.

**3.** $\hat{\lambda}=0.000525$. **4.** $\hat{p}=\frac{\overline{X}}{N}$.

**5.** $\hat{N}\approx 20,\hat{p}=0.1437$. **6.** (1) $\hat{\lambda}=\overline{X}$; (2) $\hat{\lambda}=1.12$.

## 习 题 7.3

**1.** (174.5,185.7). **提示** 对平均产量的区间估计.

**2.** (1) (467.1,532.9)； (2) (460.8,539.2).

**3.** (1) (1.2322,1.2818)； (2) (1.2318,1.2822).

**4.** (2817,3295). **提示** 对平均体重的区间估计.

**5.** (1) (158.8,181.2)； (2) (23.89,40.33).

**6.** (1) (21.11,26.09)； (2) (3.14,7.07).

## 习 题 7.4

**1.** 小概率事件的实际不可能原理，即小概率事件在一次试验中几乎是不可能发生的.

**2.** 能接受. **提示** 根据题意，

(1) 提出原假设 $H_0$ 和备择假设 $H_1$ $H_0: \mu=2500, H_1: \mu\neq 2500$.

(2) 选取统计量 $U=\dfrac{\overline{X}-2500}{300/\sqrt{400}}\sim N(0,1)$.

(3) 确定拒绝域 $u_{\alpha/2}=u_{0.025}=1.96$. 拒绝域为 $|U|>1.96$.

(4) 由于 $\bar{x}=2525$， 故 $U=\dfrac{2525-2500}{300/\sqrt{400}}=1.67$.

因 $|U|=1.67<u_{0.025}=1.96$，样本值不在拒绝域中，所以能接受旅行社的分析结果.

## 习 题 7.5

**1.** 这批罐装食品的重量合乎标准.

**2.** (1) 不是 7 min； (2) 是 7 min.

**3.** 可以认为这块土地的实际面积为 1.23 $\text{km}^2$.

**4.** 认为中毒者与正常人的脉搏有显著性差异.

**5.** 可以认为这批电池使用寿命的波动性和以往比较没有显著变化.

**6.** 不能认为发动机部件的直径的标准差为 0.048 cm.

## 总 习 题 七

**1.** (1) 419.28, 2.732, 1.653.

(2) $N\left(\mu,\dfrac{\sigma^2}{n}\right), N(0,1), t(n-1), \chi^2(n-1)$.

(3) $\dfrac{2}{3}\overline{X}$. **提示** 令 $\dfrac{\theta+2\theta}{2}=\overline{X}$.

(4) (7.23,21.07). **提示** 均值未知，对标准差的区间估计问题.

(5) $|T|>t_{\alpha/2}(n-1)$.

**2.** (1) (B)； (2) (B)； (3) (C)； (4) (A).

**提示** (1) $\overline{X}\sim N\left(4,\dfrac{40}{10}\right)$，$\overline{X}$ 的密度函数 $f(x)=\dfrac{1}{\sqrt{2\pi}\sigma}e^{-\frac{(x-\mu)^2}{2\sigma^2}}$.

(2) 对 $X\sim N(\mu,\sigma^2)$，则

$$\overline{X}\sim N\left(\mu,\frac{\sigma^2}{n}\right),\quad T=\frac{\overline{X}-\mu}{S/\sqrt{n}}\sim t(n-1),\quad \chi^2=\frac{(n-1)S^2}{\sigma^2}\sim\chi^2(n-1).$$

当 $\mu=0,\sigma^2=1$ 时,上三式正是(A),(C)和(D).

$n\overline{X}\sim N(0,n)$. 这是因为 $D(n\overline{X})=n^2D(\overline{X})=n^2\cdot\frac{1}{n}=n$.

(3) 已知方差 $\sigma^2=2^2$,$\mu$ 的置信度 $1-\alpha$ 的置信区间为 $\left(\overline{X}-u_{\alpha/2}\cdot\frac{\sigma}{\sqrt{n}},\ \overline{X}+u_{\alpha/2}\cdot\frac{\sigma}{\sqrt{n}}\right)$,

其长度 $L=2u_{\alpha/2}\cdot\frac{\sigma}{\sqrt{n}}$.

依题设,$L_1=2u_{\alpha_1/2}\frac{\sigma}{\sqrt{n}}$,$L_2=2u_{\alpha_2/2}\cdot\frac{\sigma}{\sqrt{n}}$,故 $\frac{L_1}{L_2}=\frac{u_{\alpha_1/2}}{u_{\alpha_2/2}}$.

**3.** 0.0764. **提示** 因 $\overline{X}\sim N(61,0.49)$,于是

$$P\{\overline{X}<60\}=P\left\{\frac{\overline{X}-61}{\sqrt{0.49}}<\frac{60-61}{\sqrt{0.49}}\right\}=\Phi\left(\frac{60-61}{0.7}\right)$$
$$=\Phi(-1.43)=1-\Phi(1.43)=1-0.9236=0.0764.$$

**4.** $\hat{\mu}=28.695$;$\hat{\sigma}=0.9833$;置信区间(28.2655, 29.1245).

**提示** 已知方差 $\sigma^2$,对均值 $\mu$ 的区间估计.

**5.** (1) (448.23, 480.89); (2) (442.41, 486.71).

**6.** (1) (8.87, 17.13); (2) (10.55, 15.45).

**提示** 未知方差,对均值 $\mu$ 的区间估计.

**7.** (138.39, 428.73). **提示** 未知均值,对方差的区间估计.

**8.** (1) 切割机工作正常; (2) 切割机工作正常.

**提示** (1) 已知方差,检验假设 $H_0:\mu=100,H_1:\mu\neq100$.

(2) 未知方差,检验假设 $H_0:\mu=100,H_1:\mu\neq100$.

# 附　　表

## 附表 1　泊松概率分布表 $\left(P(X=k)=\frac{\lambda^k}{k!}e^{-\lambda}\right)$

| $k$ \ $\lambda$ | 0.1 | 0.2 | 0.3 | 0.4 | 0.5 | 0.6 | 0.7 | 0.8 | 0.9 | 1.0 | 1.5 | 2.0 | 2.5 | 3.0 | 3.5 | 4.0 |
|---|---|---|---|---|---|---|---|---|---|---|---|---|---|---|---|---|
| 0 | 0.904837 | 0.818731 | 0.740818 | 0.670320 | 0.606531 | 0.548812 | 0.496585 | 0.449329 | 0.406570 | 0.367879 | 0.223130 | 0.135335 | 0.082085 | 0.049787 | 0.030197 | 0.018316 |
| 1 | 0.090484 | 0.163746 | 0.222245 | 0.268128 | 0.303265 | 0.329287 | 0.347610 | 0.359463 | 0.365913 | 0.367879 | 0.334695 | 0.270671 | 0.205212 | 0.149361 | 0.150091 | 0.073263 |
| 2 | 0.004524 | 0.016375 | 0.033337 | 0.053626 | 0.075816 | 0.098786 | 0.121663 | 0.143785 | 0.164661 | 0.183940 | 0.251021 | 0.270671 | 0.256516 | 0.224042 | 0.215785 | 0.146525 |
| 3 | 0.000151 | 0.001092 | 0.00331 | 0.007150 | 0.012636 | 0.019757 | 0.028388 | 0.038313 | 0.019398 | 0.061313 | 0.125510 | 0.180447 | 0.213763 | 0.224042 | 0.215785 | 0.195367 |
| 4 | 0.000004 | 0.000055 | 0.000250 | 0.000715 | 0.001580 | 0.002964 | 0.004968 | 0.007669 | 0.011115 | 0.015328 | 0.047067 | 0.090224 | 0.133602 | 0.168031 | 0.188812 | 0.195367 |
| 5 | | 0.000002 | 0.000015 | 0.000057 | 0.000158 | 0.000356 | 0.000696 | 0.001227 | 0.002001 | 0.003066 | 0.014120 | 0.036089 | 0.066801 | 0.100819 | 0.132169 | 0.156293 |
| 6 | | | 0.000001 | 0.000004 | 0.000013 | 0.000036 | 0.000081 | 0.000164 | 0.000300 | 0.000511 | 0.003530 | 0.012030 | 0.027834 | 0.050409 | 0.077098 | 0.104196 |
| 7 | | | | | 0.000001 | 0.000003 | 0.000008 | 0.000019 | 0.000039 | 0.000073 | 0.000756 | 0.003437 | 0.009941 | 0.021604 | 0.038549 | 0.059540 |
| 8 | | | | | | | 0.000001 | 0.000002 | 0.000004 | 0.000009 | 0.000142 | 0.000859 | 0.003106 | 0.008102 | 0.016865 | 0.029770 |
| 9 | | | | | | | | | | 0.000001 | 0.000024 | 0.000101 | 0.000863 | 0.002701 | 0.006559 | 0.013231 |
| 10 | | | | | | | | | | | 0.000004 | 0.000038 | 0.000216 | 0.000810 | 0.002296 | 0.005292 |
| 11 | | | | | | | | | | | | 0.000007 | 0.000049 | 0.000221 | 0.000730 | 0.001925 |
| 12 | | | | | | | | | | | | 0.000001 | 0.000010 | 0.000055 | 0.000213 | 0.000642 |
| 13 | | | | | | | | | | | | | 0.000002 | 0.000013 | 0.000057 | 0.000197 |
| 14 | | | | | | | | | | | | | | 0.000003 | 0.000014 | 0.000056 |
| 15 | | | | | | | | | | | | | | 0.000001 | 0.000003 | 0.000015 |
| 16 | | | | | | | | | | | | | | | 0.000001 | 0.000004 |
| 17 | | | | | | | | | | | | | | | | 0.000001 |

（续表）

| k \ λ | 4.5 | 5.0 | 5.5 | 6.0 | 6.5 | 7.0 | 8.0 | 8.5 | 9.0 | 9.5 | 10.0 | k \ λ | 20 | k \ λ | 30 | |
|---|---|---|---|---|---|---|---|---|---|---|---|---|---|---|---|---|
| 0 | 0.011109 | 0.006738 | 0.004087 | 0.002479 | 0.001503 | 0.000912 | 0.000553 | 0.000335 | 0.000203 | 0.000123 | 0.000075 | 0.000045 | 5 | 0.0001 | 12 | 0.0001 |
| 1 | 0.049990 | 0.033690 | 0.022477 | 0.014873 | 0.009773 | 0.006383 | 0.004148 | 0.002684 | 0.001730 | 0.001111 | 0.000711 | 0.000454 | 6 | 0.0002 | 13 | 0.0002 |
| 2 | 0.112479 | 0.084224 | 0.061812 | 0.044618 | 0.031760 | 0.022341 | 0.015556 | 0.010735 | 0.007350 | 0.004998 | 0.003378 | 0.002270 | 7 | 0.0005 | 14 | 0.0005 |
| 3 | 0.168718 | 0.140374 | 0.113323 | 0.089235 | 0.068814 | 0.052129 | 0.038888 | 0.028626 | 0.020826 | 0.014994 | 0.010696 | 0.007567 | 8 | 0.0013 | 15 | 0.0010 |
| 4 | 0.189808 | 0.175467 | 0.155819 | 0.133853 | 0.111822 | 0.091226 | 0.072917 | 0.057252 | 0.044255 | 0.033737 | 0.025503 | 0.018917 | 9 | 0.0029 | 16 | 0.0019 |
| 5 | 0.170827 | 0.175467 | 0.171001 | 0.160623 | 0.145369 | 0.127717 | 0.109374 | 0.091604 | 0.075233 | 0.060727 | 0.048265 | 0.037833 | 10 | 0.0058 | 17 | 0.0034 |
| 6 | 0.128120 | 0.146223 | 0.157117 | 0.160623 | 0.157483 | 0.149003 | 0.136719 | 0.122138 | 0.106581 | 0.091090 | 0.076421 | 0.063055 | 11 | 0.0106 | 18 | 0.0057 |
| 7 | 0.082363 | 0.104445 | 0.123449 | 0.137677 | 0.146234 | 0.149003 | 0.146484 | 0.139587 | 0.129419 | 0.117116 | 0.103714 | 0.090079 | 12 | 0.0176 | 19 | 0.0089 |
| 8 | 0.046329 | 0.065278 | 0.084872 | 0.103258 | 0.118815 | 0.130377 | 0.137328 | 0.139587 | 0.137508 | 0.131756 | 0.123160 | 0.112599 | 13 | 0.0271 | 20 | 0.0134 |
| 9 | 0.023165 | 0.036266 | 0.051866 | 0.068838 | 0.08581 | 0.101405 | 0.114441 | 0.124077 | 0.129869 | 0.131756 | 0.130003 | 0.125110 | 14 | 0.0382 | 21 | 0.0192 |
| 10 | 0.010424 | 0.018133 | 0.028526 | 0.041303 | 0.055777 | 0.070983 | 0.085830 | 0.099262 | 0.110303 | 0.118580 | 0.122502 | 0.125110 | 15 | 0.0517 | 22 | 0.0261 |
| 11 | 0.004264 | 0.008242 | 0.014263 | 0.022529 | 0.032959 | 0.045171 | 0.058521 | 0.072190 | 0.085300 | 0.097020 | 0.106662 | 0.113736 | 16 | 0.0646 | 23 | 0.0341 |
| 12 | 0.001599 | 0.003434 | 0.006537 | 0.011264 | 0.017853 | 0.026350 | 0.036575 | 0.048127 | 0.060421 | 0.072765 | 0.084440 | 0.094780 | 17 | 0.0760 | 24 | 0.0426 |
| 13 | 0.000554 | 0.001321 | 0.002766 | 0.005199 | 0.008927 | 0.014188 | 0.021101 | 0.029616 | 0.039506 | 0.050376 | 0.61706 | 0.072908 | 18 | 0.0814 | 25 | 0.0571 |
| 14 | 0.000178 | 0.000472 | 0.001086 | 0.002288 | 0.004144 | 0.007094 | 0.011305 | 0.016924 | 0.023986 | 0.032384 | 0.041872 | 0.052077 | 19 | 0.0888 | 26 | 0.0590 |
| 15 | 0.000053 | 0.000157 | 0.000399 | 0.000891 | 0.001796 | 0.003311 | 0.005652 | 0.009026 | 0.013592 | 0.019431 | 0.026519 | 0.034718 | 20 | 0.0888 | 27 | 0.0655 |
| 16 | 0.000015 | 0.000049 | 0.000137 | 0.000334 | 0.000730 | 0.001448 | 0.002649 | 0.004513 | 0.007220 | 0.010930 | 0.015746 | 0.021699 | 21 | 0.0846 | 28 | 0.0702 |
| 17 | 0.000004 | 0.000014 | 0.000044 | 0.000118 | 0.000279 | 0.000596 | 0.001169 | 0.002124 | 0.003611 | 0.005786 | 0.008799 | 0.012764 | 22 | 0.0767 | 29 | 0.0726 |
| 18 | 0.000001 | 0.000004 | 0.000014 | 0.000039 | 0.000100 | 0.000232 | 0.000487 | 0.000944 | 0.001705 | 0.002893 | 0.004644 | 0.007091 | 23 | 0.0669 | 30 | 0.0726 |
| 19 | | 0.000001 | 0.000004 | 0.000012 | 0.000035 | 0.000085 | 0.000192 | 0.000397 | 0.000762 | 0.001370 | 0.002322 | 0.003732 | 24 | 0.0557 | 31 | 0.0703 |
| 20 | | | 0.000001 | 0.000004 | 0.000011 | 0.000030 | 0.000072 | 0.000159 | 0.000324 | 0.000617 | 0.001103 | 0.001866 | 25 | 0.0446 | 32 | 0.0659 |
| 21 | | | | 0.000001 | 0.000004 | 0.000010 | 0.000026 | 0.000061 | 0.000132 | 0.000264 | 0.000433 | 0.000889 | 26 | 0.0343 | 33 | 0.0599 |
| 22 | | | | | 0.000001 | 0.00003 | 0.000009 | 0.000022 | 0.000050 | 0.000108 | 0.000216 | 0.000404 | 27 | 0.0254 | 34 | 0.0529 |
| 23 | | | | | | 0.00001 | 0.000003 | 0.000008 | 0.000019 | 0.000042 | 0.000089 | 0.000176 | 28 | 0.0182 | 35 | 0.0453 |
| 24 | | | | | | | 0.000001 | 0.000003 | 0.000007 | 0.000016 | 0.000025 | 0.000073 | 29 | 0.0125 | 36 | 0.0378 |
| 25 | | | | | | | | 0.000001 | 0.000002 | 0.000006 | 0.000014 | 0.000029 | 30 | 0.0083 | 37 | 0.0306 |
| 26 | | | | | | | | | 0.000001 | 0.000002 | 0.000004 | 0.000011 | 31 | 0.0054 | 38 | 0.0242 |
| 27 | | | | | | | | | | 0.000001 | 0.000002 | 0.00004 | 32 | 0.0034 | 39 | 0.0186 |
| 28 | | | | | | | | | | | 0.000001 | 0.000001 | 33 | 0.0020 | 40 | 0.0139 |
| 29 | | | | | | | | | | | | 0.00001 | 34 | 0.0012 | 41 | 0.0102 |
| | | | | | | | | | | | | | | | 42 | 0.0073 |
| | | | | | | | | | | | | | | | 43 | 0.0051 |
| | | | | | | | | | | | | | 35 | 0.0007 | 44 | 0.0035 |
| | | | | | | | | | | | | | 36 | 0.0004 | 45 | 0.0023 |
| | | | | | | | | | | | | | 37 | 0.0002 | 46 | 0.0015 |
| | | | | | | | | | | | | | 38 | 0.0001 | 47 | 0.0010 |
| | | | | | | | | | | | | | 39 | 0.0001 | 48 | 0.0006 |

## 附表 2 标准正态分布表 $\left(\Phi(x)=\int_{-\infty}^{x}\frac{1}{\sqrt{2\pi}}e^{-\frac{t^2}{2}}dt\ (x\geqslant 0)\right)$

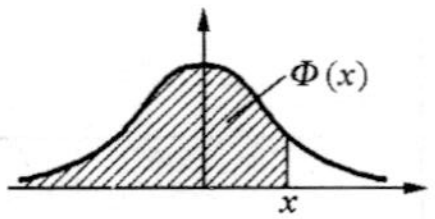


| $x$ | 0.00 | 0.01 | 0.02 | 0.03 | 0.04 | 0.05 | 0.06 | 0.07 | 0.08 | 0.09 |
|---|---|---|---|---|---|---|---|---|---|---|
| 0.0 | 0.5000 | 0.5040 | 0.5080 | 0.5120 | 0.5160 | 0.5199 | 0.5239 | 0.5279 | 0.5319 | 0.5359 |
| 0.1 | 0.5398 | 0.5438 | 0.5478 | 0.5517 | 0.5557 | 0.5596 | 0.5636 | 0.5675 | 0.5714 | 0.5753 |
| 0.2 | 0.5793 | 0.5832 | 0.5871 | 0.5910 | 0.5948 | 0.5987 | 0.6026 | 0.6064 | 0.6103 | 0.6141 |
| 0.3 | 0.6179 | 0.6217 | 0.6255 | 0.6293 | 0.6331 | 0.6368 | 0.6404 | 0.6443 | 0.6480 | 0.6517 |
| 0.4 | 0.6554 | 0.6591 | 0.6628 | 0.6664 | 0.6700 | 0.6736 | 0.6772 | 0.6808 | 0.6844 | 0.6879 |
| 0.5 | 0.6915 | 0.6950 | 0.6985 | 0.7019 | 0.7054 | 0.7088 | 0.7123 | 0.7157 | 0.7190 | 0.7224 |
| 0.6 | 0.7257 | 0.7291 | 0.7324 | 0.7357 | 0.7389 | 0.7422 | 0.7454 | 0.7486 | 0.7517 | 0.7549 |
| 0.7 | 0.7580 | 0.7611 | 0.7642 | 0.7673 | 0.7703 | 0.7734 | 0.7764 | 0.7794 | 0.7823 | 0.7852 |
| 0.8 | 0.7881 | 0.7910 | 0.7939 | 0.7967 | 0.7995 | 0.8023 | 0.8051 | 0.8078 | 0.8106 | 0.8133 |
| 0.9 | 0.8159 | 0.8186 | 0.8212 | 0.8238 | 0.8264 | 0.8289 | 0.8315 | 0.8340 | 0.8365 | 0.8389 |
| 1.0 | 0.8413 | 0.8438 | 0.8461 | 0.8485 | 0.8508 | 0.8531 | 0.8554 | 0.8577 | 0.8599 | 0.8621 |
| 1.1 | 0.8643 | 0.8865 | 0.8686 | 0.8708 | 0.8729 | 0.8749 | 0.8770 | 0.8790 | 0.8810 | 0.8830 |
| 1.2 | 0.8849 | 0.8869 | 0.8888 | 0.8907 | 0.8925 | 0.8944 | 0.8962 | 0.8980 | 0.8997 | 0.90147 |
| 1.3 | 0.90320 | 0.90490 | 0.90658 | 0.90824 | 0.90988 | 0.9115 | 0.91309 | 0.91466 | 0.91621 | 0.91774 |
| 1.4 | 0.91924 | 0.92073 | 0.92220 | 0.92364 | 0.92507 | 0.92647 | 0.92785 | 0.92922 | 0.93056 | 0.93189 |
| 1.5 | 0.93319 | 0.93448 | 0.93574 | 0.93699 | 0.93822 | 0.93943 | 0.94062 | 0.94179 | 0.94295 | 0.94408 |
| 1.6 | 0.94520 | 0.97630 | 0.74738 | 0.94845 | 0.94950 | 0.95053 | 0.95154 | 0.95254 | 0.95352 | 0.95449 |
| 1.7 | 0.95543 | 0.95637 | 0.95728 | 0.95813 | 0.95907 | 0.95994 | 0.96080 | 0.96164 | 0.96246 | 0.96327 |
| 1.8 | 0.96407 | 0.96485 | 0.96562 | 0.95638 | 0.96721 | 0.96784 | 0.96856 | 0.96926 | 0.96995 | 0.97062 |
| 1.9 | 0.97128 | 0.97193 | 0.97257 | 0.97320 | 0.97381 | 0.97441 | 0.97500 | 0.97558 | 0.97615 | 0.97670 |
| 2.0 | 0.97725 | 0.97778 | 0.97831 | 0.97882 | 0.97932 | 0.97982 | 0.98030 | 0.98077 | 0.98124 | 0.98169 |
| 2.1 | 0.98214 | 0.98257 | 0.98300 | 0.98341 | 0.98382 | 0.98422 | 0.98461 | 0.98500 | 0.98537 | 0.98574 |
| 2.2 | 0.98610 | 0.98645 | 0.398679 | 0.98713 | 0.98745 | 0.98778 | 0.98809 | 0.98840 | 0.98870 | 0.98899 |
| 2.3 | 0.98928 | 0.98956 | 0.98983 | $0.9^2 0097$ | $0.9^2 0358$ | $0.9^2 0613$ | $0.9^2 0863$ | $0.9^2 1106$ | $0.9^2 1344$ | $0.9^2 1576$ |
| 2.4 | $0.9^2 1842$ | $0.9^2 2024$ | $0.9^2 2240$ | $0.9^2 2451$ | $0.9^2 2656$ | $0.9^2 2857$ | $0.9^2 3053$ | $0.9^2 3244$ | $0.9^2 3431$ | $0.9^2 3613$ |

（续表）

| $x$ | 0.00 | 0.01 | 0.02 | 0.03 | 0.04 | 0.05 | 0.06 | 0.07 | 0.08 | 0.09 |
|---|---|---|---|---|---|---|---|---|---|---|
| 2.5 | $0.9^{2}3790$ | $0.9^{2}3963$ | $0.9^{2}4132$ | $0.9^{2}4297$ | $0.9^{2}4457$ | $0.9^{2}4614$ | $0.9^{2}4766$ | $0.9^{2}4915$ | $0.9^{2}5060$ | $0.9^{2}5201$ |
| 2.6 | $0.9^{2}5339$ | $0.9^{2}5473$ | $0.9^{2}5604$ | $0.9^{2}5731$ | $0.9^{2}5855$ | $0.9^{2}5975$ | $0.9^{2}6093$ | $0.9^{2}6207$ | $0.9^{2}6319$ | $0.9^{2}6427$ |
| 2.7 | $0.9^{2}6533$ | $0.9^{2}6636$ | $0.9^{2}6736$ | $0.9^{2}6833$ | $0.9^{2}6928$ | $0.9^{2}7020$ | $0.9^{2}7610$ | $0.9^{2}7197$ | $0.9^{2}7282$ | $0.9^{2}7365$ |
| 2.8 | $0.9^{2}7445$ | $0.9^{2}7523$ | $0.9^{2}7599$ | $0.9^{2}7673$ | $0.9^{2}7744$ | $0.9^{2}7814$ | $0.9^{2}7882$ | $0.9^{2}7943$ | $0.9^{2}8012$ | $0.9^{2}8074$ |
| 2.9 | $0.9^{2}8134$ | $0.9^{2}8193$ | $0.9^{2}8250$ | $0.9^{2}8305$ | $0.9^{2}8359$ | $0.9^{2}8411$ | $0.9^{2}8462$ | $0.9^{2}8511$ | $0.9^{2}8559$ | $0.9^{2}8605$ |
| 3.0 | $0.9^{2}8650$ | $0.9^{2}8694$ | $0.9^{2}8736$ | $0.9^{2}8777$ | $0.9^{2}8817$ | $0.9^{2}8856$ | $0.9^{2}8893$ | $0.9^{2}8930$ | $0.9^{2}8965$ | $0.9^{2}8999$ |
| 3.1 | $0.9^{2}0324$ | $0.9^{3}0646$ | $0.9^{3}0957$ | $0.9^{3}1260$ | $0.9^{3}1553$ | $0.9^{3}1836$ | $0.9^{3}2112$ | $0.9^{3}2378$ | $0.9^{3}2636$ | $0.9^{3}2886$ |
| 3.2 | $0.9^{3}3129$ | $0.9^{3}3363$ | $0.9^{3}3590$ | $0.9^{3}3810$ | $0.9^{3}4024$ | $0.9^{3}4230$ | $0.9^{3}4429$ | $0.9^{3}4623$ | $0.9^{3}4810$ | $0.9^{3}4911$ |
| 3.3 | $0.9^{3}5166$ | $0.9^{3}5335$ | $0.9^{3}5499$ | $0.9^{3}5658$ | $0.9^{3}5811$ | $0.9^{3}5959$ | $0.9^{3}6103$ | $0.9^{3}6242$ | $0.9^{3}6376$ | $0.9^{3}6505$ |
| 3.4 | $0.9^{3}66331$ | $0.9^{3}6752$ | $0.9^{3}6869$ | $0.9^{3}6982$ | $0.9^{3}7091$ | $0.9^{3}7197$ | $0.9^{3}7299$ | $0.9^{3}7398$ | $0.9^{3}7493$ | $0.9^{3}7585$ |
| 3.5 | $0.9^{3}7674$ | $0.9^{3}7759$ | $0.9^{3}7642$ | $0.9^{3}7922$ | $0.9^{3}7999$ | $0.9^{3}8074$ | $0.9^{3}8146$ | $0.9^{3}8215$ | $0.9^{3}8282$ | $0.9^{3}8347$ |
| 3.6 | $0.9^{3}8409$ | $0.9^{3}8409$ | $0.9^{3}8527$ | $0.9^{3}8583$ | $0.9^{3}8637$ | $0.9^{3}8689$ | $0.9^{3}8739$ | $0.9^{3}8787$ | $0.9^{3}8834$ | $0.9^{3}8879$ |
| 3.7 | $0.9^{3}8922$ | $0.9^{3}8964$ | $0.9^{4}0089$ | $0.9^{4}0426$ | $0.9^{4}0799$ | $0.9^{4}1158$ | $0.9^{4}1504$ | $0.9^{4}1838$ | $0.9^{4}2159$ | $0.9^{4}2468$ |
| 3.8 | $0.9^{4}2765$ | $0.9^{4}3052$ | $0.9^{4}3327$ | $0.9^{4}3593$ | $0.9^{4}3848$ | $0.9^{4}4094$ | $0.9^{4}4331$ | $0.9^{4}4558$ | $0.9^{4}4777$ | $0.9^{4}4988$ |
| 3.9 | $0.9^{4}5190$ | $0.9^{4}5385$ | $0.9^{4}5573$ | $0.9^{4}5753$ | $0.9^{4}5926$ | $0.9^{4}6092$ | $0.9^{4}6253$ | $0.9^{4}6406$ | $0.9^{4}6654$ | $0.9^{4}6696$ |
| 4.0 | $0.9^{4}6833$ | $0.9^{4}6964$ | $0.9^{4}7090$ | $0.9^{4}7211$ | $0.9^{4}7327$ | $0.9^{4}7439$ | $0.9^{4}7546$ | $0.9^{4}7649$ | $0.9^{4}7748$ | $0.9^{4}7843$ |
| 4.1 | $0.9^{4}7934$ | $0.9^{4}8022$ | $0.9^{4}8106$ | $0.9^{4}8186$ | $0.9^{4}8263$ | $0.9^{4}8336$ | $0.9^{4}8409$ | $0.9^{4}8477$ | $0.9^{4}8542$ | $0.9^{4}8605$ |
| 4.2 | $0.9^{4}8665$ | $0.9^{4}8723$ | $0.9^{4}8778$ | $0.9^{4}8832$ | $0.9^{4}8882$ | $0.9^{4}8931$ | $0.9^{4}8978$ | $0.9^{5}0226$ | $0.9^{5}0655$ | $0.9^{5}1066$ |
| 4.3 | $0.9^{5}1460$ | $0.9^{5}1837$ | $0.9^{2}199$ | $0.9^{5}2545$ | $0.9^{5}2376$ | $0.9^{5}3193$ | $0.9^{5}3497$ | $0.9^{5}3788$ | $0.9^{5}4066$ | $0.9^{5}4332$ |
| 4.4 | $0.9^{5}4587$ | $0.9^{5}4831$ | $0.9^{5}5065$ | $0.9^{5}5280$ | $0.9^{5}5502$ | $0.9^{5}5706$ | $0.9^{5}5902$ | $0.9^{5}6089$ | $0.9^{5}8268$ | $0.9^{5}6439$ |
| 4.5 | $0.9^{5}6602$ | $0.9^{5}6759$ | $0.9^{5}6908$ | $0.9^{5}7051$ | $0.9^{5}7187$ | $0.9^{5}7313$ | $0.9^{5}7442$ | $0.9^{5}7561$ | $0.9^{5}7675$ | $0.9^{5}7784$ |
| 4.6 | $0.9^{5}7888$ | $0.9^{5}7987$ | $0.9^{5}8081$ | $0.9^{5}8172$ | $0.9^{5}8258$ | $0.9^{5}8340$ | $0.9^{5}8419$ | $0.9^{5}8494$ | $0.9^{5}8566$ | $0.9^{5}8634$ |
| 4.7 | $0.9^{5}8699$ | $0.9^{5}8761$ | $0.9^{5}8821$ | $0.9^{5}8877$ | $0.9^{5}8931$ | $0.9^{5}8983$ | $0.9^{5}0320$ | $0.9^{5}0789$ | $0.9^{5}1235$ | $0.9^{5}1661$ |
| 4.8 | $0.9^{5}2007$ | $0.9^{6}2453$ | $0.9^{6}2822$ | $0.9^{6}3173$ | $0.9^{6}3508$ | $0.9^{6}3827$ | $0.9^{6}4131$ | $0.9^{6}4420$ | $0.9^{6}4656$ | $0.9^{6}4958$ |
| 4.9 | $0.9^{6}5208$ | $0.9^{6}5446$ | $0.9^{6}5673$ | $0.9^{6}5889$ | $0.9^{6}6094$ | $0.9^{6}6289$ | $0.9^{6}6475$ | $0.9^{6}6652$ | $0.9^{6}6821$ | $0.9^{6}6918$ |

## 附表3　$t$ 分布表 $\left(P\{t(n)\geqslant t_\alpha(n)\}=\alpha\right)$

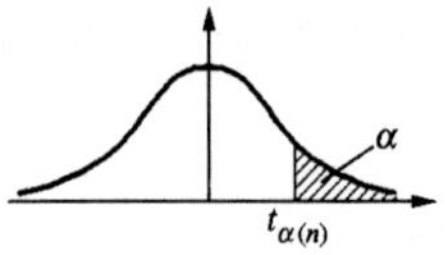


| $n$ \ $\alpha$ | 0.25 | 0.10 | 0.05 | 0.025 | 0.01 | 0.005 |
|---|---|---|---|---|---|---|
| 1 | 1.000 0 | 3.077 7 | 6.313 8 | 12.706 2 | 31.820 7 | 63.657 4 |
| 2 | 0.816 5 | 1.885 6 | 2.920 0 | 4.302 7 | 6.964 6 | 9.924 8 |
| 3 | 0.764 9 | 1.637 7 | 2.353 4 | 3.182 4 | 4.540 7 | 5.840 9 |
| 4 | 0.740 7 | 1.533 2 | 2.131 8 | 2.776 4 | 3.746 9 | 4.604 1 |
| 5 | 0.726 7 | 1.475 9 | 2.015 0 | 2.570 6 | 3.364 9 | 4.032 2 |
| 6 | 0.717 6 | 1.439 8 | 1.943 2 | 2.446 9 | 3.142 7 | 3.707 4 |
| 7 | 0.711 1 | 1.414 9 | 1.894 6 | 2.364 6 | 2.998 0 | 3.499 5 |
| 8 | 0.706 4 | 1.396 8 | 1.859 5 | 2.306 0 | 2.896 5 | 3.355 4 |
| 9 | 0.702 7 | 1.383 0 | 1.833 1 | 2.262 2 | 2.821 4 | 3.249 8 |
| 10 | 0.699 8 | 1.372 2 | 1.812 5 | 2.228 1 | 2.763 8 | 3.169 3 |
| 11 | 0.697 4 | 1.363 4 | 1.795 9 | 2.201 0 | 2.718 1 | 3.105 8 |
| 12 | 0.695 5 | 1.356 2 | 1.782 3 | 2.178 8 | 2.681 0 | 3.054 5 |
| 13 | 0.693 8 | 1.350 2 | 1.770 9 | 2.160 4 | 2.650 3 | 3.012 3 |
| 14 | 0.692 4 | 1.345 0 | 1.761 3 | 2.144 8 | 2.624 5 | 2.976 8 |
| 15 | 0.691 2 | 1.340 6 | 1.753 1 | 2.131 5 | 2.602 5 | 2.946 7 |
| 16 | 0.690 1 | 1.336 8 | 1.745 9 | 2.119 9 | 2.583 5 | 2.920 8 |
| 17 | 0.689 2 | 1.333 4 | 1.739 6 | 2.109 8 | 2.566 9 | 2.898 2 |
| 18 | 0.688 4 | 1.330 4 | 1.734 1 | 2.100 9 | 2.552 4 | 2.878 4 |
| 19 | 0.687 6 | 1.327 7 | 1.729 1 | 2.093 0 | 2.539 5 | 2.860 9 |
| 20 | 0.687 0 | 1.325 3 | 1.724 7 | 2.086 0 | 2.528 0 | 2.845 3 |
| 21 | 0.686 4 | 1.323 2 | 1.720 7 | 2.079 6 | 2.517 7 | 2.831 4 |
| 22 | 0.685 8 | 1.321 2 | 1.717 1 | 2.073 9 | 2.508 3 | 2.818 8 |
| 23 | 0.685 3 | 1.319 5 | 1.713 9 | 2.068 7 | 2.499 9 | 2.807 3 |
| 24 | 0.684 8 | 1.317 8 | 1.710 9 | 2.063 9 | 2.492 2 | 2.796 9 |
| 25 | 0.684 4 | 1.316 3 | 1.708 1 | 2.059 5 | 2.485 1 | 2.787 4 |
| 26 | 0.684 0 | 1.315 0 | 1.705 6 | 2.055 5 | 2.478 6 | 2.778 7 |
| 27 | 0.683 7 | 1.313 7 | 1.703 3 | 2.051 8 | 2.472 7 | 2.770 7 |
| 28 | 0.683 4 | 1.312 5 | 1.701 1 | 2.048 4 | 2.467 1 | 2.763 3 |
| 29 | 0.683 0 | 1.311 4 | 1.699 1 | 2.045 2 | 2.462 0 | 2.756 4 |
| 30 | 0.682 8 | 1.310 4 | 1.697 3 | 2.042 3 | 2.457 3 | 2.750 0 |
| 31 | 0.682 5 | 1.309 5 | 1.695 5 | 2.039 5 | 2.452 8 | 2.744 0 |
| 32 | 0.682 2 | 1.308 6 | 1.693 9 | 2.036 9 | 2.448 7 | 2.738 5 |
| 33 | 0.682 0 | 1.307 7 | 1.692 4 | 2.034 5 | 2.444 8 | 2.733 3 |
| 34 | 0.681 8 | 1.307 0 | 1.690 9 | 2.032 2 | 2.441 1 | 2.728 4 |
| 35 | 0.681 6 | 1.306 2 | 1.689 6 | 2.030 1 | 2.437 7 | 2.723 8 |
| 36 | 0.681 4 | 1.305 5 | 1.688 3 | 2.028 1 | 2.434 5 | 2.719 5 |
| 37 | 0.681 2 | 1.304 9 | 1.687 1 | 2.026 2 | 2.431 4 | 2.715 4 |
| 38 | 0.681 0 | 1.304 2 | 1.686 0 | 2.024 4 | 2.428 6 | 2.711 6 |
| 39 | 0.680 8 | 1.303 6 | 1.684 9 | 2.022 7 | 2.425 8 | 2.707 9 |
| 40 | 0.680 7 | 1.303 1 | 1.683 9 | 2.021 1 | 2.423 3 | 2.704 5 |
| 41 | 0.680 5 | 1.302 5 | 1.682 9 | 2.019 5 | 2.420 8 | 2.701 2 |
| 42 | 0.680 4 | 1.302 0 | 1.682 0 | 2.018 1 | 2.418 5 | 2.698 1 |
| 43 | 0.680 2 | 1.301 6 | 1.681 1 | 2.016 7 | 2.416 3 | 2.695 1 |
| 44 | 0.680 1 | 1.301 1 | 1.680 2 | 2.015 4 | 2.414 1 | 2.692 3 |
| 45 | 0.680 0 | 1.300 6 | 1.679 4 | 2.014 1 | 2.412 1 | 2.689 6 |

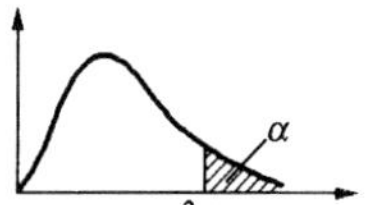


## 附表 4 $\chi^2$ 分布表 $\left(P\{\chi^2(n)\geqslant\chi^2_\alpha(n)\}=\alpha\right)$

| $n$ \ $\alpha$ | 0.995 | 0.99 | 0.975 | 0.95 | 0.90 | 0.75 |
|---|---|---|---|---|---|---|
| 1 | — | — | 0.001 | 0.004 | 0.016 | 0.102 |
| 2 | 0.010 | 0.020 | 0.051 | 0.103 | 0.211 | 0.575 |
| 3 | 0.072 | 0.115 | 0.216 | 0.352 | 0.584 | 1.213 |
| 4 | 0.207 | 0.297 | 0.484 | 0.711 | 1.064 | 1.923 |
| 5 | 0.412 | 0.554 | 0.831 | 1.145 | 1.610 | 2.675 |
| 6 | 0.676 | 0.872 | 1.237 | 1.635 | 2.204 | 3.455 |
| 7 | 0.989 | 1.239 | 1.690 | 2.167 | 2.833 | 4.255 |
| 8 | 1.344 | 1.646 | 2.180 | 2.733 | 3.490 | 5.071 |
| 9 | 1.735 | 2.088 | 2.700 | 3.325 | 4.168 | 5.899 |
| 10 | 2.156 | 2.558 | 3.247 | 3.940 | 4.865 | 6.737 |
| 11 | 2.603 | 3.053 | 3.816 | 4.575 | 5.578 | 7.584 |
| 12 | 3.074 | 3.571 | 4.404 | 5.226 | 6.304 | 8.438 |
| 13 | 3.565 | 4.107 | 5.009 | 5.892 | 7.042 | 9.299 |
| 14 | 4.075 | 4.660 | 5.629 | 6.571 | 7.790 | 10.165 |
| 15 | 4.601 | 5.229 | 6.262 | 7.261 | 8.547 | 11.037 |
| 16 | 5.142 | 5.812 | 6.908 | 7.962 | 9.312 | 11.912 |
| 17 | 5.697 | 6.408 | 7.564 | 8.672 | 10.085 | 12.792 |
| 18 | 6.265 | 7.015 | 8.231 | 9.390 | 10.865 | 13.675 |
| 19 | 6.844 | 7.633 | 8.907 | 10.117 | 11.651 | 14.562 |
| 20 | 7.434 | 8.260 | 9.591 | 10.851 | 12.443 | 15.452 |
| 21 | 8.034 | 8.897 | 10.283 | 11.591 | 13.240 | 16.344 |
| 22 | 8.643 | 9.542 | 10.982 | 12.338 | 14.042 | 17.240 |
| 23 | 9.260 | 10.196 | 11.689 | 13.091 | 14.848 | 18.137 |
| 24 | 9.886 | 10.856 | 12.401 | 13.848 | 15.659 | 19.037 |
| 25 | 10.520 | 11.524 | 13.120 | 14.611 | 16.473 | 19.939 |
| 26 | 11.160 | 12.198 | 13.844 | 15.379 | 17.292 | 20.843 |
| 27 | 11.808 | 12.879 | 14.573 | 16.151 | 18.114 | 21.749 |
| 28 | 12.461 | 13.565 | 15.308 | 16.928 | 18.939 | 22.657 |
| 29 | 13.121 | 14.257 | 16.047 | 17.708 | 19.768 | 23.567 |
| 30 | 13.787 | 14.954 | 16.791 | 18.493 | 20.599 | 24.478 |
| 31 | 14.458 | 15.655 | 17.539 | 19.281 | 21.434 | 25.390 |
| 32 | 15.134 | 16.362 | 18.291 | 20.072 | 22.271 | 26.304 |
| 33 | 15.815 | 17.074 | 19.047 | 20.867 | 23.110 | 27.219 |
| 34 | 16.501 | 17.789 | 19.806 | 21.664 | 23.952 | 28.136 |
| 35 | 17.192 | 18.509 | 20.569 | 22.465 | 24.797 | 29.054 |
| 36 | 17.887 | 19.233 | 21.336 | 23.269 | 25.643 | 29.973 |
| 37 | 18.586 | 19.960 | 22.106 | 24.075 | 26.492 | 30.893 |
| 38 | 19.289 | 20.691 | 22.878 | 24.884 | 27.343 | 31.815 |
| 39 | 19.996 | 21.426 | 23.654 | 25.695 | 28.196 | 32.737 |
| 40 | 20.707 | 22.164 | 24.433 | 26.509 | 29.051 | 33.660 |
| 41 | 21.421 | 22.906 | 25.215 | 27.326 | 29.907 | 34.585 |
| 42 | 22.138 | 23.650 | 25.999 | 28.144 | 30.765 | 35.510 |
| 43 | 22.859 | 24.398 | 26.785 | 28.965 | 31.625 | 36.436 |
| 44 | 23.584 | 25.148 | 27.575 | 29.787 | 32.487 | 37.363 |
| 45 | 24.311 | 25.901 | 28.366 | 30.612 | 33.350 | 38.291 |

$P\{\chi^2(n) \geqslant \chi_\alpha^2(n)\} = \alpha$ 续表 4

| $n$ \ $\alpha$ | 0.25 | 0.10 | 0.05 | 0.025 | 0.01 | 0.005 |
|---|---|---|---|---|---|---|
| 1 | 1.323 | 2.706 | 3.841 | 5.024 | 6.635 | 7.879 |
| 2 | 2.773 | 4.605 | 5.991 | 7.378 | 9.210 | 10.597 |
| 3 | 4.108 | 6.251 | 7.815 | 9.348 | 11.345 | 12.838 |
| 4 | 5.385 | 7.779 | 9.488 | 11.143 | 13.277 | 14.860 |
| 5 | 6.626 | 9.236 | 11.071 | 12.833 | 15.086 | 16.750 |
| 6 | 7.841 | 10.645 | 12.592 | 14.449 | 16.812 | 18.548 |
| 7 | 9.037 | 12.017 | 14.067 | 16.013 | 18.475 | 20.278 |
| 8 | 10.219 | 13.362 | 15.507 | 17.535 | 20.090 | 21.955 |
| 9 | 11.389 | 14.684 | 16.919 | 19.023 | 21.666 | 23.589 |
| 10 | 12.549 | 15.987 | 18.307 | 20.483 | 23.209 | 25.188 |
| 11 | 13.701 | 17.275 | 19.675 | 21.920 | 24.725 | 26.757 |
| 12 | 14.845 | 18.549 | 21.026 | 23.337 | 26.217 | 28.299 |
| 13 | 15.984 | 19.812 | 22.362 | 24.736 | 27.688 | 29.819 |
| 14 | 17.117 | 21.064 | 23.685 | 26.119 | 29.141 | 31.319 |
| 15 | 18.245 | 22.307 | 24.996 | 27.488 | 30.578 | 32.801 |
| 16 | 19.369 | 23.542 | 26.296 | 28.845 | 32.000 | 34.267 |
| 17 | 20.489 | 24.769 | 27.587 | 30.191 | 33.409 | 35.718 |
| 18 | 21.605 | 25.989 | 28.869 | 31.526 | 34.805 | 37.156 |
| 19 | 22.718 | 27.204 | 30.144 | 32.852 | 36.191 | 38.582 |
| 20 | 23.828 | 28.412 | 31.410 | 34.170 | 37.566 | 39.997 |
| 21 | 24.935 | 29.615 | 32.671 | 35.479 | 38.932 | 41.401 |
| 22 | 26.039 | 30.813 | 33.924 | 36.781 | 40.289 | 42.796 |
| 23 | 27.141 | 32.007 | 35.172 | 38.076 | 41.638 | 44.181 |
| 24 | 28.241 | 33.196 | 36.415 | 39.364 | 42.980 | 45.559 |
| 25 | 29.339 | 34.382 | 37.652 | 40.646 | 44.314 | 46.928 |
| 26 | 30.435 | 35.563 | 38.885 | 41.923 | 45.642 | 48.290 |
| 27 | 31.528 | 36.741 | 40.113 | 43.194 | 46.963 | 49.645 |
| 28 | 32.620 | 37.916 | 41.337 | 44.461 | 48.278 | 50.993 |
| 29 | 33.711 | 39.087 | 42.557 | 45.722 | 49.588 | 52.336 |
| 30 | 34.800 | 40.256 | 43.773 | 46.979 | 50.892 | 53.672 |
| 31 | 35.887 | 41.422 | 44.985 | 48.232 | 52.191 | 55.003 |
| 32 | 36.973 | 42.585 | 46.194 | 49.480 | 53.486 | 56.328 |
| 33 | 38.058 | 43.745 | 47.400 | 50.725 | 54.776 | 57.648 |
| 34 | 39.141 | 44.903 | 48.602 | 51.966 | 56.061 | 58.964 |
| 35 | 40.223 | 46.059 | 49.802 | 53.203 | 57.342 | 60.275 |
| 36 | 41.304 | 47.212 | 50.998 | 54.437 | 58.619 | 61.581 |
| 37 | 42.383 | 48.363 | 52.192 | 55.668 | 59.892 | 62.883 |
| 38 | 43.462 | 49.513 | 53.384 | 56.896 | 61.162 | 64.181 |
| 39 | 44.539 | 50.660 | 54.572 | 58.120 | 62.428 | 65.476 |
| 40 | 45.616 | 51.805 | 55.758 | 59.342 | 63.691 | 66.766 |
| 41 | 46.692 | 52.949 | 56.942 | 60.561 | 64.950 | 68.053 |
| 42 | 47.766 | 54.090 | 58.124 | 61.777 | 66.206 | 69.336 |
| 43 | 48.840 | 55.230 | 59.304 | 62.990 | 67.459 | 70.616 |
| 44 | 49.913 | 56.369 | 60.481 | 64.201 | 68.710 | 71.893 |
| 45 | 50.985 | 57.505 | 61.656 | 65.410 | 69.957 | 73.166 |

# 附录

# 组合论简介

## 一、配合法则

**加法法则** 若做完一件事有 $n$ 类方法，第 1 类方法有 $m_1$ 种方法，第 2 类方法有 $m_2$ 种方法，…，第 $n$ 类方法有 $m_n$ 种方法. 则做完这件事共有

$$m_1 + m_2 + \cdots + m_n$$

种方法.

**例 1** 从甲地到乙地，乘汽车前往有 4 个班次，乘火车前往有 3 次列车，乘飞机前往有 5 个航班，问从甲地到乙地有多少种走法？

从甲地到乙地有 3 类方法，第 1 类方法有 4 种走法，第 2 类方法有 3 种走法，第 3 类方法有 5 种走法，共有

$$4 + 3 + 5 = 12$$

种走法.

**乘法法则** 若做完一件事需分前后 $n$ 道工序，完成第 1 道工序有 $m_1$ 种方法，完成第 2 道工序有 $m_2$ 种方法，…，完成第 $n$ 道工序有 $m_n$ 种方法，则做完这一件事共有

$$m_1 \times m_2 \times \cdots \times m_n$$

种方法.

**例 2** 从甲地到丙地，需要经过乙地. 若甲地到乙地有两条路可走，从乙地到丙地有三条路可走(见图 1). 问从甲地到丙地有几种走法？

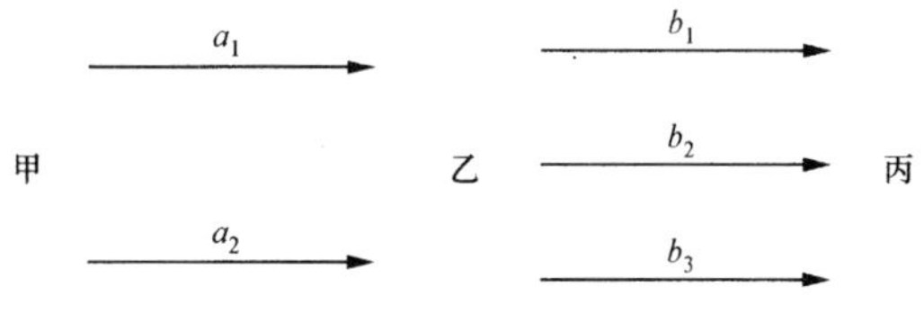


图 1

如图 1 所示，从甲地到乙地有 $a_1$，$a_2$ 两种走法；任意选定一种走法后，从乙地到丙地又有三种走法，因此，从甲地到丙地共有

$$2 \times 3 = 6$$

种走法，即路线共有 6 条：

$$a_1b_1,\ a_1b_2,\ a_1b_3;\ a_2b_1,\ a_2b_2,\ a_2b_3.$$

## 二、排列

**不重复的选排列** 从 $n$ 个不同的元素中，每次取出 $k(k\leqslant n)$ 个不同的元素，按一定的顺序排成一列，称为不重复的选排列，简称选排列，记为 $A_n^k$，其排列种数为

$$A_n^k = n(n-1)(n-2)\cdots(n-k+1) = \frac{n!}{(n-k)!}.$$

**全排列** 从 $n$ 个不同的元素中，每次取出 $n$ 个不同的元素，按一定的顺序排成一列，称为全排列，记为 $A_n^n$ 或 $P_n$，其排列种数为

$$P_n = A_n^n = n(n-1)(n-2)\cdot\cdots\cdot 3\cdot 2\cdot 1 = n!.$$

**可重复的选排列** 从 $n$ 个不同的元素中，每次取出 $k(k\leqslant n)$ 个元素，允许重复，按一定的顺序排成一列，称为可重复的选排列，记为 $A_n^{\bar{k}}$，$A_n^{\bar{n}}$. 其排列种数为

$$A_n^{\bar{k}} = n^k,\quad A_n^{\bar{n}} = n^n.$$

## 三、组合

**组合** 从 $n$ 个不同的元素中，每次取出 $k(k\leqslant n)$ 个不同的元素，不管其顺序合并成一组，称为组合，记为 $C_n^k$ 或 $\binom{n}{k}$，其组合种数为

$$C_n^k = \frac{A_n^k}{k!} = \frac{n!}{(n-k)!k!},$$

并规定 $C_n^0=1$.